文 23 储气库建设工程实践丛书

文 23 储气库建设注采工程实践

刘中云　编著

中国石化出版社

图书在版编目（CIP）数据

文23储气库建设注采工程实践/刘中云编著 . —北京：
中国石化出版社，2021.8
ISBN 978 - 7 - 5114 - 6354 - 8

Ⅰ.①文…　Ⅱ.①刘…　Ⅲ.①地下储气库 –
天然气开采　Ⅳ.①TE822

中国版本图书馆 CIP 数据核字（2021）第 128749 号

中国石化出版社出版发行

地址：北京市东城区安定门外大街 58 号
邮编：100011　电话：（010）57512500
发行部电话：（010）57512575
http://www. sinopec-press. com
E-mail：press@ sinopec. com
北京艾普海德印刷有限公司印刷
全国各地新华书店经销

*

787×1092 毫米 16 开本 18.75 印张 415 千字
2021 年 12 月第 1 版　2021 年 12 月第 1 次印刷
定价：148.00 元

编　委　会

主　　　编：刘中云

副　主　编：赵金洲　黄松伟　张庆生

编写组成员：何祖清　伊伟锴　边　江　余　涛　翟羽佳

何祖清　伊伟锴　边　江　余　涛　翟羽佳

艾　爽　魏瑞玲　王素文　吴坤琪　朱德武

彭　昕　李宗林　段承莲　康金成　张海燕

刘青龙　杨　帅　张俊瑾　何　同　孙　鹏

前　言

　　随着人类对生活质量和生存环境的要求日益提高，天然气作为优质、洁净的燃料和原料，越来越引起人们的重视。近年，随着页岩气的大规模开发，其取代传统煤质能源的趋势也日趋明显。由于天然气长输管道的输送量变化范围非常有限，仅靠管道输送量的调节很难满足用户的用气需求。而且大部分消费中心距气源较远，许多天然气消费国必须从遥远的天然气生产国进口天然气，且随着天然气进口量的增加，因紧急事故和国际风波引起的管道停输的风险加大。同时，随着边远气田的开发，输气距离和运时相应增加，天然气供给的不均衡性矛盾呈加剧趋势。解决这一问题的主要措施是实施天然气储备，即用储气设施将低峰时期的富余气量储存起来，在用气高峰时采出来以补充供气量，或在因输气系统或气源故障输气中断时采出来以保证连续供气。通常采用的储气设施是地面各类高低压储存球罐和地下储气库。前一种方式只能在小范围内解决用气不均的情况，而地下储气库则能满足各类用气不均衡、意外事故及战略储备等状况的要求。

　　地下储气库是利用压缩机将天然气注入地下高孔隙度、高渗透率的地层中，在气源中断、输气系统发生故障时采出来，从而保证连续供气的天然气地下储存场所。建造天然气地下储气库能从根本上解决城市的季节性调峰问题，是平抑供气峰值波动最合理有效的手段之一。地下储气库具有储气容量大、节省地面储罐投资、不受气候影响、维护管理方便、安全可靠、不污染环境等优点。

　　自 1915 年加拿大首次在 Wellland 气田开展储气试验到现在，地下储气库发展已过百年，据不完全统计，全球已建成 715 座地下储气库，总工作气量为 $3930 \times 10^8 \mathrm{m}^3$。4 种类型地下储气库中，气藏型地下储气库工作气量最大，约占总工作气量的 75%。全球 66% 的地下储气库工作气量主要分布在北美、欧盟等地区的发达国家。

中国地下储气库发展始于 20 世纪 90 年代初，截至 2020 年底，全国已形成储气能力超过 $200 \times 10^8 m^3$，相当于全年消费量的 6% 左右。其中，累计建成 27 座地下储气库，有效工作气量 $143 \times 10^8 m^3$，基本实现"十三五"规划目标。储气库加大注入量，实现能储尽储，供暖季可动用储气量同比增加约 $50 \times 10^8 m^3$。在平衡天然气管网压力和输气量、调节区域平衡供气方面发挥了重要的作用。

文 23 储气库项目是国家"十三五"重点工程及国家发改委产供储销体系建设重点项目。该储气库位于河南濮阳，地处华北平原中心，一期工程设计库容 $84.3 \times 10^8 m^3$、设计工作气量 $32.7 \times 10^8 m^3$，全部注气投产完成后，可为京、津、冀、鲁、豫、晋等省提供最大 $3000 \times 10^4 m^3/d$ 的采气能力。综合考虑地理位置、地质资源、管网分布等因素，河南濮阳具有建设大规模地下储气库的优越条件，其库容大、工作气量高、调峰能力强，是我们国家在中东部发达地区建设的国家级战略储气库。文 23 储气库由文 23 气田改建而成，含气层系为下第三系沙河街组沙四段，埋藏深度 2750～3120m。储层类型为低孔低渗致密砂岩，是国内靠近天然气消费主要市场规模最大的天然气储转中心和天然气管网联结枢纽，对促进中原地区经济发展、缓解国内天然气供需矛盾、保证供气安全、改善大气环境、提高国民生活质量有着重大意义。

文 23 储气库整体工程按照"总体部署、分阶段建设、滚动实施"与"地上服从地下、地上地下充分结合"的原则，工程建设分为一期和二期两个阶段。储气库一期建设主要包括集输管线、集气站、集注站、井场，注采气处理工艺、供配电、自动控制、通信等公共配套设施等。已经建成注采站 1 座，增注站 1 座，丛式井场 8 座，井型采用直井、定向井，布井方式采用丛式井，一期方案设计动用高、中产区，库容体积 $84.31 \times 10^8 m^3$，工作气量 $32.67 \times 10^8 m^3$，新钻井 66 口，老井采气利用 6 口，注采总井数 72 口，监测井 6 口，老井监测井 10 口；2017 年 5 月 19 日一期工程开工建设，2019 年 7 月 30 日投产，实现了当年投产当年注气当年采气的目标。2020 年文 23 储气库全年累计注采气量达 $35 \times 10^8 \mathrm{m}^3$，在第二个采气周期内，平均单日采气量达 $1560 \times 10^4 \mathrm{m}^3$，单日采气量最高峰值达到 $1844 \times 10^4 \mathrm{m}^3$，在华北地区冬季天然气调峰保供中发挥了重要作用。截至 2021 年 6 月，文 23 储气库已累计注气超 $60 \times 10^8 \mathrm{m}^3$，注采均超预期运行。文 23 储气库项目（一期工程）库容 $84.31 \times 10^8 \mathrm{m}^3$，工作气量 $32.67 \times 10^8 \mathrm{m}^3$。

为确保工程顺利完工，中国石化组织各参建单位，先后克服了时间紧、任务重、组织协调难度大、施工作业风险高、地质条件复杂、设备设施联调工作多等困难，开展攻关研究，边研究边应用，在建设过程中及时调整工艺。在注采投产完井工艺、注采工艺模拟、配套的现场实施工艺、监测与测试、储层保护与老井利用与评价、老井封堵等工艺设计及实施工作中，积累了丰富的经验，安全优质地高效地完成了一期工程建设任务。而与发达国家相比，国内储气能力还比较落后，目前国内储气库规模占消费量的比例不足 4%，与国际行业公认标准 12%~15% 还有较大差距。中国未来将形成环渤海、东北、长三角、西南、中部和中南六大区域的储气库群。为适应储气库建设发展的需要，推广文 23 储气库的建设经验，参加文 23 储气库建设的中国石化的科研设计人员对文 23 储气库的注采工艺技术进行了系统总结。

全书由刘中云、黄松伟、赵金洲、张庆生统稿。第一章由何祖清、伊伟锴编写，刘中云审定。第二章由余涛、彭昕编写，黄松伟审定。第三章由魏瑞玲、李宗林、段承莲编写，赵金洲审定。第四章由边江、康金成、李宗林、张俊瑾编写，张庆生审定。第五章由艾爽、张海燕编写，刘中云审定。第六章由翟羽佳、刘青龙编写，赵金洲、何祖清审定。第七章由王素文、伊伟锴、杨帅编写，刘中云、何祖清审定。第八章由无坤琪编写，黄松伟审定。第九章由朱德武编写，黄松伟审定。全书初稿完成后，黄松伟、何祖清、伊伟锴、牛新明、连经社对全书进行了统一修改。

本书以文 23 储气库注采完井工程工作为抓手，根据文 23 储气库现场实施的典型井例分析现场的应用效果，重点阐述了文 23 储气库注采完井过程中研发、设计与实施的经验与案例，包含了储气库注采完井的工艺设计、井下工具、注采能力的模拟、监测与测试、储层保护、老井评价与封堵、井控及智能化设计。介绍了设计的原则、技术要求、应用的主要技术、形成的推荐做法和现场应用的效果等，可供从事地下储气库建设的管理者、科研工作者、设计人员、工程技术人员及高校师生作为参考。希望本书的出版对国家下一步储气库的建设及研究起到一定的指导作用。

由于文23储气库的建设是中国石化建设的第一座大型储气库，其中建立形成的方法和推荐做法仍需在今后工作中进一步完善，且因笔者水平有限，书中难免有疏漏或值得探讨之处，敬请各位读者批评指正。

目　　录

第一章 概 述

第一节 储气库建设的作用与意义

随着经济和科学技术的发展，特别是人类对生活质量和生存环境的要求日益提高，天然气作为优质、洁净的燃料和原料，越来越引起人们的重视。在天然气消费中，居民用气特别是取暖用气所占的比例很大，由于长距离天然气管道的输送量变化范围非常有限，仅靠管道输送量的调节很难满足用户的用气需求。而且大部分消费中心距气源较远，许多天然气消费国必须从遥远的天然气生产国进口天然气，且随着天然气进口量的增加，因紧急事故和国际风波引起的管道停输的风险加大。同时，随着边远气田的开发，输气距离和运时相应增加，天然气供给的不均衡性矛盾呈加剧趋势。几十年来，国外解决这一问题的主要措施是实施天然气储备，即用储气设施将低峰时期输气系统中的富余气量储存起来，在用气高峰时采出来以补充供气量，或在因输气系统或气源故障输气中断时采出来以保证连续供气。通常采用的储气设施是地面各类高低压储存球罐和地下储气库。前一种方式只能在小范围内解决用气不均的情况，而地下储气库则能满足各类用气不均衡、意外事故及战略储备等状况的要求。

地下储气库是利用压缩机将天然气注入地下高孔隙度、高渗透率的地层中，在气源中断、输气系统发生故障时采出来，从而保证连续供气的天然气地下储存场所。建造天然气地下储气库能从根本上解决城市的季节性调峰问题，是平抑供气峰值波动最合理有效的途径之一。地下储气库具有储气容量大、节省地面储罐投资、不受气候影响、维护管理方便、安全可靠、不污染环境等优点。同时，建造地下储气库可以达到以下目的：

（1）调节用气不均匀性，缓解季节性耗气量和昼夜耗气量的不均衡性，减少因用气量波动给经济和居民生活带来的不利影响。

城市燃气市场需求随季节和昼夜波动较大，如20世纪70年代中期，苏联每年城市用气中，夏季用气量最低时只为管输气量的0.74%，而在冬季，耗气量最大，达到管输气量的33%～58%。2000年，这种不均衡性比1985年增大1倍多。其他许多国家，这种不均衡性也呈不断加剧的趋势。如法国，年度每月高低耗气量之比：1980年为4，1987年为5，1992～1993年度达到7。由于输气系统的压力是一定的，仅依靠输气管网系统难以解决用气大幅度波动的矛盾。采用地下储气库将用气低峰时输气系统中富余的气量储存起来，在用气高峰时采出以补充管道供气量不足，解决用气调峰问题，实现平稳供气。

地下储气库在天然气的供给上发挥着非常大的作用。据统计，1998年世界用气量为2.24万亿立方米，其中约10%是由地下储气库进行周转和供应的；1999年欧洲用气量的20%是通过地下储气库供应的。1999年冬天，法国受气候因素的影响，市场天然气供给量的约52%来源于地下储气库；2002年初，由于天气寒冷，俄罗斯的莫斯科等主要城市约30%的天然气由地下储气库供给。

（2）提高供气的可靠性和连续性。

当国家内乱、政治动荡、气源或上游输气系统故障、甚至上游设施停产检修时，都有可能造成供气中断。地下储气库作为补充气源，当供气中断时，抽取储气库中的天然气，保证向固定用户连续供气，提高供气的可靠性。这对天然气来源主要依赖进口的国家尤为重要。如今西欧的储气能力至少可解决主气源中断6个月的连续供气，法国的战略储备量相当于110d的平均消费量。对天然气出口国而言，为了履行长期供气合同，向用户连续、安全、平稳供气，它们不敢轻视供气中断问题。俄罗斯是天然气出口大国，为了保证万一停产时的连续供气而一直重视发展它的储气库事业，是当今世界上建设地下储气库最活跃的国家。

（3）优化供气系统，减少输气干线和压气站的投资，一般可节约20%～30%的投资。

地下储气库可使天然气生产系统的操作和输气管网的运行不受天然气消费高峰和消费淡季的影响，有助于实现均衡性生产和作业；有助于充分利用输气设施的能力，提高管网的利用系数和输气效率，降低输气成本，使输配气公司能够充分利用输配设施的能力，提高管线的利用系数和输气效率，保证输配气系统正常运转，降低输气成本和输气系统的投资费用。

（4）获取天然气价格差。

地下储气库直接影响着天然气的价格。储气库的发展增强了供气能力，增加了用气高峰时期的可供气量。随着供气竞争的激烈和大量现货市场的出现，天然气价格差异会越来越大，用气高峰时上涨，用气淡季时下调。供气与用气双方都可从天然气季节性或月差价中实现价格套利，从价格波动中获取可观的利润。

供气方：天然气低价时储气不售或增加储气量，待用气高峰、价格上涨时售出；

用气方：天然气低价购进储存，待冬季或用气高峰、气价上涨时采出使用（避免高价购气）或出租储气库。

（5）其他功能。

在必要地区为国家和石化公司建立和提供原料及燃料储备。在新的石油和凝析油开采区，能保存暂时不可能利用的石油气；对于采油区，有助于提高原油采收率。

我国人口众多，疆域面积大，各省能源占有情况和消费水平差异很大，北部和东部地广人稀，但石油天然气、煤炭等重要能源较为丰富；南部沿海地区经济发达，人口数量庞大，油气等能源少，对能源的需求量却很大，导致我国能源供需长期处于不平衡状态，矛盾突出。每年春夏季用气低峰期，天然气用户需求降低，油气田生产发挥不出最大产能，而冬季用气高峰，尽管各油气田全力生产保供，但由于油气开发井的开采方式的特点和长输管道，短时间内很难达到供需平衡，以致多地出现"气荒"。从国家能源战略来看，储气库的生产运行特点符合国家能源战略需要，也必然成为天然气发展格局的重要组成部分。

自"九五"以来，随着国民经济的迅速发展，国家对天然气的开发提出了更高的要求，尤其是国家制定了西部开发和西气东输的宏伟规划后，天然气的需求量出现大幅增长。随着中国天然气工业已经步入快速发展的轨道和天然气需求量的日益增加、进口气量的持续快速增长以及国内大型长输管道工程的提速建设，天然气储存和调峰矛盾日益突出。如何实现地下储气库业务可持续发展已成为我国天然气产业面临的主要问题之一。

国家能源局、国务院发展研究中心和自然资源部联合发布的《2016年中国天然气发展报告》中指出，2020年天然气在一次能源消费结构中的占比达到10%，2030年达到15%。预计2030年达到$6000 \times 10^8 m^3$。

此外，中国将长期维持西气东输，北气南下，海气登陆，就近供应的天然气流向。2030年中国天然气长输管道总里程$(17 \sim 20) \times 10^4 km$，一次管输$(6000 \sim 7000) \times 10^8 m^3/a$。

中国未来将形成环渤海、东北、长三角、西南、中部和中南六大区域的储气库群，2030年形成有效工作气量$300 \times 10^8 m^3$。适度新建LNG接收站，最终形成1亿吨/年以上的总接收能力。

第二节　国内外储气库建设基本情况

从1915年加拿大首次在Wellland气田开展储气试验到现在，据不完全统计，全球已建成715座地下储气库，共计23007口采气井，总工作气量为$3930 \times 10^8 m^3$。4种类型地下储气库中，气藏型地下储气库工作气量最大，约占总工作气量的75%。全球66%的地下储气库工作气量主要分布在北美、欧盟等地区的发达国家。

中国地下储气库发展始于20世纪90代初，在平衡天然气管网的压力和输气量、调节区域平衡供气方面发挥了重要的作用。但国内的建库资源分布不均，重点消费市场区域内优质建库目标十分稀缺。气藏建库以中低渗气藏为主，部分气库埋深达到4500m（世界上95%的气藏型地下储气库埋深低于2500m）。尽管目前在地下储气库动态监测、跟踪评价、优化预测等方面虽然积累了一定的经验，但仍然面临很多问题和挑战，如建库理念转变、库容参数优化技术等。当前投运的地下储气库（群）未实现投产、循环过渡到周期注采运行全过程一体化管理，基于地质、井筒和地面三位一体的完整性管理处于初级阶段。

一、国外储气库建设情况

截至2015年，世界上共运行着715座地下储气库，总工作气量达$3930 \times 10^8 m^3$，最大日采气量$66.56 \times 10^8 m^3/d$。地下储气库以枯竭气藏储气库为主，占总工作气量的75%（$2930 \times 10^8 m^3$），其次是含水层储气库，占总工作气量的12%（$470 \times 10^8 m^3$），盐穴储气库占总工作气量的7%（$280 \times 10^8 m^3$），废弃矿坑及岩洞储气库为6%（$250 \times 10^8 m^3$）（图1－1，2座岩洞储气库和1座废弃矿坑储气库，工作气量仅$0.87 \times 10^8 m^3$，所占比例微小，暂不统计）。

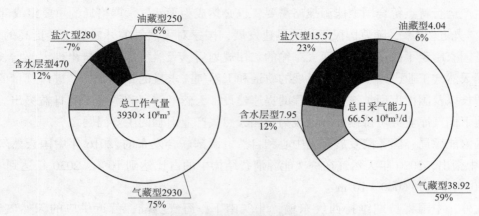

图1-1 不同类型地下储气库工作气量和日采气能力

虽然枯竭气藏储气库占据了3/4的工作气量,但其日采气量仅占总采气量的59%($38.93 \times 10^8 m^3/d$),含水层储气库日采气量占12%($7.95 \times 10^8 m^3/d$)。由于这两种类型储气库的采气能力相对较低,一般用于满足季节调峰需求。盐穴具有灵活存储和短期吞吐量大的特点,仅占总工作气量7%的盐穴储气库日采气能力达到$15.57 \times 10^8 m^3/d$,占总采气能力的23%。废弃矿坑及岩洞储气库为6%($4.04 \times 10^8 m^3/d$)。

美国是地下储气库大国,截至2015年,拥有419座储气库,总工作气量$1355 \times 10^8 m^3$,其次是俄罗斯、乌克兰、德国和加拿大。世界各国储气库数量、工作气量及日采气能力如表1-1所示。

表1-1 世界各地地下储气库工作气量及日采气能力(截至2015年底)

序号	国家	储气库数量/座	总工作气量/$10^8 m^3$	总日采能力/$10^8 m^3$
1	美国	419	1355	28.91
2	俄罗斯	23	628	7.41
3	乌克兰	13	321.8	2.64
4	德国	51	229	6.63
5	加拿大	61	206.5	2.31
6	意大利	11	171.1	3.31
7	荷兰	5	128.1	2.63
8	法国	16	127.8	2.74
9	奥地利	9	82	0.94
10	匈牙利	6	64.9	0.8
11	乌兹别克斯坦	3	62	0.56
12	伊朗	2	60	0.29
13	英国	8	52.7	1.52

续表

序号	国家	储气库数量/座	总工作气量/$10^8 m^3$	总日采能力/$10^8 m^3$
14	中国	21	47.8	1.35
15	塔吉克斯坦	3	46.5	0.34
16	阿塞拜疆	3	42	0.14
17	捷克	8	35.3	0.67
18	西班牙	4	33.7	0.31
19	斯洛伐克	3	33.2	0.39
20	罗马尼亚	8	31.1	0.34
21	澳大利亚	6	29.1	0.17
22	波兰	9	27.5	0.45
23	土耳其	1	26.6	0.2
24	拉脱维亚	1	23	0.3
25	日本	5	11.5	0.05
26	白俄罗斯	3	11.2	0.31
27	丹麦	2	10.2	0.25
28	比利时	1	7	0.15
29	克罗地亚	1	5.6	0.06
30	保加利亚	1	5	0.04
31	塞尔维亚	1	4.5	0.1
32	新西兰	1	2.7	0.01
33	葡萄牙	1	2.4	0.07
34	爱尔兰	1	2.3	0.03
35	阿根廷	1	1.5	0.02
36	亚美尼亚	1	1.4	0.09
37	吉尔吉斯斯坦	1	0.6	0.01
38	瑞典	1	0.1	0.01
	合计	715	3930	66.56

（一）不同类型储气库发展趋势

依据世界天然气联盟统计数据，盐穴储气库近10年来快速发展，工作气量由2006年的$130 \times 10^8 m^3$增长到2015年的$280 \times 10^8 m^3$，增幅达到115%，占世界地下储气库总工作气量的比例也由3.9%提升到7.0%。与盐穴储气库相比，枯竭气藏、含水层、废弃矿坑及岩洞储气库发展相对缓慢，含水层储气库基本不变。见表1-2。

表1-2　不同类型储气库工作气量及占比

年度	参数	枯竭气藏储气库	废弃矿坑及岩洞储气库	盐穴储气库	含水层储气库
2006	工作气量/$10^8 m^3$	2719		130	483
	占总工作气量比例/%	81.6		3.9	14.5
2009	工作气量/$10^8 m^3$	2443	177	170	442
	占总工作气量比例/%	78	5	5.0	12
2012	工作气量/$10^8 m^3$	2727	182	222	457
	占总工作气量比例/%	76	5	6.0	13
2015	工作气量/$10^8 m^3$	2930	250	280	470
	占总工作气量比例/%	75	6	7.0	12

(二)世界不同区域储气库发展状况

自1915年世界上第一座地下储气库建成,地下储气库发展已过百年,由于全球资源分布不均,经济发展不同步,天然气需求各异,导致了不同地区地下储气库发展处于不同阶段,面临的挑战及发展趋势也各有不同。

欧洲、北美等发达国家储气库发展已处于成熟阶段(表1-3);俄罗斯等国家资源丰富,储气库发展的资源优势突出;亚洲、南美、中东等新兴市场储气库发展潜力巨大,尤其是以中国为代表,其地下储气库的迅猛发展也受到了全世界的关注。世界上主要的储气库国家呈现出不同的发展特点,美国稳中求进,欧盟大力发展,俄罗斯逐步扩张,乌克兰相对停滞,下面分别对主要的储气库国家和地区进行介绍。

表1-3　世界不同地区2012年、2015年地下储气库工作气量对比

地区	2015年		2012年	
	工作气量/$10^8 m^3$	占世界总工作气量比例/%	工作气量/$10^8 m^3$	占世界总工作气量比例/%
北美地区	1490	37.90	1380	38.39
欧洲	1100	27.98	990	27.54
独联体	1190	30.27	1140	31.71
中东地区	60	1.53	14.3	0.40
亚洲	47	1.20	39.72	1.10
亚太地区	43	1.09	29.82	0.83
南美地区	1.5	0.04	1	0.03

1. 美国

美国地下储气库具有布局合理、类型齐全、比例适当、发展迅速以及功效显著等特点。

美国是世界上天然气市场最发达的地区,地下储气库已有百年历史,发展成熟。美国是世界上最早发展与应用地下储气库的国家之一,其境内地下储气库数量及工作气容量均

占全球首位。美国的地下储气库具有布局合理、发展稳定且速度快、配套软硬件完善的特点，是当今世界各国中地下储气库最为先进与完备的国家。

截至 2015 年，美国拥有 419 座地下储气库，总工作气量 $1355 \times 10^8 m^3$。受地质条件、地理情况及历史因素影响，北美地区单个储气库的工作气量都相对较小。由于美国是天然气资源禀赋较高的国家，且其油气开发历史较长，因而有较多的枯竭油气田。美国 80% 的地下储气库为枯竭油气藏型，含水层型和盐穴型各占 10% 。枯竭油气藏型遍布美国全境，含水层型储气库集中在中北部地区尤其是密歇根湖南岸的伊利诺伊州和印第安纳州，盐穴型则集中在墨西哥湾沿岸的路易斯安那州和密西西比州。美国充分发挥境内枯竭油气田众多的优势，同时合理利用境内丰富的地质构造等因素，使境内地下储气库呈现类型齐全、各类型比例搭配适当的局面。美国地下储气库发展十分迅速。

长期以来，美国是作为油气纯进口国身份出现在国际能源市场上的，尤其是在页岩油气革命前。这种身份使美国将油气战略储备摆在了很高的地位，美国不仅有规模巨大的原油战略储备库，进入 21 世纪以来，其地下储气库也由原来的季节调峰属性逐渐向调峰与战略储备相结合的属性发展。在近年来的实际运作过程中，美国地下储气库季节调峰作用非常显著。近年来，在美国冬季天然气消费量中，平均每年有 20% 的气量来自地下储气库。储气库在美国冬季调峰中起到了至关重要的作用。

2. 欧盟

欧盟的地下储气库具有地区间分布不均匀、盐穴型储气库占比相对较高和人均占有量较低等特点。

欧盟作为一个整体，拥有世界上第二大工作气容量的地下储气库。截至 2016 年年初，在欧盟 28 个成员国中，21 个国家建有地下储气库，总数 145 座，工作气容量合计 $1083 \times 10^8 m^3$。但是，欧盟地下储气库分布不均，整体呈现"西欧多东欧少、北欧多南欧少"的局面，且盐穴储气库占比相对较高。21 个国家中，排名前 7 位的全部为西欧国家：德、意、荷、法、奥、匈、英，这 7 国地下储气库工作气量合计 $857 \times 10^8 m^3$，占欧盟 $1083 \times 10^8 m^3$工作气容量的 79% 。

与美、俄、乌三国不同，欧盟地下储气库中盐穴储气库比例明显较高，占工作气容量的 15%（盐穴储气库在美国占 10% ，在俄罗斯只有 1 座，乌克兰为零）。这主要是因为相比上述三国，欧洲天然气资源禀赋较低，可供使用的枯竭油气藏本身有限；另一方面，相对于枯竭气藏和含水层储气库，盐穴储气库具有垫底气用量低且可以全部回收、工作气容量比例高的特点。对于全球最大的天然气进口地区欧盟来说，兴建盐穴型储气库可以保持较高的工作气容量，并且在应急情况下可以回收垫底气就显得尤为重要。

欧盟地下储气库工作气容量人均占有量较低，欧盟地下储气库工作气容量的人均占有量与美俄相比仍处于相对较低的水平。欧盟自身天然气产量相对较低，并严重依赖进口，这从一个侧面反映出了当前欧盟面临天然气短缺的局面。

3. 俄罗斯

俄罗斯的地下储气库具有分布集中、单库容量大、类型单一、出口导向性强、较欧美发展相对迟缓等特点。

作为世界上常规天然气第二大探明储量国、第二大生产国，俄罗斯境内有成熟的天然气供应网络。俄罗斯地下储气库设施(Underground Gas Storage Facilities，简称UGS或UGFSs)是俄联合供气系统(Unified Gas Supply System，简称UGSS)的有机组成部分。俄罗斯地下储气库公司是俄罗斯天然气工业股份公司(以下简称俄气)的子公司之一，承担着俄罗斯15%~20%的天然气供应任务。1957年，在卡卢加地区钻出第一口储气库井。1959年苏联修建了世界上第一座盐穴型地下储气库，为盐岩层结构(盐穴型地下储气库的另一种结构形式为盐丘型)。截至2016年，俄罗斯拥有26座地下储气库(17座枯竭油气藏型、8座含水层型、1座盐穴型储气库)，工作气容量合计$736 \times 10^8 m^3$。

有别于美欧地下储气库的大小不一，俄罗斯的地下储气库规模普遍偏大。俄罗斯境内单座地下储气库规模之巨在全球首屈一指，有的地下储气库单库工作气容量超过欧盟地下储气库所有工作气容量的1/3。俄罗斯26座地下储气库中，枯竭油气藏型17座，含水层型8座，盐穴型1座。与美欧盐穴型地下储气库所占一定比例不同，俄罗斯的地下储气库类型相对单一。这并非由于俄罗斯在修建盐穴型地下储气库上有技术障碍或者地质构造限制，而是因为俄罗斯境内枯竭油气藏众多，天然气储量丰富而不必考虑节约垫底气气量等因素。

在冬季，俄罗斯天然气消费量的20%来自地下储气库，这一比例与美国基本持平。但不同于美国的是，俄罗斯地下储气库具有明显的出口导向性特征。这主要体现在俄境内地下储气库的战略性布局以及俄罗斯在境外的地下储气库建设与运营的拓展上。俄罗斯在境外的地下储气库建设与运营拓展，主要有两个途径：一是依靠俄气的子公司Gazprom export海外业务的拓展，二是依靠俄气本身作为WINGAS GMBH公司的控股方之一这一便利条件在欧洲租赁地下储气库，从而扩大在欧洲境内的地下储气库可操作气容量。

1990年至今的1/4个世纪中，俄罗斯地下储气库的发展速度与规模比较缓慢，这期间仅有5座地下储气库落成。这其中既有周期性原因，也有结构性原因，既有国内原因，也有国际原因。从时间角度看，20世纪最后一个10年，俄罗斯处于各领域的战略收缩期，在天然气工业领域则表现在产量等数据不少年份出现下滑甚至连续几年下滑，因而缺少修建地下储气库的客观条件；21世纪第一个10年，是俄罗斯借助油气出口恢复经济甚至重振国威的10年，然而这期间国际能源价格几乎呈直线上升走势，俄罗斯把主要精力与财力花费到修建出口油气管道上，致使国内地下储气库建设被摆到了相对边缘的位置。总体上看，相对于日益通过各种途径寻求能源安全的欧盟以及寻求能源独立的美国，俄罗斯地下储气库的发展处于相对滞后的状态。不过值得指出的是，近年来由于国际能源市场价格走低以及乌克兰危机后美欧对俄罗斯的制裁等因素，俄罗斯有加大建设地下储气库的趋势。例如，2015年俄气在地下储气库上的资本投资为485亿卢布，而2014年仅为155亿卢布。

4. 乌克兰

乌克兰地下储气库具有类型规模与俄罗斯地下储气库类似、东西两地库容差异大、战略位置突出等特点。

截至2016年，乌克兰拥有320亿立方米工作气容量的地下储气库，人均占有量是世界最高的国家。乌克兰境内拥有 13 座地下储气库，其中枯竭气藏储气库 11 座，含水层储气库 2 座，除 Verhunske 储气库外，其余 12 座全部建于苏联时期，因而规模等特征与俄罗斯境内的储气库非常相似，以枯竭气藏为主要类型，单库规模巨大。

乌克兰境内尤其是乌西地区规模巨大的地下储气库处在较高的战略位置上。经过 2006 年、2009 年、2013 年三轮的"俄乌斗气"后，俄罗斯、欧盟、美国三方就欧盟进口天然气来源多元化过程中输欧天然气管道铺设已经展开了数轮博弈。无论管道铺设的最终结局如何，乌克兰境内地下储气库的战略地位不会受到根本性的撼动。

5. 南美、中东地区

南美、中东地区储气库刚刚起步，天然气消费量的不断增加必将推动地下储气库的快速发展。

截至 2015 年，南美地区仅建成一座储气库，即阿根廷 Diadema 储气库，工作气量为 $1.5 \times 10^8 m^3$，下一步将扩容至 $2 \times 10^8 m^3$。但该地区拟建、在建储气库项目有 10 座，发展势头迅猛。墨西哥 Tuzandepetl 盐穴储气库已获批准，设计工作气量（第一阶段）为 $4.5 \times 10^8 m^3$，Campo Brasil 枯竭气藏储气库设计工作气量 $14 \times 10^8 m^3$。巴西第一座地下储气库 Santana 枯竭气藏储气库设计工作气量 $1.3 \times 10^8 m^3$，2016 年底开工建设，2018 年开始注气，2019 年投入运行。

伊朗是中东地区第一个建设运营地下储气库的国家，第一座地下储气库是 2011 年开始建设的 Sarajeh 气藏储气库，2014 年 Shurijeh 气藏储气库投产。两座储气库总工作气量 $60 \times 10^8 m^3$、日采气能力 $0.29 \times 10^8 m^3/d$。大型城市消费中心冬季供暖用气不断增长促进了中东地区地下储气库的发展。虽然伊朗天然气资源丰富，产量逐年增长，但在冬季产量还是低于消费量，为满足冬季天然气高峰需求，需进口天然气。相对于每年 1600 亿立方米的天然气消费量，伊朗地下储气库工作气量还远远不足。

二、国内储气库建设情况

（一）国内储气库建设历程

截至 2018 年底，中国累计建成地下储气库 26 座，库容约 $432 \times 10^8 m^3$。中国储气库的调峰作用已覆盖 10 余省市，为 2 亿居民生活提供了保障。我国地下储气库共经历了三个阶段。第一阶段为 1975—1999 年，大庆喇嘛甸储气库是中国第一座储气库，其建成目的是为了存储油田伴生气，库容量很小不足百万立方米。1999 年，配套陕京一线的大港储气库的建成，标志着我国地下储气库的建设进入了第二阶段。在此期间，金坛、刘庄以及京 58 等储气库相继开展建设。2009 年，一场寒冬导致的严重气荒凸显了地下储气库的重要性，政府投资建设了部分地下储气库，如呼图壁、苏桥等气藏储气库。

第一阶段：20 世纪 70 年代在大庆油田曾经进行过利用气藏建设储气库的尝试，而真正开始研究地下储气库是在 20 世纪 90 年代初。我国在大庆曾利用枯竭气藏建造过两座地下储气库。萨尔图 1 号地下储气库于 1969 年由萨零组北块气藏转建而成，最大容量为 $3800 \times 10^4 m^3$，年注气量不到库容的 1/2，主要用于萨尔图市区民用气的季节性调峰。在运行十多年后，因储气库与市区扩大后的安全距离问题而被拆除。又于1975年建成大庆喇嘛甸地下储气库，该地下储气库是大庆合成氨的原料工程之一，建在喇嘛甸油田层状砂岩上部气顶，地面设施的设计注采能力为 $40 \times 10^4 m^3$，1995年注气量为 $2060 \times 10^4 m^3$，不足库容的0.5%，通过近年来的两次扩建，大庆喇嘛甸地下储气库的日储气能力达到 $100 \times 10^4 m^3$，年注气能力达到 $1.5 \times 10^8 m^3$，总库容已经达到 $25.0 \times 10^8 m^3$，到目前为止已经安全运行40余年，累计采气 $10 \times 10^8 m^3$。

第二阶段：我国首次大规模采用储气库调峰是在陕京输气管道工程。为了解决北京市季节用气的不均衡性问题，保证向北京市稳定供气，1999年修建了大港油田大张坨地下储气库，号称我国第一座地下储气库。大张坨地下储气库采用目前国内最先进的循环注气开采系统，有效工作采气量为 $6 \times 10^8 m^3/a$，特殊时期的最大日调峰能力为 $1000 \times 10^4 m^3$。大港储气库除了供应北京以外，还有部分天然气供应天津、河北沧州等地。为保证供气安全，2001年来，继大张坨地下储气库后又建成了板876地下储气库，板中北地下储气库。3座地下储气库全部为凝析油枯竭气藏储气库。3座地下储气库日调峰能力为 $1600 \times 10^4 m^3$，最大日调峰能力将达到 $2930 \times 10^4 m^3$。其中，板876地下储气库年有效工作采气量为 $1 \times 10^8 m^3$，最大日调峰能力为 $300 \times 10^4 m^3$，板中北地下储气库年有效工作采气量为 $4.3 \times 10^8 m^3$。大港3个储气库已经累计注气近 $8 \times 10^8 m^3$，而且配套设施完善，能够在3min内启动整个应急供应系统，保证了北京的用气需量。

大张坨储气库位于天津市大港油田，于2000年建成投产，并带动了周边5座储气库建设，形成了大港板桥储气库群，设计总库容量 $69 \times 10^8 m^3$。主要承担京津冀地区天然气"错峰填谷"任务。对北京地区冬季调峰保供发挥了重要作用。

为确保京津地区的安全稳定供气，相继建成了华北油区的京58、京51、永22、苏桥等储气库群。为保证"西气东输"管线沿线和下游长江三角洲地区用户的正常用气，在长江三角洲地区建设了金坛地下储气库(盐穴型储气库)和刘庄地下储气库(碳酸盐岩枯竭油气藏型储气库)。

第三阶段：港华金坛储气库由香港中华煤气、中盐金坛盐化有限责任公司合作建设。于2009年进行考察研究，2014年开工建设，2018年10月31日上午，港华金坛储气库在江苏常州金坛举行了项目投产仪式。港华金坛储气库总投资约12亿元，第一期计划建设10口井，年总储气量将达 $4.6 \times 10^8 m^3$，工作气量近 $2.6 \times 10^8 m^3$，最大供气能力为 $500 \times 10^4 m^3/d$。截至2018年，我国已建成26座地下储气库，除港华金坛储气库以外，其余的25座地下储气库由上游企业负责运营。港华燃气集团以前瞻的眼光洞察行业发展，战略布局大型地下储气库调峰设施，开创了我国城市燃气企业建设、运营大型地下盐穴储气库的先河。

我国天然气正处在大发展阶段，巨大的国内天然气市场需求将大大推动天然气管道及配套储气库的发展。根据我国天然气资源与市场的匹配及未来积极利用海外天然气的战略部署，将可能形成四大区域性联网协调的储气库群：东北储气库群、长江中下游储气库群、华北储气库群、珠江三角洲LNG地下储气库群，见表1-4。

表 1-4 国内储气库建设情况一览表

地区	储气库名称	类型	投产时间	数量	地理位置	库容量/$10^8 m^3$	工作气量/$10^8 m^3$
环渤海	大港板桥储气库群	油气藏	2000	6	大港油田	69.60	30.30
	大港板南储气库群	油气藏	2014	3	大港油田	10.1	4.3
	华北京58储气库群	油气藏	2007	3	华北油田	15.40	7.50
	华北苏桥储气库群	油气藏	2013	5	华北油田	67.4	23.3
长三角	刘庄	油气藏	2011	1	江苏油田	4.6	2.5
	金坛	盐岩	2012	1	江苏常州	26.40	17.10
	金坛(中国石化)	盐穴	2016	1	江苏常州	11.80	7.20
	金坛(金坛盐化)	盐穴	2018	1	江苏常州	4.6	2.6
东北	喇嘛甸	油气藏	1975	1	大庆油田	25	1.5
	双6	油气藏	2013	1	辽河油田	41.3	16
西南	相国寺	孔隙裂缝型气藏	2013	1	西南油气田	42.6	22.80
新疆	呼图壁	油气藏	2013	1	新疆油田	117	45.1
中西部	陕224	油气藏	2014	1	长庆油田	10.4	5
中南	文96(中国石化)	枯竭砂岩气藏	2012	1	中原油田	5.88	2.96
合计	—	—	—	26	—	426.76	186.40

（二）我国储气库建设技术发展情况

国外储气库建设已历经百年。我国储气库建设经过十余年努力攻关，刚刚进入快速发展初期。自2000年以来，针对我国天然气储气库产业和技术空白、建库地质条件复杂、国外已有建库技术不适应等难题，中国石油集团公司及下属中国石油勘探开发研究院、西南油气田等单位经过十多年自主创新攻关，已经在地下储气库地质评价、钻完井、注采工艺、地面工艺、运行保障方面形成5项技术系列共24项核心技术，形成了具有自主知识产权的储气库地质评价、工程技术、装备制造和运行调控成套技术及标准体系，开创了我国储气库工业化建设之路。

首先，我国建库过程中的钻井深度更大，剧烈交变载荷和热效应双重影响对固井质量提出了更高的要求，我国研发的分别用于堵漏、钻井和固井的3套材料体系，产品性能均优于国外同类产品，取得了单井最高日注气量达到 $585 \times 10^4 m^3$、固井质量合格率100%的应用效果。

其次，更大的储气库埋深要求提供更高的注采压力，研制了大功率高压往复式注气压缩机，在高压43MPa下排量达到 $153 \times 10^4 m^3/d$，关键指标优于美国同类机型。

最后，运营期间的风险管控问题，我国创新了地质体漏失风险监测、井筒和地面设施检测评价与风险预警技术，并研发了相关核心装备，构建了从设计、建设、运行、废弃全生命周期储气库"三位一体"完整性风险管控体系，保障了我国储气库"零事故"安全运行。

上述技术成果有效支持了我国储气库建设，刷新了地层压力低、地层温度高、注采井深、工作压力高4项世界纪录。借助中国复杂地质条件下储气库建设技术成果，在全国24个省市开展了库址筛选评价，从191个库址中推荐优先目标33个，其中24座储气库已经建成投用，剩余9个的建设也将得到有力支撑。

中国储气库建设与国外相比，存在较大差距：（1）总储存量少、调峰能力较弱；（2）分布范围有限，华南地区还没有投用的地下储气库；（3）国外普遍采用的3种主要储气库类型中，国内主要采用了枯竭油气藏，盐穴型只有3座，还未建含水层及废弃矿坑及岩洞地下储气库；（4）相关设计理论和安全控制方法研究还不系统，建设经验特别是含水层储气库建设经验有待加强；（5）地下储气库与输气管道协同工作技术有待进一步发展。这些不足也是行业发展的方向，随着我国天然气需求的快速增长和体制改革的推进，相信未来我们跟欧美国家的差距将越来越小。

（三）中国石化储气库建设情况

中国石化第一座地下储气库是中原文96储气库，是榆林-济南天然气长输管道的配套建设工程。该储气库是利用中原油田文96枯竭砂岩气藏而建，设计库容量 $5.88 \times 10^8 m^3$，有效工作气量 $2.95 \times 10^8 m^3$，最大应急输气能力 $500 \times 10^4 m^3/d$。文96储气库2010年8月工程开工，2012年9月顺利投运，2013年11月初步具备生产调峰能力。2018年1月达到设计库容。截至2019年底，累计注入天然气逾 $10 \times 10^8 m^3$，累计采气 $5.9 \times 10^8 m^3$。经过6个注采周期的运行，该储气库动态库容由第一周期的 $4.3 \times 10^8 m^3$ 上升到2018年10月的 $5.6 \times 10^8 m^3$，为优化管网运行、应急调峰及战略储备发挥了积极作用。

中国石化第一座盐穴储气库是金坛储气库，是川气东送管道的重要配套工程。金坛储气库项目分三期建设，共部署储气井36口，监测井5口。2016年5月，金坛储气库压缩机启动，标志着中国石化首座盐穴储气库一期工程投产。截至2019年8月7日，金坛储气库累计注气26次共 $3.3 \times 10^8 m^3$；累计采气22次共 $2.4 \times 10^8 m^3$，在应急调峰方面发挥了巨大作用。

文23储气库是中国石化第一座百亿库容量的超大型储气库，建设成功后将很好地解决华北地区多条输气管道的调峰问题，对用气高峰区天然气供应起到至关重要的作用。设计总库容 $104 \times 10^8 m^3$，一期工程设计库容 $84 \times 10^8 m^3$，建设有1座注采站、12台压缩机组、8座丛式井场、11座单井井场、77口气井及配套集输管道。2017年5月19日，文23储气库一期工程开工建设；2019年1月15日，开始注气作业，8月1日，储气库一期工程建设全面完工，进入全面注气阶段。

第三节　国内外储气库注采技术现状

地下储气库作为多专业联合的系统工程，既要满足调峰时的强注强采（其年度注采速度是气藏开发的20～30倍），又要保证高度的安全。在高低压力频繁交替变化的情况下保证30～50年的使用寿命，对密封性要求很高，这一特点决定其注采工艺与气田开发存在显著的差异，需要建立相应的配套技术。

国外储气库的注采工艺技术经过多年的发展，在完井投产、开发方案编制等方面形成了一整套的系统化、一体化的技术，具有较高的科学性，可满足不同功能、环境的需求。

国内尽管目前在地下储气库动态监测、跟踪评价、优化预测等方面虽然积累了一定的经验，但仍然面临很多问题和挑战，如建库理念转变、库容参数优化技术等。当前投运的地下储气库（群）未实现投产、循环过渡到周期注采运行全过程一体化管理，基于地质、井筒和地面三位一体的完整性管理处于初级阶段。

关于储气库相应的注采配套技术的相关理论，国内以中国石油为代表，包括各大高校及研究机构都进行了相应研究，取得了一定的研究成果。

一、注采系统模拟、动态监测及参数优化方面

国外经过多年发展，形成了一系列的储气库注采模拟模型。Subbiah Surej 从地质学入手建立储气库地质力学模型，分析储气库地质构造、地层压力、岩石强度、砂岩稳定性对储气库完井方式的影响，得出储气库注采交变下的安全完井方式。L Ostrowski 建立黑油模型，研究了底水油藏改建储气库后，完井条件和水动力强弱对天然气漏失的影响，提出废弃井的天然气漏失比无效注入产生的漏失要严重许多。D M Fourmaintraux 以研究储气库地质构造为基础，采用微压裂模拟方法，完成了天然气注采过程的封闭性、安全性评价。E Khamehch 等对伊朗某气田储气库注采循环进行了数值模拟，同时对储气库运行动态也进行了模拟。Azin. R 对伊朗枯竭气藏改建地下储气库进行数值模拟分析，通过对比不同的注采速率，以及不同的井底压力，确定出合理的注采气速度，并论证出井底压力较高的枯竭气藏作为地下储气库更加适宜。

在运行优化方面，国外储气库运行控制技术发展成熟，自动化控制和管理水平高，气库地上、地下一体化，注采输流程简化，广泛应用高度的自动化管理集散控制系统（DCS），实现在一个控制中心同时控制几个远程储库设施。储气库油藏模拟系统、过程模拟系统、地面网络模拟系统等各子系统有机衔接，协调互动，实现了气库地上、地下一体化生产模拟，气库建设和维护运行成本低，运行效率高。

孙以剑等根据底水砂岩油藏改建的储气库相关地质构造详情，研究了工作气体积与油气界面深度存在的极值关系，提出了以油气界面位置来预测最大工作气量的数学模型。谭羽飞等建立了枯竭气藏地下储气库的注采动态数学模型，引入有限差分方法研究了储气库的注采动态特征；以天然气连续性方程为基础，建立了储气库的漏失量方程，采用数值模拟方法，给出漏失量的判断和计算方法。

与国外相比，我国地下储气库建设主要表现为天然气消费区的地质构造复杂、破碎，埋深普遍大于2500m，储层非均质强，必须解决"注得进、存得住、采得出"等重大难题。国内缺乏地下储气库高压大型注采核心技术，安全运行风险大。储气库注采一体化模拟技术还不够完善，模型的系统性和完整性存在不足。目前国内注采模拟分析技术主要分地质气藏模拟、单井注采动态模拟、地面管网优化配置模拟三个部分，各个部分自成一体，如

地质和单井注采模拟部分只是将地下和井筒做了简单连接，而没有考虑地面管网配置和输送状况，注、采、输关系不和谐等各种因素导致储气库调峰能力不足，运行效率低。当前投运的地下储气库（群）未实现投产、循环过渡到周期注采运行全过程一体化管理，基于地质、井筒和地面三位一体的完整性管理处于初级阶段，还未形成上下游整体协调优化技术，直接影响到上游气田和整个天然气管网的调配及下游用户的用气保障。

二、注采完井管柱设计及井下工具方面

国外在注采工艺方面，经过多年的研究，形成了配套的注采工艺，主要类型是采用高性能的永久封隔器，配套测试用的短节与开关滑套等工具，并在上部完井管柱上配置井下安全阀等安全措施，确保注采完井管柱的安全可靠。国外的地下储气库注采完井管柱的设计主要是依托形成的注采管柱优化设计软件，可以全方位地在设计过程中对管柱安全性影响较大的载荷变化、温度压力交变影响及腐蚀等因素进行综合考虑，最终得到优化设计结果；在井下工具方面，国外在工具设计、材料及加工方面有着明显的优势，利用多年发展的技术积累，形成了一系列高性能的井下工具，其中应用的永久封隔器、井下安全阀等都是经过多年发展形成的技术水平较高的产品，目前几大石油技术服务公司都拥有自己可满足储气库注采要求的产品系列。为了安全性考虑，国内储气库建设应用的井下工具与安全阀等，大多是国外几大石油公司的产品。

三、老井封堵技术方面

国外储气库建设与天然气工业和输气管道建设同时起步，制定有比较完善的储气库建设相关标准规范法律。美国就长输管网地下储气库建设制定了相关法律，美国主要依据《天然气法》《能源政策法》等监督储气库建设，同时美国石油协会也制定了一些储气库建设规范，如《盐穴储气库设计标准》，加拿大标准委员会于 2002 年出台了包含废弃油气藏储气库、盐穴储气库和矿坑储气库的建设规范，从使用范围、钻完井技术、库容、地面设备和安全等方面指导本国储气库建设。

国外储气库在井筒封堵技术上，主要以先难后易的封堵方式。在建库时，首先检测老井废弃井的固井质量，固井质量差的采用锻铣封堵；固井质量好的废弃井采用注水泥封井。无问题一年后，则从地表以下 4m 割断套管，然后恢复地表；或者把废弃井水泥返高以上的套管全部套铣回收后对整个井眼进行水泥固封，但其水泥返高较高，处置工作量及难度不大。

国内在储气库老井封井方面，最开始并没有投入大量的精力进行研究，一直都是沿用油气井老井的处置方法和规范进行，但后来意识到储气库的老井封堵与普通的油气井废弃井封堵存在着较大差别，开展了相应的研究工作。

储气库封堵之前，需要对拟建区块所有老井进行统计并分类、识别评价，验证建库工程可行性，是老井处置的前提基础。目前相关标准只提出老井应进行分类处理的观点，或只从安全要求、设计要点等方面规范储气库建设过程，但还未发布储气库老井的具体分类

及各类井总体处置方法的相关标准，国内枯竭砂岩气藏储气库老井筛选分类缺乏规范性和可操作性。

在井筒封堵技术上，通过调研国内储气库封堵工艺，国内老井处置主要是在井筒处理后，采用气层封堵，同时井筒封井的方式，对老井废弃井进行永久封堵。国内储气库主要以枯竭砂岩储气库为主，废弃井存在钻井完成时间早、井况条件复杂、射孔层位多、层间距离较短等特点，且整体压力极低，但存在个别高压低渗层，导致废弃井处置难度大。

四、智能化注采技术方面

先进的自动化和通信技术已经逐渐从实验室走向地下储气库注采工程，储气库信息化、自动化甚至智能化注采技术时代来临。为了促进智能化技术的整体快速发展，国外各大公司及研究团体加大了相关技术的研究力度。利用智能化注采技术可以确定地层性质，可以对储气和供气能力进行模拟，并且可以利用一些分析工具追踪产量趋势，可以提高储气和供气系统的效率和成本效益。此外，储气库实际运行工艺运行参数存在累计效应，即库容量、地层压力随着注、采气的进行而发生变化，其影响储气库各个注采井的运行压力，最终对储气库系统整体的运行安全产生影响。而智能化方法能很好地解决这些传统方法所难以应对的实际问题。综上，制定智能化注采技术方案，探索储气库地层压力自适应预测方法具有重要的工程意义。

储气作业的相对智能程度划分为三个级别：级别Ⅰ为自动数据流：包括自动化数据采集、简单分析以及系统反馈；级别Ⅱ为监测和优化：包括对数据进行深度分析、预测建模、优化决策，指导生产；级别Ⅲ也被称为数字化油田：以主动的方式实现数据分析、环境自适应、远程优化和作业自动化。

国外各大公司及研究团体很早就开展了相关技术的研究。美国 Falcon 储气公司等在2008 年提出在注采全过程中应用智能技术，结合地面的数据采集与监视控制系统（SCADA），应用了神经网络等智能化算法对储气库交变周期的运行进行优化和智能管理，更好地适应了峰谷储气量调控要求，节省了大量运行成本。

国外储气库总体智能化程度整体处在级别Ⅱ，目前在个别业务应用方面已经发展到了级别Ⅲ。

第四节　文 23 储气库建设概况

文 23 储气库是国家"十三五"规划的重点建设项目，也是中国石化、河南省重点建设项目，同时还是中国石化在中东部发达地区建设的国家级战略储气库。该储气库建成后，将成为我国规模最大的天然气储转中心和天然气管网连接枢纽，建成后有效工作气量达 $40 \times 10^8 m^3$ 以上。目前，该储气库建设过程中遇到了很多技术问题。中国石化规划在 2025 年建成有效库容 $80 \times 10^8 m^3$，构建互联互通的储备调峰体系，形成中国石化新的盈利增长点。中原地区区位、地下、市场等优势显著，有望成为中国规模最大的天然气储气库群。

一、建设意义

文 23 储气库依托榆林 – 济南天然气管道、山东液化天然气（LNG）项目输气管道、天津液化天然气（LNG）项目输气管道、新疆煤制气外输管道、中原 – 开封输气管道、鄂安沧管道等多条长输管道的配套工程，主要担负大华北地区（河南、山东、江苏、河北、山西省，北京市、天津市）、新疆煤制气外输管道等附近长输管道天然气目标市场的季节调峰、应急供气任务，近期以支撑中国石化华北分公司天然气稳产增产与山东 LNG 工程的平稳运行为首要任务。建成后将成为国内规模最大的天然气储转中心和天然气管网联结枢纽，对促进中原地区经济发展，缓解国内天然气供需矛盾、保证供气安全、改善大气环境、提高国民生活质量有着重大意义。

（一）有利于充分发挥 LNG 接收站和管道的输送能力

根据下游市场用气特征，按照目标市场峰谷差控制在 2.5∶1 测算，非高峰期（按 210d 测算）仅能消化（1600 ~ 1700）$\times 10^4 m^3/d$，这样每年 $150 \times 10^8 m^3$ 的产能只能消耗 $98 \times 10^8 m^3$ 左右，每年尚有 $52 \times 10^8 m^3$ 左右产能无法销售，管网和接收站全年设计能力只能发挥 65% 左右，且 LNG 资源转卖损失巨大。

文 23 储气库建成后，在非高峰期将富余气量注入储气库，在高峰期采出供应市场，根据工作库容，储气库 150d 高峰期平均调峰量 $1700 \times 10^4 m^3/d$，冬季市场最大开发能力可达 $1700 \times 10^4 m^3/d$，同样按华北地区峰谷差 2.5∶1 计算，夏季可销售（2500 ~ 2600）$\times 10^4 m^3/d$，这样全年可销售 $150 \times 10^8 m^3$，接收站和管网可充分发挥设计能力，基本实现全年均衡生产，同时可大幅减少 LNG 资源转卖损失。

（二）有助于上游企业均衡释放产能

中国石化在华北地区夏季资源投放量与市场需求相比，严重过剩，由于中国石化储气库调峰能力不足，只能通过上游气田压产和转卖 LNG 资源解决，导致上游大牛地气田已建成的 $50 \times 10^8 m^3/a$ 产能全年只能释放 $30 \times 10^8 m^3/a$ 左右。储气库建成后，在非高峰期将富余气量注入储气库，上游气田不再压产，可以基本实现全年均衡生产，已经建成的产能能够得到充分释放。

（三）有助于提高中国石化天然气业务销售效益

文 23 储气库一期工程建成后，有效工作气量 $32.67 \times 10^8 m^3$，华北地区可新增输销规模 $52 \times 10^8 m^3/a$，上游产能可以实现平稳释放，也可提高进口 LNG 在国际市场的履约能力，从而实现中国石化天然气产业链上中下游的协调发展和整体利益最大化。按照门站价格 2.0 元/方测算，中国石化天然气业务每年可增加 104 亿元营业收入。

考虑到国家最新定价政策规定，从 2016 年 11 月 20 日起，基准门站价格最高可上浮 20%，按照一期有效工作气量 $32.67 \times 10^8 m^3$ 测算，华北地区可新增输销规模 $52 \times 10^8 m^3/a$，每年新增收益（6.5 ~ 13）亿元。

（四）可利用国际资源季节价格差获取收益

国际上因不同季节市场需求量差异较大，造成国际上 LNG 现货价格冬夏季价差较大。

例如 2016 年夏季东亚地区 LNG 现货到岸价格 4.2 美元/MMBTU 左右，冬季平均价格 7 ~ 8.3 美元/MMBTU，差异达到 4 美元/MMBTU 左右。

文 23 储气库建成后，可利用国际 LNG 和国内天然气季节价差，在非高峰期采购低价 LNG 注入储气库，在高峰期采出供应市场，获取增值收益。

（五）天然气市场竞争和长远发展的需要

华北市场是三大石油公司资源投放相对集中的区域，市场竞争非常激烈。中国石油供气能力 $1100 \times 10^8 \mathrm{m}^3/\mathrm{a}$，中国海油 $(100 ~ 150) \times 10^8 \mathrm{m}^3/\mathrm{a}$，区域内的调峰矛盾将更加突出。随着用气结构的快速变化，季节调峰能力日益被发电等大型新用户看重，只有保障用气高峰期的足量供应，才能获得相应稳定的市场份额。

同时，参照北美、日本等发达国家天然气市场发展规律，在市场发展成熟、用气结构稳定后，用气峰谷差会逐步回落并趋稳（美国 1.3∶1、欧洲 1.49∶1、日本 1.15∶1、韩国 1.48∶1）。远期按照华北地区峰谷差回落至 2∶1 测算，文 23 储气库全部建成后的 $44.68 \times 10^8 \mathrm{m}^3/\mathrm{a}$ 工作气量可支撑 $270 \times 10^8 \mathrm{m}^3/\mathrm{a}$ 以上的经营规模。因此建设文 23 储气库对于中国天然气市场开发和长远发展都具有重要意义。

（六）满足应急调峰的需要

中国石化在华北地区陆上气源管道只有榆济线单管满负荷运行，进口 LNG 易受海上气候变化影响，事故状态下的应急调峰能力急需增强。

从近年来国内多起供气中断事件来看，社会影响极大。应急气源是中国石化承担社会责任和维护用户信心的重要后盾。当管网运行过程中突然发生故障导致供气中断时，储气库可以快速增加供气量提供应急供气服务。同时，储气库也可对临时用户或长期用户短期增加的气量需求提供应急供气服务。

同时，按照国家《天然气基础设施建设与运营管理办法》的要求，天然气销售企业应拥有不低于销售气量 10% 的调峰保供工作气量。

二、文 23 储气库建设工程概况

（一）文 23 储气库原气田开发情况及地质条件

1. 原气田勘探开发情况

1977 年 1 月，文 4 井在钻遇下第三系沙河街组地层时发生强烈井喷，从而揭开了文 23 气田的勘探开发序幕。

文 23 气田的勘探开发历程分为 5 个阶段：开发准备阶段（1977—1987 年）、产能建设阶段（1988—1990 年）、稳产开发阶段（1990—2001 年）、调整上产阶段（2002—2006 年）和产量递减阶段（2007 年至目前）。

（1）开发准备阶段（1977—1987 年）：以文 4 井（1977 年 4 月）发生强烈井喷为标志，于 1978 年投入试采，到 1986 年初上报探明储量时止，该阶段陆续完成详探井 16 口，对 13 口井进行了试气，12 口井获工业气流，对 4 口井进行了断续的试采。1986 年 3 月，经国家储委审批,确定气田含气面积12.2km²,天然气地质储量149.4×10⁸m³。

(2)产能建设阶段(1988—1990年):1987年开始编制开发方案,平面上分4个开发单元(主块、西块、南块、东块)。主块划分为ES_4^{1-2}和ES_4^{3-8}两套开发层系,优先开发ES_4^{3-8}主力层系,ES_4^{1-2}作为稳产接替;边块采取ES_4^{1-6}合采,实行立体开发。设计ES_4^{3-8}部署生产井20~21口,年产气能力4.0×10⁸m³,采气速度2.68%,预计稳产15年(2004年底)。1988年开始产能建设,到1989年开发井达到15口,当年产气2.79×10⁸m³。

(3)稳产开发阶段(1991—1998年):以1990年正式开发实现了年产能力指标4.4×10⁸m³为标志,到1998年,气田以年产4.4×10⁸m³的规模稳产了9年。在该阶段,1995年起实施了整体压裂改造方案,1998实施了开发调整方案。阶段末期开发井达到25口,年产气4.88×10⁸m³。至2000年,已累计生产天然气54.81×10⁸m³,地质储量采出程度达到36.7%。

(4)高速开发阶段(1999—2006年):2001年以来,由于天然气后备资源不足,供需矛盾突出,加大了文23气田的调整力度,提高了采气速度。经过11年的稳定开发,文23气田随着天然气采出量的增加,逐渐暴露出一些影响气田稳产的问题,如气田压力和产能下降不均衡,局部储量动用差等。为此,2000年编制了《文23气田ES_4^{3-8}气藏开发调整方案》,同时编制了ES_4^{1-2}初步开发方案,设计生产井6口。其中,利用井2口(文23-11、文61),新钻井4口,建产能0.37×10⁸m³。2001年开始扩建产能,2002年完成产能目标。该阶段通过逐步调整完善、降压输气、重复压裂、清理预防结盐等措施,使年产能力在6.0×10⁸m³以上稳产到2006下半年。2006年产气量上升至最高,达到6.8×10⁴m³。

(5)产量递减阶段(2007年至目前):2007年以来,由于气田地层压力下降,结盐日益严重,气田产能逐步下降。虽然部署新井12口,但老井递减加大,总体产能快速下滑,开发井数的增加弥补不了老井的综合递减。至2011年底,累计产气94.07×10⁸m³,地质储量采出程度81.0%,气田日产气水平降至58.1×10⁴m³,目前全气田关井。

截至2015年12月,文23气田主块总井数57口,累计产气94.07×10⁸m³,地质储量采出程度81.0%,主力采气层地层压力已降至4~5MPa。

2. 气藏基本特征

文23气田构造位于东濮凹陷中央隆起带北部文留构造高部位,含气层系为下第三系沙河街组沙四段,埋藏深度2750~3120m。天然气地质储量149.4×10⁸m³。储层类型为低孔低渗致密砂岩,其中沙四上,厚约170~244m,上部以泥、盐膏岩为主,中下部地层以粉砂岩为主;沙四下,厚约250m,以细、粉砂岩、泥质粉砂岩为主。盖层为沙三下亚段盐岩、盐膏层,厚度大(300~500m)、岩性纯、封闭性好,具有改建为地下储气库的基本地质条件。

文23气田原始地层压力在38.6MPa左右,压力系数1.38,属异常高压气藏。地层温度115~120℃,地温梯度3.05℃/100m。

3. 流体性质

文23气田天然气组分以甲烷为主,甲烷含量92.37%~97.13%,乙烷含量1.56%~

5.18%，丙烷含量 0.19% ~ 1.81%，乙丁烷含量 0.04% ~ 0.18%，正丁烷含量 0.09% ~ 0.82%，C5 含量 0 ~ 0.55%，氮气含量 0.13% ~ 2.35%，CO_2 含量 0.33% ~ 2.47%，天然气相对密度 0.5715 ~ 0.6037。

地层水矿化度 $(23.9831 ~ 30.1180) \times 10^4 mg/L$，氯离子含量 $(14.6430 ~ 18.3993) \times 10^4 mg/L$，$CaCl_2$ 型水。

注入的管道气可能存在三种来源：一种为已建的榆济线、安济线、中开线、济青线、济青二线以及正在规划的鄂安沧、青宁线等管线外输的天然气，一种为正在规划的新粤浙管道外输的新疆煤制气，还有一种为天津 LNG 管道、山东 LNG 等液化天然气(LNG)汽化后的外输天然气。气质按符合《天然气》(GB 17820—2012)中的 II 类气质标准设计。

(二)储气库关键参数

综合考虑地理位置、地质资源、管网分布等因素，文 23 气田具有建设大规模地下储气库的优越条件，同时依托榆林 – 济南输气管道、中原 – 开封输气管道、新疆煤制气外输管道、鄂尔多斯 – 安平 – 沧州输气管道等附近管道的配套建设，文 23 储气库建成后将承担大华北地区和新疆煤制气外输管道下游天然气目标市场的季节调峰、应急供气重要任务。

文 23 储气库整体工程按照"总体部署、分阶段建设、滚动实施"与"地上服从地下、地上地下充分结合"的原则，工程建设分为两个阶段(一期 + 二期)。储气库一期建设主要包括集输管线、集气站、集注站、井场、注采气处理工艺、供配电、自动控制、通信等公共配套设置等。

整体方案需要新钻井 103 口，利用 7 口老井采气，共计 110 口注采井。

井距为 300 ~ 520m，井型采用直井、定向井，布井方式采用丛式井，设计井台 13 个。

采用"整体设计、分期实施"的原则，一期方案设计动用高、中产区，库容体积 $84.31 \times 10^8 m^3$，新钻井 66 口，利用 6 口老井采气，注采总井数 72 口，设计井台 8 个；部署新井监测井 6 口，老井监测井 10 口(块内 4 口、块外 3 口、盖层监测 3 口)。

文 23 储气库为枯竭砂岩气藏储气库，主力注采层系为 S_4^{3-6} 砂组。每个注气周期内注气期为 200d，采气期为 150d。

设计上限压力为原始地层压力 38.6MPa。

气库总库容为 $104.21 \times 10^8 m^3$；设计气库下限压力为 15.0MPa；有效工作气量 $57.25 \times 10^8 m^3$；基础垫气量 $7.32 \times 10^8 m^3$；附加垫气量 $39.64 \times 10^8 m^3$；补充垫气量 $33.69 \times 10^8 m^3$。

(三)工程建设的难点及挑战

1. 老井与新钻丛式井组防碰风险较高

文 23 气田地质构造复杂，断层较发育，老井井网密集，储气库一期工程利用中 – 高产区部署 8 个丛式井场共 66 口新钻井，井网密度高，地层条件复杂，井底靶点分布集中，丛式井组轨道参数及轨迹控制难度大，新井眼与原井眼轨迹存在碰撞风险，钻井工艺技术难度和安全风险较高。

2. 地质构造复杂易发生井漏

文 23 储气库建库前地层亏空严重，压力系数 0.13 ~ 1.0。储层内及上部地层断层均较发育，断层交错，走向多变。钻井过程中漏失较为严重，一期工程66口井有28口井发生漏失；其中7号、8号、11号平台井漏最为严重，合计漏失钻井液6841m³，损失钻井时间3187h。

3. 巨厚盐膏层增加钻井与固井难度

文23储气库施工中钻遇以沙一盐、文23盐为主的盐膏层，厚度200～600m、岩性纯、封闭性好。盐膏层具有易蠕变、易溶解、易垮塌的特点。在钻井过程中采用水基钻井液易造成盐岩及软泥岩的塑流缩径，泥页岩坍塌；钻具结构在盐层段钻进，摩阻加大，容易造成钻具疲劳，出现井下故障，产生很大的安全隐患。

储气库注采井对水泥环密封完整性要求严，封固质量要求高，要求水泥石具有良好的力学性能，满足多周期注采要求。文23储气库固井存在漏失隐患，同时技术套管封固大段盐层，厚度600～800m左右，存在盐溶盐析影响界面胶结质量，盐易污染水泥浆，固井质量难以保证。产层尾管封固段较短，接触时间少，顶替效率低，影响胶结质量。

4. 老井封堵难度大

文23气田区块属于低孔低渗气田，经过多年开采，所有储层都经过压裂。压裂后地层孔喉、孔隙度、渗透率均发生变化，造成地层亏空严重，层间差异较大，同时老井井况复杂、固井质量普遍不太理想，存在上窜风险，增加了封堵难度。

（四）工程建设基本情况

1. 钻井工程施工情况

钻井工程分为：钻井（含随钻测量及入井液）、录井、测井、固井等。

据中国石化北方市场对文23储气库提出的近期调峰高峰期日需求3000×10⁴m³/d、年调峰气量30×10⁸m³以上的要求，一期方案动用库容体积84.31×10⁸m³，设计8个钻井平台，部署66口新钻井，老井利用井14口（含块外监测井3口）。

钻井工程于2017年5月19日首先在4号井场开钻，2019年3月15日66口新井全部完成钻井施工。新钻井采用丛式井组布井，分布在8个钻井平台，每个平台5到11口井，按两排分布，井口井间距为5～15m，井排排距为45～50m，一个井台2部钻机同时施工，总共14部ZJ50钻机，14支钻井队伍，钻进总进尺207342m。

2. 修封井工程施工情况

修封井工程分为：修封井作业、入井液服务、测井、入井液检测、修封井监督等。

修封井工程主要包括46口老井封堵。文23气田老井共57口，其中有46口井存在安全风险，予以封堵废弃；工程于2017年4月6日开工，2018年7月全部完工。修封井工程由中原天然气产销厂承担地质设计编制；中原石油工程院承担工程设计编制；由中原井下特种作业公司进行施工；天然气产销厂进行作业监督。修封井工程封堵井思路主要是先处理井筒至露出气层底界，测井斜，采用水泥承留器（跨度大的分层挤堵，固井质量不好的锻铣或射工程孔后挤堵）对地层进行挤堵，确保封堵半径2m，并在井筒内在承留器上连续注灰至盖层以上100m附近（连续灰塞不少于300m），最后灌注防腐重泥浆正替加注至井口，更换简易井口，安装压力远传系统，加盖保护罩。

3. 注采工程施工情况

注采完井工程分为：管柱完井及作业、射孔完井、入井液服务、气密封检测、入井液检测、完井监督等。

注采完井工程主要包括 80 口井：其中新钻井 66 口、老井利用 14 口（含 3 口块外监测井）。于 2018 年 9 月开工，2019 年 6 月 66 口新井注采完井施工全部完工。注采完井设计编制依据采用《地下储气库设计规范》（SY/T 6848—2012），由中原天然气产销厂承担注采完井地质设计编制；中原油田石油工程技术研究院承担工程设计编制；中原井下特种作业公司承担作业施工；天然气产销厂承担作业监督。投产方式采用深穿透复合射孔完井；完井管柱采用分步完井管柱；注采气井口采用国产采气树，材料级别 FF－1.5 级，压力级别 5000psi；温度范围 P－U（－29～121℃）；油管选用 13Crs 材质的 Φ88.9mm 油管；完井工具使用进口的贝克休斯完井工具。

4. 地面工程施工情况

地面工程分为：征地测量、站场工程施工、供电工程施工、无损检测、工程监理、环保监理、水保监理等。

一期地面工程建设内容包括注采站 1 座（主要包括压缩机组 12 台、三甘醇脱水装置 3 列等设备设施）、丛式井场 8 座，单井井场 17 个，集输管网 22km、110kV 变电站 1 座、输变电线路 16km，中开、鄂安沧、文 96 气源管线 3 条。2017 年 11 月 20 日开工建设，2018 年 11 月 12 日 110kV 输变电系统一次送电成功，2018 年 12 月注采站 12 台压缩机完成单机试车，具备投料试车条件。2019 年 7 月 31 日 8 座丛式井场全面投产注气。文 23 储气库地面工程采用了"业主项目部 ＋ 工程监督（监理）＋（EPC）联合体"管理模式，各参建单位分工明确、优势互补，有效把控建设过程中的关键点，从优化技术方案、施工工艺、推行新技术入手，科学分析施工重点、难点、瓶颈工程、控制性工程，通过提高预制深度，缩短了建设工期。

第五节　文 23 储气库注采完井面临的难点及技术挑战

一、建库注采技术主要难点

国外枯竭气藏型储气库埋深一般小于 2000m，储气库物性条件普遍较好，孔隙度大于 15%，渗透率大于 100mD。中国石化枯竭气藏建库以中低渗气藏为主，部分气库埋深达到 4500m。我国当前投运的地下储气库未实现投产、循环过渡到周期注采运行全过程一体化管理，基于地质、井筒和地面三位一体的完整性管理仍处于初级阶段。尽管目前在地下储气库动态监测、跟踪评价、优化预测等方面虽然积累了一定的经验，但仍然面临很多问题和挑战，如建库理念转变、库容参数优化技术等。注采方案与工艺是否合理，如何发挥储气库的最大库容利用效率；注采管柱要求多功能、抗腐蚀，长周期、高安全（30 年）；注采能力实时监测与评价，指导及时调整运行参数；库区老井井况复杂，评价、封堵与利用，直接关乎安全运行；储气库注采要求功能多、强度大、寿命长、多轮次反复及安全等级高等特点，对注采关键技术都提出了更高要求。

（1）储气库注采工艺及管柱优化设计缺少评价手段，配套关键工具不成熟，依赖进口，成本高。

（2）注采动态分析与参数优化是保证储气库注采气量的重要手段，但现有储层压力动态分布及定周期合理注采能力评价困难。

（3）注采系统一体化模拟及运行管理技术还不完善。

（4）老井评价与再利用缺乏规范性，缺少验证方法，老井封堵操作复杂。

（5）智能化注采还处于探索阶段，储气库注采关键技术无智能化方案设计对策。

二、储气库建库注采的主要原则与要求

文 23 储气库为枯竭砂岩气藏储气库，主力注采层系为 S_4^{3-8} 砂组。划分了高产、中产、低产三个产能区，配产分别为 $26 \times 10^4 m^3/d$、$12 \times 10^4 m^3/d$、$4 \times 10^4 m^3/d$，定向井平均增产倍数是直井的 1.3 倍。总体采用"整体设计、分期实施"的原则，整体方案需要新钻井 103 口，利用老井采气 7 口，共计 110 口注采井；井距为 300～520m，井型采用直井、定向井，布井方式采用丛式井，设计井台 13 个。一期方案运行压力：20.92～38.62MPa，运行工作气量 $32.67 \times 10^8 m^3$，补充垫气量：$40.90 \times 10^8 m^3$。一期方案设计动用高、中产区，库容体积 $84.31 \times 10^8 m^3$，新钻井 66 口，老井采气利用 6 口，注采总井数 72 口，设计井台 8 个，部署新井监测井 6 口，老井监测井 10 口。

由于文 23 储气库将为多条长输管道供气，综合考虑北方冬季取暖用气和南方夏季发电用气，每个注气周期内注气期为 200d，采气期为 150d。设计上限压力为原始地层压力 38.6MPa，气库总库容为 $104.21 \times 10^8 m^3$；设计气库下限压力为 15.0MPa，有效工作气量 $57.25 \times 10^8 m^3$，占库容的 54.9%，基础垫气量 $7.32 \times 10^8 m^3$，附加垫气量 $39.64 \times 10^8 m^3$，补充垫气量 $33.69 \times 10^8 m^3$。

（一）储气库注采的主要原则

（1）文 23 气田为低渗砂岩枯竭气藏建设储气库，方案设计应重点围绕低压储层保护和提高气库注采能力展开技术论证和工艺设计。

（2）气库设计寿命长，选择合适的材质是保证该气库安全运行和环境保护的关键。

（3）注采井应满足注气、采气、监测、安全控制等功能要求，保证注采井长期安全生产。

（4）注采工艺及管柱需结合储层保护、井控要求等进行设计，应满足注采能力要求，不出现冲蚀、积液等；管柱配置简单、合理，满足监测、修井及钢丝作业等功能要求；满足管柱强度、气密封要求；生产管柱整体安全可控。

（5）入井液组分尽可能选取绿色环保与环境友好型化学生物制剂，入井液液体配制简单方便，现场施工操作安全可行。在保证井控安全的条件下，应减少入井液用量，同时尽可能采用无固相体系，避免固相颗粒侵入造成的储层伤害；入井液流体具有良好的储层配

伍性和热稳定性，满足储层保护和储气库长期安全生产需要。

（二）储气库注采的主要技术要求

1. 主要考虑的因素

单井注采能力受地层渗流能力和井筒流动能力两方面因素影响。通过节点分析确定气井最大注采能力，并进行抗冲蚀能力和携液能力评价，确保管柱不出现冲蚀现象和保证气井稳定携液生产。

完井管柱的设计必须与完井方式紧密配套，对各种完井管柱适用性进行分析，结合现场施工工艺特点，包括钻井、固井、投产等各作业环节中的油气层保护及改善措施等，文23储气库设计宜采用套管固井完井方式。

（1）新钻注采井。

该类井均设计为套管固井完井方式，需依靠后期射孔工艺沟通井筒与储层，射孔前井筒与储层不连通，不存在井控问题。如何最大程度解除低压下钻井泥浆、固井水泥、投产作业入井液体对近井地带的污染，是完井工艺设计的关键点，故射孔工艺应优先考虑其深穿透能力。

生产完井方面，以污染最小化原则进行设计。在满足生产测试需要的前提下，优先推荐入井液用量最少的射孔、生产一体化完井管柱，实现最大程度的储层保护；其次，可采用封隔器＋井下安全阀为主的全井筒保护管柱，该管柱在生产运行过程中可满足生产测试的需要，管柱下入时有两种方式，一是分步下入，即先用投送工具将封隔器本体及以下管柱下入到位并坐封，该环节中油管外无液控管线，可采用不压井作业施工。然后，下入堵塞器，关闭油管内通道，丢手封隔器，起出投送器及以上管柱，此时，井筒与储层不连通，可安全下入封隔器插入锚定密封总成及以上的全部回插管柱，包括井下安全阀及液控管线，到位并回插试压合格后，捞出堵塞器完井。该方式也可保证入井液用量少，污染小，但在回插时，回插部位存在损坏的风险。二是一次下入该管柱，该方式是现行成熟技术，缺点是由于安全阀以上液控管线的影响，无法全过程采用不压井作业工艺，施工中需要压井作业。

（2）老井利用井。

文23气田主块钻遇气层开发共57口，经生产资料分析及先导工程单井检测，初步确定11口井可作为储气库井利用。此外，为了观察主块边界断层的封闭性，分别在文23气田东、西、南块各选取1口井作为储气库监测井，选取将储层封堵后的3口井作为盖层监测井，整体方案合计设计拟利用井17口。一期方案设计动用高、中产区采气井6口，监测井7口（块内4口、块外3口）。

该类井套管已经经过一段时间的开发利用，为保证储气库安全运行，在生产过程中，必须对老井加强监测，如遇井况变化，不再符合利用条件，应及时处理并可靠封井，保证利用井的安全可靠，实现经济效益的优化配置。

2. 注采井完井管柱

对于部分新井均采用套管固井射孔完井方式，初期投产优先推荐采用射孔生产一体化完井管柱，对于部分需要监测注采剖面的井及部分产能低、后期可能进行措施改造的井，采用射孔后，下入具有井筒安全控制功能的完井管柱方式完井。

对于老井中的利用井，设计仅作为采气井利用，参考文23多年开发经验，该类井推荐采用环空保护生产管柱，运行过程中加强生产监测，出现异常随时压井。必要时可在工程设计中依据安全需要，增加安全配置。

3. 监测井完井管柱

新井监测井：依据地质方案要求，其中3口井采用永置式监测管柱，其余注采井管柱中配置有测试坐落接头，可在需要时采用钢丝作业下入存储式监测仪器实现不停产监测。

老井监测井：因该类井不生产，运行过程中可加强生产监测，出现异常随时压井，故对于块外及盖层监测井推荐采用存储式监测管柱，必要时钢丝作业下入存储式监测仪器实现监测；块内监测井推荐环空保护监测管柱。

4. 井口及安全控制系统

气库注采气井不同于一般的采气井，运行时将处于一个压力周期性变化的过程中，正常运行与否直接影响到用户的工作与生活以及周围环境的安全性。为确保注采井注采气安全，设计注采安全控制系统。

5. 射孔方式选择

文23气田目前已达枯竭状态，在钻、完井过程中可能存在较严重的地层污染，射孔应尽可能地解除地层污染。射孔过程中井筒内液体进入地层，可能会对地层造成二次污染，所有聚能射孔弹都可能在孔道内部形成孔壁压实带，射孔应尽量减少对地层的二次伤害。射孔工艺应安全、可靠、施工成功率高。

文23气田主块为低渗低压气藏，储层厚度大，射孔井段长。从低压储层保护出发，在射孔过程中应减少作业次数，需一次性射开产层。结合《枯竭砂岩油气藏地下储气库注采井射孔完井工程设计编写规范》（SY/T6645—2006）和文23气田射孔实践经验，可以考虑选择的射孔工艺有电缆输送射孔、过油管射孔和油管输送射孔。

6. 入井液设计与应用

入井液是文23气藏完井作业的重要组成部分，由于文23气藏主块储层气藏压力已达枯竭，且投产层段跨度大、存在层间渗透率差异，相对低压储层更容易受到外来流体污染伤害。因此，选择合适的完井方式及与其相匹配的入井液类型对于实现储层保护和储气库高效开发具有十分重要的意义。入井液主要用于完井作业工序，主要包括压井（射孔）液、环空保护液，入井液用量、化学性能及在生产层段滞留时间等因素是影响储层污染伤害的重要因素。对文23气田超低压、长井段和不同的完井方式，入井液设计主要考虑以下因素：首选无固相液体体系，避免固相堵塞，减少储层伤害；优选环保、可降解生物制剂材料；具有良好的储层配伍性和稳定性；优化液体性能指标，满足不同完井方式需要；液体配制简单方便，现场施工操作安全可行。

（1）射孔液设计参考《射孔优化设计规范》（SY/T 5911—1994）、《射孔施工及质量控制规范》（SY/T 5325—2005）以及《枯竭砂岩油气藏地下储气库注采井射孔完井工程设计编写规范》（SY/T 6645—2006），保证射孔施工安全；射孔液性能指标参照《油气层保护液技术条件》(Q/SH 1025 0596—2009)和《碎屑岩注水水质质推荐指标和分析方法》(SY/T 5329—1994)。

(2)压井液设计参考《常规修井作业规程 第3部分：油气井压井、替喷、诱喷》(SY/T 5587.3—2004)和《枯竭砂岩油气藏地下储气库注采井射孔完井工程设计编写规范》(SY/T 6645—2006)，压井液性能指标参考《油气层保护液技术条件》(Q/SH 1025 0596—2009)和《低固相压井液性能测定方法及评价指标》(SY/T 5834—1993)。

(3)环空保护液可分为油基和水基两种，油基缓蚀剂由于成本较高，一般现场应用很少。水基缓蚀剂按在金属表面形成保护膜的性质，可分为氧化膜型缓蚀剂、沉淀膜型缓蚀剂和吸附膜型缓蚀剂。由于氧化膜型缓蚀剂在用量不足的情况下，会加速腐蚀，因此一般不作为环空保护液缓蚀剂使用。文23储气库井下封隔器以上的油套环形空间没有高温高压气体，只有相对稳定的液体，分析认为注采井井下温度和压力情况下可能发生的三种腐蚀类型有：①溶解盐腐蚀；②溶解氧腐蚀；③微生物腐蚀。与之对应的防腐措施主要有：①高等级防腐材质；②阴极保护技术；③环空保护液技术。综合考虑腐蚀介质和经济成本，选取添加环空保护液防腐方案。环空保护液具有平衡井下管柱受力，延长井下管柱和工具使用年限寿命等作用。

环空保护液设计参考《油田采出水用缓蚀剂性能评价方法》(SY/T 5273—2000)以及《枯竭砂岩油气藏地下储气库注采井射孔完井工程设计编写规范》(SY/T 6645—2006)对环空保护液进行设计。环空保护液技术指标参考《文96储气库可行性研究报告》中6.2.1.2和《碎屑岩注水水质质推荐指标和分析方法》(SY/T 5329—1994)。

7. 动态监测

根据地质方案要求和储气库安全投产运行的需要，部署储气库动态监测方案，在储层动态、流体性质、气水界面及断层封闭性等监测的基础上，落实库容及注采能力，确保储气库顺利投产和安全高效运行。主要原则应以钢丝和电缆作业为主，重点井实施井下永置式测试；多种监测技术集成配套、综合分析评价；经济合理，技术安全实用。

(1)库容能力监测应考虑如下因素：在储气库新井井位部署和老井再利用方案中，合理部署监测井，满足井间地震、井间连通性测试的需要；库容监测主要采取井间地震的方式，确定气体在各层平面上的渗流范围和方向；开展气体示踪及干扰试井测试工作，辅助井下井间地震，确定井间连通性及平面储层展布情况。

开展注采井吸气/注气剖面测井，确定小层动用程度，为纵向上分析库容能力提供依据。

(2)注采能力监测主要考虑：采用裸眼测井、电缆地层测试、中子寿命测井，了解分层的孔渗饱、流体组分变化情况，为建立多层条件下的注采能力方程提供依据。采用升压法注入测试、降压法系统测试和注采气剖面测试，建立单井注采方程，并了解地层出砂及含水变化情况；开展压力恢复、压力降落等试井测试，分析评价储层在压井、作业等工艺措施对储层的影响程度；综合应用干扰试井、气体示踪等监测手段，实现试验井与老井的同步监测，落实断层的封闭性，确定压力扩散及气体渗流速度，为建立综合考虑地质构造、储层展布、多井干扰情况下的数值注采方程奠定基础。

（3）其他监测工作：根据气水界面监测井的地质要求，采用电缆作业、中子寿命测井方式监测每个注采周期内剩余气饱和度，分析边底水的变化情况；采取井下或井口挂片腐蚀评价等方式，评价井筒管柱腐蚀情况，为优选抗腐蚀措施提供依据。通过投产作业过程井筒压井液液面监测，合理确定压井液补充速度，减轻压井液对地层的污染；通过生产过程环空保护液液面变化监测，分析保护液渗漏情况，为及时补充保护液提供依据。其他方面如注采量、油套压、流体分析等方面监测，在地面日常生产动态监测中实现。

8. HSE 管理的方针、目标、原则

（1）施工队应制定并遵守健康、安全与环境管理方针，其要点是：树立"安全第一，预防为主"的思想；遵守国家、当地政府和本企业有关健康、安全与环境的法律、法规和规定；养成良好卫生习惯，保持充沛的精力和体力是安全生产的保障；以生态环境可接受的作业方式组织生产，有效地保护自然资源及环境；坚持岗位培训，履行岗位职责是上岗操作的前提。

（2）施工队应制定包括以下内容的健康、安全与环境管理目标：不断提高员工的健康、安全与环境管理意识，不断加强自我保护和生态环境保护能力；杜绝爆炸、火灾事故和危险品的丢失、被盗事故发生；防止一切伤害事故和中毒事故；杜绝一切安全事故发生；尽量减少对环境的影响。

（3）施工队应有明确的健康、安全与环境管理保证体系，并遵守以下原则：从领导到岗位人员都应承担健康、安全与环境管理责任；进行注重实效的健康、安全与环境管理培训；监督检查是消除事故隐患的有效手段；建立健康、安全与环境管理审查制度；大小事故都应严肃调查和跟踪分析。

第二章 投产完井工艺

第一节 概述

注采工艺设计在现代完井理论中是一个系统工程，是储气库建设投产的重要环节之一。对于文 23 储气库注采完井工艺设计，应兼顾储气库初期完井投产要求和后期注采生产需要。在对储层性质、地层流体性质、气藏类型、气水分布情况等综合分析的基础上，根据勘探开发目的、地质投产要求以及生产过程中的注采工艺要求，优选最佳的投产完井工艺方法，以保证延长储气库生产井寿命、发挥最大产能。

一、储层状况

储层状况包括储层特征及气藏特征，其主要影响注采完井工艺中的储层保护、完井管柱设计、射孔工艺选择及完井作业工艺等。

(一)储层特征

1. 储层物性

气田沙四段储层岩性以细粉砂岩、粗粉砂岩为主，部分井段偶见细砂岩。岩石成分以石英为主(70% ~90%)，次为长石(3% ~20%)、岩屑(3% ~17%)。岩石的颗粒磨圆度中等，次棱角状为主，分选系数 1.5 ~2.2。碳酸盐为胶结物的主要成分，含量 5% ~16.61%，胶结类型以孔隙式胶结为主。

文 23 储气库主要层系为沙四 1 –6 砂组，有效储层孔隙度为 4.4% ~18.0%，平均孔隙度11%，有效储层渗透率为 $(0.06 ~28.5) \times 10^{-3} \mu m^2$，平均渗透率为 $5.43 \times 10^{-3} \mu m^2$，物性整体上较好。

2. 地层敏感性

储层的速敏、盐敏、酸敏、碱敏和水敏的敏感性流动实验研究表明，储气主力空间ES4 4、ES4 5 砂组储层岩心渗透率受速敏、碱敏影响较弱，酸敏、水敏损害程度属于中等，受盐敏影响较强，临界盐度为 160000mg/L。在储气库注气投产时应避免储层伤害的发生。

(二)气藏特征

1. 流体性质

天然气:成分以甲烷为主,其体积分数为89.28%~97.13%,乙烷1.13%~7.26%,丙烷0.19%~1.81%,C_5微量小于0.55%,氮气0.08%~1.44%,$CO_2$0.31%~1.51%,天气体相对密度0.5715~0.6813。见表2-1。

表2-1 天然气分析结果表

层位	相对密度	C_1/%	C_2/%	C_3/%	C_4/%	C_5/%	CO_2/%	N_2/%
ES_4^{1-2}	0.5715~0.5878	93.80~97.13	1.56~3.34	<0.35	0.11~0.33	<0.04	0.33~0.75	0.08~0.64
ES_4^{3-4}	0.5715~0.6813	89.28~92.41	1.13~7.26	0.19~0.81	0.09~0.38	<0.20	0.58~1.19	0.46~1.44
ES_4^{5-8}	0.5748~0.6037	91.00~96.71	1.57~6.41	0.21~1.81	<0.67	<0.55	0.31~1.51	0.31~1.42

凝析油:无色透明,含量10~20g/m^3,相对密度0.7434~0.7802。见表2-2。

表2-2 凝析油分析结果表

层位	组分百分数/%																	
	C_1	C_2	C_3	异C_4	正C_4	异C_5	正C_5	C_6	C_7	C_8	C_9	C_{10}	C_{11}	C_{12}	C_{13}	C_{14}	C_{15}	C_{16}	C_{17}
ES_4^{1-2}	0.01	0.04	0.17	0.18	0.50	0.68	1.02	3.85	10.58	10.75	10.12	9.19	8.67	6.05	5.79	5.56	5.25	4.80	16.99
ES_4^{3-8}	0.03	0.06	0.23	0.28	0.65	0.90	1.89	4.66	16.03	14.86	13.63	11.58	8.93	7.22	6.60	4.26	2.84	1.72	4.13

地层水:高矿化度盐水,总矿化度(26~30)×10^4mg/L,Cl^-(16~18)×10^4mg/L,水型$CaCl_2$。见表2-3。

表2-3 地层水分析结果表

层位	$K^+ + Na^+$/(mg/L)	Mg^{2+}/(mg/L)	Ca^{2+}/(mg/L)	Cl^-/(mg/L)	SO_4^{2-}/(mg/L)	HCO_3^-/(mg/L)	pH值	总矿化度/(mg/L)	水型
ES_4^{3-4}				175001				286999	$CaCl_2$
ES_4^7	105190	879	10835	183993	210	73	6	301180	$CaCl_2$
ES_4^8				174262				283118	$CaCl_2$

文108井高压物性相图上(图2-1),临界点C位于凝析压力点的左侧,临界压力

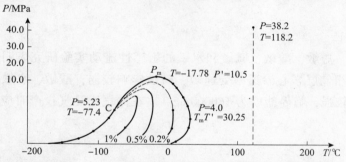

图2-1 文23气田文108井沙四段$P-T$相图

$P_c = 5.23\text{MPa}$，临界温度 $T_c = -77.4℃$，临界凝析压力 $P' = 10.5\text{MPa}$，临界凝析温度 $T' = 30.3℃$。气体性质及相图表明文23气田为干气藏。

2. 气水分布

1）原始气水分布

气田气水界面受断层控制，气水界面由西向东，由北向南依次下降。主块西部、中部气水界面3015~3030m，东部气水界面3080m。主块文22井至文23-8井以北井区构造高位置，气顶界面埋深小于2850m，气层厚度80~140m，以南井区气顶界面埋深大于2890m，气层厚度30~60m。

平面上，3-4砂组满块含气；沙四5砂组南部低部位底水发育；沙四6砂组中部堑块及西部、南部低部位发育边底水；沙四7-8砂组仅在高点发育气层。

2）目前气水分布

文23气田主块 ES_4^{3-8} 边水发育，气井生产过程很快见水，无法稳定生产；主块 ES_4^{3-8} 气水界面自开发以来仅上升1~10m，反映出主块 ES_4^{3-8} 气田地层水能量弱，对主块 ES_4^{3-8} 气井生产没有明显的影响。

3. 气藏压力温度

1）原始地层压力、温度

文23气田 ES_4 段气藏属于常温高压系统，沙四段原始地层压力为38.62~38.87MPa，压力系数为1.29~1.34，为高压系统。气藏中部深度与地层压力关系式为：

$$P_i = 33.015 + 0.0019D$$

式中　D——气藏中部深度，m；

　　　P_i——原始地层压力，MPa。

气田主块地层中部深度2950m，温度114.3℃，计算地温梯度为3.44℃/100m，气藏属正常温度系统。

2）目前地层压力

根据静压测试资料，目前文23储气库气井生产层地层压力4~9.76MPa。

4. 气藏类型

文23气田沙四段气藏存在多种圈闭因素，主块和边块气藏类型有所不同。边块为具有边水的层状砂岩干气藏；主块因 ES_4^{1-2} 砂组与 ES_4^{3-8} 砂组之间的泥岩在厚度和平面发育稳定，ES_4^{1-2} 为边水层状砂岩干气藏，ES_4^{3-8} 为具有边底水的块状特征的层状砂岩干气藏。

二、井身结构

井身结构及井型对生产完井工艺的主要影响因素有钻完井方式、套管程序、井筒直径、井斜大小、全角变化率和水平段长度等，直接影响到生产完井管柱的结构设计、生产油管、完井工具的选择、射孔工艺及施工参数设计。

文23储气库新钻井全部采用三开井身结构，完钻井深2900~3300m，完钻层位三叠系沙四下。技术套管下至盐层以下50m，外径273.1mm、282.6mm两种规格，内通径均为

247.96mm。油层套管全部7in套管，外径177.8mm、内径157.08mm。回接筒以上油层套管为常规碳钢材质，回接筒以下为SUP13Cr。套管程序表见表2-4。

表2-4　文23储气库新钻井套管程序表

套管类型	外径/mm	内径/mm	钢级	壁厚/mm	抗内压/MPa
表层套管	406.4	381.26	J55	12.57	19.7
技术套管	273.10	247.96	P110	12.57	55.6
	282.60		TP125V	17.32	
油层套管	177.80	157.08	P110-SUP13Cr	10.36	77.35

（1）一开表套钻深500m，下 Φ346.1/406.4mm 套管封上部松软地层。

（2）二开技套钻深2760m，下 Φ273.1/282.58mm 套管封目的层以上地层（包括盐层）。

（3）三开油套钻深3150m，下 Φ177.8mm 套管，采用金属气密封扣型，先悬挂后回接工艺，悬挂点位置在盐顶以上200m，悬挂器以下选用 P110-13Cr 抗腐蚀套管。

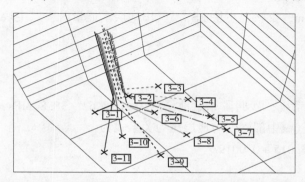

图2-2　文23储气库丛式井双排井组轨道三维投影图

一期工程66口新井全部为定向井，井斜不超过45°。采用丛式井组布井，井口距10~15m、排距40~50m，分布于8座丛式井场，文23储气库丛式井双排井组轨道三维投影图如图2-2所示，钻井分布表见表2-5。

表2-5　文23储气库新钻井分布表

井台	井数	井号
2号	11	文23储2-1、储2-2、储2-3、储2-4、储2-5、储2-6、储2-7、储2-8、储2-9、储2-10、储2-11
3号	10	文23储3-1、储3-2、储3-3、储3-4、储3-5、储3-6、储3-7、储3-8、储3-9、储3-10
4号	9	文23储4-1、储4-2、储4-3、储4-4、储4-5、储4-6、储4-7、储4-8、储4-9
5号	7	文23储5-1、储5-2、储5-3、储5-4、储5-5、储5-6、储5-7
6号	5	文23储6-1、储6-2、储6-3、储6-4、储6-5
7号	9	文23储7-1、储7-2、储7-3、储7-4、储7-5、储7-6、储7-7、储7-8、储7-9
8号	7	文23储8-1、储8-2、储8-3、储8-4、储8-5、储8-6、储8-7
11号	8	文23储11-1、储11-2、储11-3、储11-4、储11-5、储11-6、储11-8
总计	66	—

三、固井质量

固井质量是影响生产完井工艺的重要因素之一。若固井质量不合格，注入的天然气可能从胶结较差的界面上窜，与上部生产套管接触，甚至进入技术套管和表层套管，造成窜漏。另外，在投产作业施工中，射孔作业对产层段套管水泥环也会造成一定程度的损伤。如果生产套管的固井水泥胶结质量差，施工过程会导致更严重的水泥环破碎断裂，使水泥环封固质量变得更差，影响气井长期安全注采生产。

文 23 储气库三层套管均采用 G 级水泥，固井水泥返高至地面，其中一开固井采用密度为 $1.85 \pm 0.03 g/cm^3$ 的水泥，内插法固井，二开采用双密度三凝水泥浆体系一次固井，高密度水泥浆至少返至盐顶或油顶以上 200m，三开采用非渗透防窜增韧水泥浆体系、尾管悬挂＋套管回接固井工艺。

第二节　投产完井方案

文 23 储气库为超低压砂岩气藏储气库，根据保护储层、降低作业井控风险、满足注采井生产测试要求等原则，投产作业过程中储层补孔后漏失造成的储层伤害、井控风险，以及注采井生产、后期测试作业要求，是影响投产方式选择的重要因素。本节主要根据是否进行储层改造、压井作业等，对投产方式进行了对比分析。

一、投产方式优选

（一）投产方式分析

储气库气井常规投产方式主要包括三类：

1. 不进行储层改造的投产方式

1）分步下入完井管柱的投产方式

先下入射孔管柱，射孔打开投产层段，压稳井后起出射孔管柱，下入完井管柱坐封、投产。

优点：利于后期的生产管理和测试。

缺点：射孔后需要压井，地层漏失量多，污染大，不利于储层保护。

2）射孔、生产一体化完井管柱下入的投产方式

射孔、生产管柱一体化设计，下入一体化管柱后，先坐封完井管柱，然后射孔、投产。

优点：压井时间短，入井液用量少，地层漏失量少，污染小，利于储层保护。

缺点：射孔枪留在井内，后期存在管柱堵塞风险，也不利于生产测试等作业工艺的实施。

2. 需要储层改造的投产方式

若需要进行酸化改造，可设计三种不同的酸化时机以供选择。

1）下完井管柱、酸化、气举排液、坐封、注气

先进行射孔、完井，然后利用完井管柱进行酸化改造，通过气举排液返出残酸。该方式是在完井管柱下井、装完井口后进行酸化及排液，地层漏失量相对减少。但若地层压力低，不能保证残酸能完全返排出地面。

2）射孔后酸化、气举排液、压井、下完井管柱坐封、注气

射孔后先酸化、气举排出残酸，再下完井管柱坐封完井。该完井方式需要在酸化后进行压井作业，保障完井管柱下入安全。但压井可能造成储层污染、影响酸化改造效果。

3）下完井管柱坐封、酸化、注气

先进行射孔、完井，然后利用完井管柱进行酸化改造，但不进行返排作业。该完井方式，对酸液的性能要求高，残酸可能伤害储层、影响酸化改造效果。

3. 不压井作业投产方式

先用投送工具将封隔器本体及以下管柱下入到位并坐封，然后下入堵塞器，关闭油管内通道，丢手封隔器，起出投送器及以上管柱。此时，井筒与储层不连通，可安全下入封隔器插入锚定密封总成及以上的全部完井管柱，包括井下安全阀及液控管线，到位并回插试压合格后，捞出堵塞器完井。该方式可减少入井液用量，降低储层污染，但作业工序复杂、成本高。

（二）投产方式优选

1. 储层改造投产方式可行性分析

文23储气库新井钻井及开采过程中，钻井泥浆中固相颗粒、高分子聚合物添加剂以及钻井液滤液对近井地带储层孔喉存在不同程度的污染伤害，主要伤害类型如下：

1）固相颗粒堵塞损害

钻井打开气层时泥浆和固井水泥浆滤失，固相颗粒进入近井地带，堵塞地层孔隙和裂缝，使渗透率降低，最终使气层受到损害。

2）钻井滤液损害

研究表明，所有钻井液对岩心都有不同程度的损害，可使渗透率下降约10%～70%，滤液损伤的深度在几个厘米到1m的范围内。在气藏压力远低于流体静压力的气藏钻进时，低渗透砂岩比高渗透砂岩气藏受到的损害要大得多，而且污染时间越长，对低渗透岩心的损害程度越大。

3）固井对气层的损害

固井对气层损害主要是由于过饱和水泥浆和石灰水再结晶，在孔隙中沉淀和石灰与岩层中的硅反应形成硅化钙水合物造成的。侵入水泥浆的岩心经电镜照片发现有大量的结晶物，在孔隙壁上形成疏松的微粒堵塞孔隙。另外由高温高压下暴露于水泥浆滤液中的饱和岩心实验证明，高压水泥堵塞气层原有的裂缝系统妨碍了气层的有效连通，也会降低气层渗透率。

4）水锁损害

大量研究表明，在低孔低渗气层中，液锁效应特别是水锁效应常常使储层的有效相对

渗透率下降到原来的10%以下。对高渗储层岩心，其液测渗透率与克氏渗透率比较接近；而低孔低渗储层岩心的液测渗透率大大低于其克氏渗透率，造成这种现象的主要原因就是液锁效应，且储层孔隙度、渗透率越小，储层孔喉越小，水锁效应就越严重。

5）地层水沉淀堵塞损害

气井生产中，因井底压力和温度的降低，溶解在高矿化度地层水中的盐类（碳酸钙、氯化钠等）逐渐沉积在地层孔隙和井底，形成堵塞，使气量降低。

6）乳化堵塞损害

一般钻井时，使用水包油钻井泥浆，这种钻井液随着时间的增长，往往会破乳产生新的乳化，堵塞在毛细管端，特别是对低渗透亲油性气藏，一旦油与地层接触，就会很快产生严重的堵塞。

根据文23储气库地层敏感性分析，储气主力空间 ES_4^4、ES_4^5 砂组储层岩心渗透率受速敏、碱敏影响较弱，酸敏、水敏损害程度属于中等，受盐敏影响较强，临界盐度为160000mg/L。在储气库注气投产时应有针对性地避免储层伤害发生的措施。同时，考虑酸化过程中会发生酸－岩反应后的二次产物沉淀，疏松颗粒及微粒的脱落运移堵塞等污染伤害，是否能快速及时返排是影响酸化效果的重要因素。现有的常规酸化工艺技术对于文23枯竭气藏没法解决酸化后残酸及二次污染产物的返排问题。

2. 不压井作业投产方式可行性分析

采用不压井作业系统，利用投送工具将封隔器及以下管柱下入到位并坐封，然后下入堵塞器，关闭油管内通道，丢手封隔器，起出投送器及以上管柱。此时井筒与储层不连通，可安全下入封隔器插入锚定密封总成及以上的全部完井管柱（包括井下安全阀及液控管线），到位并回插试压合格后，捞出堵塞器完井。该方式入井液用量少，污染小。但需要采用不压井作业装置配合施工，作业成本高，且多下一趟管柱，作业工艺较为复杂。

综上所述，文23储气库投产不考虑酸化改造及不压井作业，采用不进行储层改造的方式进行投产。

二、投产完井工艺优选

结合投产难点，围绕"缩小层间压差、注重储层保护"的技术思路，投产方式主要有两种：

1. 分步投产完井工艺

射孔后起出射孔管柱，再下入完井管柱投产。射孔前氮举排液，排除井筒内清水、替入射孔液，降低储层污染。射孔后配合低伤害入井液进行储层保护，施工工序成熟简单。

该工艺完井管柱串与射孔枪分步下入，安全系数高。同时，完井管柱内通径大，有利于后期测试及管理。但压井作业过程中，压井液漏失对储层造成污染。

2. 一体化射孔完井投产工艺

射孔、完井管柱一体化下入，封隔器坐封后射孔（射孔完成后坐封封隔器）、完井。该工艺能够实现射孔和完井管柱一趟下入，封隔器坐封完成后起爆射孔枪沟通储层，入井液用量最少，可避免储层二次压井污染，实现投产作业过程中最大程度低压储层保护和井控安全。但管串结构复杂，涉及钢丝作业、丢枪等操作，工序复杂，施工技术要求高；射孔成功率要求高；因射孔跨度大，射孔后丢枪则需预留较长口袋，不丢枪则需考虑耐蚀射孔枪，成本有所增加。

考虑到一体化投产、带压作业投产等工艺相对复杂，同时，兼顾后期生产测试的需要，文23储气库主要采用分步完井投产方式。对于部分层间差异大、分步作业井控风险大的井，可适当考虑一体化投产或带压作业投产方式。

三、投产完井工艺设计

文23储气库投产完井工艺主要包括井筒处理、氮举排液、射孔、下管柱完井。

(一) 井筒处理

井筒处理主要包括地面设备安装及井筒处理。

1. 设备、地面流程安装、井口准备

①井场准备：根据《钻前工程及井场布置技术要求》（SY/T 5466—2013）进行井场准备，方井池等清理干净。

②搬上：搬上提升载荷不小于100t的修井机。

③井口放压：检测套管、井口压力，放压至0方可动井口。放压过程中做好防火、防爆等工作。

④完善井口：拆井口保护帽，对井口状况、密封面情况等进行检查（在井口供应商现场服务工程师指导下进行）。若有损坏，修复后进行下步作业。

⑤安装油管头四通：在井口供应商现场服务工程师指导下安装油管头四通，并按要求试压合格。

⑥安装防喷器组：安装2FZ28-35防喷器（安装顺序为全封在上，半封在下）以及配套井控管汇，并按照《井下作业井控技术规程》（SY/T 6690—2016）等要求试压合格。

⑦立井架：根据《液压修井机立放井架作业规程》（SY/T 5791—2007）等相关标准要求进行立井架、设备、地面流程等安装配套，安全验收达合格。

2. 井筒准备

①通井：使用钻杆 + Φ148mm × 4.0m 通井规，通井至人工井底，无遇阻显示为通井合格。

②井筒试压：对井筒试压20MPa，稳压30min、压降不超过0.5MPa为合格。

③套管刮削：使用钻杆 + GX178T刮削器，对封隔器坐封位置上下30m井段、设计射孔段反复刮削5~7次。刮削套管至人工井底，采用0.5%活性水反循环洗井1.5周以上，至进出口水质一致为合格。排量要求≥0.3m³/min。

④起管柱：起出井内全部管柱，排放整齐。

(二) 氮举排液

采用膜制氮注氮二级气举设计，井口控制放喷排液。氮举启动压力不超过20MPa，最大排液至射孔段底界以下 10m 左右。气源采用膜制氮，注气量 20000m³/d。采用开式气举管柱，满足气井大排量快速排液需要，选用固定式耐高压、抗冲蚀、套管注气压力控制操作气举阀。

1. 氮举排液管柱

氮举排液管柱(自下而上)：Φ89mm 喇叭口 + Φ73mmEUE 油管 + Φ73mmEUE 气举工作筒 + Φ73mmEUE 油管 + Φ73mmEUE 气举工作筒 + Φ73mmEUE 油管。

2. 膜制氮注氮主要性能指标

最大工作压力 35MPa；制氮能力 1200m³/h(标准状况下)；

氮气纯度≥95%；

输出气体温度 25～45℃。

膜制氮注氮气工艺流程如图 2－3 所示。

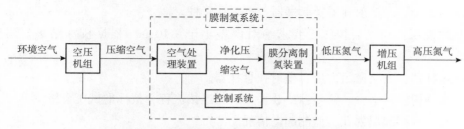

图 2－3 膜制氮注氮气工艺流程示意图

3. 氮举排液工艺

氮举排液工艺如下：

①下氮举管柱。

②预热设备：发电机送电；增压机发动机预热；启动冷干机；空压机预热，加载空压机；膜制氮压力满足条件(1.6MPa)启动膜制氮；氮气氧含量符合要求后，增压机提速并加载，观察机组运行，加载完成。

③初期注气：开启注氮气阀门及增压机组送气阀门，缓慢关闭放空阀直至完全关闭，开始注氮气。缓慢控制举升气体进入气井，初期注气速度为每小时套压均匀上升 2MPa，直至从第一级气举阀开始注气。

④稳定排液：一级阀注气后，调整地面供气量逐步至设计注气量的 2/3，避免出现过高的井口油压；出液稳定后，调整地面供气量至设计注气量，进入稳定气举排液阶段。

⑤停机：注氮气排液达到本次施工目的后，注氮气施工结束，设备停机，施工结束。记录施工完毕后的油套管压力、返排液量。

⑥车组撤离：施工结束后，等带压部位完全泄压后，拆卸各相关连接件，撤出井场。

(三)射孔

文 23 储气库设计采用油管传输复合射孔工艺，投棒、起爆一次性射开全部层位，同时射孔管柱配备液压起爆装置(备用)。

1. 射孔参数

射孔器类型：复合射孔器；

射孔枪规格：$\Phi127mm$；

射孔弹型号：SDP45HMX39 - 1（140℃/100h）；

孔密：16孔/m；

相位：60°；

布孔方式：螺旋布孔。

2. 射孔管柱

$\Phi114mm$ 存储式压力计托筒 + YD127 射孔枪串 + 起爆器 + 筛管 + $\Phi73mmNUE$ 油管 × 30m + $\Phi73mmNUE$ × 2m 油管短节 + $\Phi73mmEUE$ 油管 + 射孔悬挂器。

3. 射孔工艺

①地面组枪、连接射孔器及起爆器，下射孔管柱。

②测井校深：到位后校深，要求绝对误差小于 ±10cm。根据校深结果，调整管柱深度。

③坐悬挂器：安装密封件后，坐射孔悬挂器。

④装采气树：拆平台、防喷器，装采气树、连接流程，按标准试压合格。

⑤射孔：投棒起爆射孔，监测起爆情况。

⑥观察压力：关井。井口装压力表，观察井口压力变化 8h，同时进行井筒液面监测，每 30min 监测 1 次液面，至液面基本稳定。如套压升高，泵注压井液，继续观察；如套压继续升高，再次泵注，直至液面至井口，循环压井。记录稳定后的液面深度及漏失速度。

⑦压井：依据井口压力和液面监测资料，现场确定压井液灌注方式及灌注排量（要求保持井筒内液柱压力比地层压力高 3 ~ 5MPa），如液面至井口，调整压井液性能，循环压井。

⑧装防喷器：装背压阀，拆采气树，装平台、防喷器组并试压。

⑨起管：捞出背压阀，起出射孔管柱，检查发射率。起管过程中实施液面监测、连续灌注射孔压井液以补偿地层漏失量。

（四）下完井管柱、打压坐封完井

1. 下完井管柱

①下安全阀以下完井工具：按照完井管柱依次下入球座、坐落短节、封隔器、坐落短节、滑套、油管，封隔器下至设计坐封位置。对永久封隔器以上油管及短节在下井过程中逐一进行气密封检测，判定螺纹连接的气密封性能合格。若密封检测不合格，更换油管。同时，下管柱过程中实施液面检测。

②校深：磁定位及伽马组合校深。

③下安全阀总成（工具服务商现场指导）：安装井下安全阀总成，连接液压控制管线，对安全阀按设计最大压力进行试压，并开关三次确认安全阀完好，将 1/4in 液压控制管线与油管固定，在保持安全阀开启的状态下继续下油管，调整封隔器位置，要求与设计深度

误差不超过 3m。

④连接油管挂：按标准扭矩连接油管挂后，由工具供应商现场服务工程师操作，将液控管线泄压至 0，液控管线穿越油管挂并做好密封，液控管线接上截止阀后使用手压泵打压并保持压力，保证安全阀开启状态。

⑤坐油管挂(采气树供应商现场服务工程师现场指导)：坐入油管挂，液控管线泄压至0，拆防喷器。

⑥液压控制管线穿越井口：采气树供应商现场服务工程师进行液控管线穿越油管四通的连接密封操作，重新对液控管线进行试压合格，再次对井下安全阀试压并检验合格，控制管线接截止阀，打开井下安全阀。

2. 安装完井采气树

①拆平台、防喷器组。

②安装采气树：安装前检查并清理油管头四通上法兰钢圈槽及油管悬挂器伸长颈；安装密封件及采气树。

③采气树试压：下采气树试压塞至油管悬挂器，打开主阀和测试阀，采气树试压合格，回收采气树试压塞，装采气树帽，打开井下安全阀。

3. 封隔器坐封

①测液面、替环空保护液：测液面位置。根据液面情况确定是否反替部分环空保护液，液面每高出封隔器坐封位置 100m 反替环空保护液量为 5.5m³。

②坐封：投球，到位后油管缓慢泵入射孔压井液，灌满稳定 10min，缓慢升压至 5MPa 稳压 10min(现场根据液面位置确定压力级别进行稳压)，井口打压最高压力应控制到使坐封球座上、下压差不超过 28MPa，最高压力稳压同时检验油管密封性。

③验封：环空灌入环空保护液，验封 10MPa(根据液面确定验封压力)，30min 压降不大于 0.5MPa 为合格。

④剪切球座：倒流程，油管泵入射孔压井液缓慢加压至突然降压剪切球座。

4. 关井、待投产注气

①关闭主阀和生产闸阀。

②安装井口控制系统。

③待投产注气。

第三节　射孔技术

射孔是储气库投产中关键一环，用以沟通地层和井筒的流体流动通道。射孔后油气层与井筒的连通效果、井涌井喷风险的控制，是射孔工艺优选及射孔参数设计的关键。本节围绕不同射孔工艺在文 23 储气库的适应性、不同射孔参数对油气层连通效果的影响，对射孔工艺优选和射孔参数设计进行分析。

一、设计原则

（1）一次性射开全部储层。

（2）枯竭低压气藏钻、完井后地层污染较严重，射孔后最大程度解除地层污染，并尽量减少射孔过程中对地层的二次污染。

（3）最大限度考虑强注强采工况下地层出砂。

（4）满足地质配产（配注）需要。

根据文23气藏生产实践，稳定开发阶段单井日产气量$(10\sim20)\times10^4\mathrm{m^3/d}$时，没有出现产层出砂问题。考虑投产时无增产措施，注采井射孔工艺及参数设计首先满足地质配产需要，兼顾储层防砂要求。

依据京58储气库注采井防砂经验，采用大孔径和高孔密射孔工艺，可以降低地层流体入井流速，减缓地层出砂趋势。但考虑低压气藏在钻井、完井过程存在储层污染，因此确定文23储气库射孔工艺采用深穿透射孔枪，在保证射孔穿深的基础上，提高射孔孔密及孔径，最大限度减少产层出砂。

二、射孔方式选择

文23气田主块为低渗低压气藏，储层厚度大，射孔井段长。从低压储层保护出发，在射孔过程中应减少作业次数，需一次性射开产层。结合《枯竭砂岩油气藏地下储气库注采井射孔完井工程设计编写规范》（SY/T 6645—2006）和文23气田射孔实践经验，可以考虑选择的射孔工艺有过油管射孔和油管输送射孔。

（一）过油管射孔

过油管射孔工艺是在井内下油管状态下射孔，用电缆输送射孔枪，通过油管下放到目的层段进行射孔。射孔施工过程中井口安装电缆防喷装置，防止井喷或气体逸出；可在带压状态下施工，射孔后可直接投产，避免压井作业对储层的二次污染。过油管射孔采用两种类型的射孔枪：过油管有枪身射孔枪和过油管张开式射孔枪。过油管有枪身射孔枪穿孔深度浅，API混凝土靶上穿孔深度不足300mm，射孔参数调节范围小，不利于解除地层污染；过油管张开式射孔枪中的射孔弹在油管内处于闭合状态，到达目的层后径向张开，射孔弹尺寸较大，穿孔深度较深。张开式过油管射孔枪规格参数见表2-6。

表2-6　过油管张开式射孔枪规格参数

射孔枪型号	ZK45-13	ZK51-13
射孔弹药量/g	23	26
混凝土靶穿深/mm	≥600	≥700
入口孔径/mm	9	10
闭合枪径/mm	45	51
张开枪径/mm	102	105

射孔枪型号	ZK45－13	ZK51－13
相位/(°)	180	
孔密/(孔/m)	13	
耐温/(℃/48h)	150(RDX)/170(HMX)	
耐压/MPa	60	80
7in 套管中残渣高度/(mm/m_{射孔枪})	140	160

采用过油管射孔工艺,可以在带压状态下进行负压射孔,作业时间不长,并避免使用油管输送式射孔工艺施工起下管柱时造成的地层污染。

(二)油管输送射孔

油管输送射孔是用油管(或钻杆)将射孔枪输送到井下目的层射孔的一种工艺方法。一次输送数百米射孔枪,将储层全部射开,作业过程中可有效防止井喷,施工安全;可选用大直径的射孔枪,选择合理的射孔参数,在负压状态下射开储层,最大程度解除枯竭低压气藏钻、完井后地层污染;工艺技术成熟,安全可靠。

油管输送式射孔工艺可以选用射孔后不动管柱直接投产(射孔－生产一体化管柱)、提出射孔枪后再下生产管柱两种方案。

1. 射孔后不动管柱直接投产

使用生产管柱输送射孔枪,可在超负压状态下射开地层,射孔后即可直接投入生产,避免了射孔后起下管柱过程中井筒内液体对地层造成的污染。

根据射孔枪在井下的三种状态(油管悬挂非全通径射孔枪,射孔后自动丢枪,使用全通径射孔枪)分析射孔后不动管柱直接投产的可行性。

1)油管悬挂非全通径射孔枪

油管悬挂非全通径射孔枪直接投产的管柱结构如图2－4所示。为保护管柱中的封隔器,在封隔器下部油管上安装纵向减震器。先坐封封隔器,然后再起爆射孔枪。射孔后气体由油管经筛管注入地层或从井筒经筛管进入油管。

该工艺的优点是施工简便,成功率高,成本较低,但也存在不容忽视的缺点:第一,射孔枪起爆后枪串内部不通,为追求深穿透,使用外径较大的射孔枪,枪和套管形成的环空面积较小,射孔层位气体高速流动对管壁的冲蚀作用较强;第二,射孔枪起爆后枪管内留有大量残渣,存在被气体挟带冲击气嘴的风险;第三,由于射孔枪在套管内偏心,堵塞一部分孔眼,影响

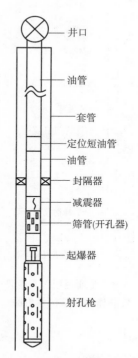

图2－4 非全通径射孔与完井
管柱联作管柱结构示意图

井口
油管
套管
定位短油管
油管
封隔器
减震器
筛管(开孔器)
起爆器
射孔枪

注采速度；第四，长井段投产，如果实施酸化或压裂措施，影响措施效果，而且不能实施生产测井。

虽然该工艺存在以上不足，但由于它具有工艺简单、射孔参数好、不污染储层等显著的优点，对于一些超低压地层可以考虑选用该工艺。

2）射孔后丢枪

射孔后丢枪的射孔–生产一体化管柱结构和图2–4相似，在起爆器上部安装一套丢枪装置，可以在射孔器起爆的同时使射孔枪串和油管脱离，也可以在地面控制丢枪，射孔后射孔枪串落入井底，气体从油管鞋进入油管生产。

为达到较好的生产效果，射孔枪串应完全或部分沉入井底口袋。对于文23气田大跨度储层，就需要在钻井时预留200~400m长的口袋，增加钻井建井费用，并延长泥浆对储层的浸泡时间。如果井底口袋短，那么丢枪和不丢枪的意义相似，就没必要实施丢枪作业，所以在文23储气库射孔不宜规模采用丢枪方式，对于个别射孔井段较短的井，如果有足够的井底口袋，可以考虑采用射孔–生产一体化管柱联作，射孔后丢枪，直接生产。

3）使用全通径射孔枪

全通径射孔枪起爆后，射孔枪管内的残渣落入井底，整个完井管柱包括射孔枪串保持畅通状态。全通径射孔与生产管柱联作（图2–5），不需提出管柱或丢枪作业就可直接作为完井生产管柱，还可完成压裂酸化以及生产测井等后续作业。避免了反复起下管柱对地层的伤害，提高了生产能力，同时缩短了作业时间，增加了施工作业的安全性。

文23储气库射孔井段跨度大，长井段全通径射孔成功率低，不宜采用全通径射孔后直接投产方式。如果射孔井段不超过100m，且井斜不大于45°，可考虑选用全通径射孔。

2. 射孔、投产分步实施

采取油管输送式射孔工艺，射孔后压井提出射孔枪，然后再下生产管柱。压井提枪的作业周期长，压井液对储层造成不同程度污染，但风险可控程度高；射孔管柱结构简单，施工成功率高；可以直观检查射孔弹发射率。所以对地层压力不太低的井采取射孔后压井提枪方式是较合理的选择。对于超低压储层在技术条件允许的情况下可考虑带压提枪。

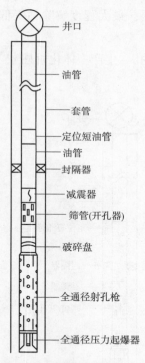

图2–5　全通径射孔与生产管柱联作管柱结构示意图

井口
油管
套管
定位短油管
油管
封隔器
减震器
筛管（开孔器）
破碎盘
全通径射孔枪
全通径压力起爆器

（三）结论

综合以上分析，文23储气库射孔采取油管输送式射孔工艺，射孔后压井提枪，对于超低压地层可以考虑采用不动管柱直接投产，在技术条件允许的情况下可考虑带压提枪；对于射孔段不大于100m的地层，可以考虑采用射孔－生产一体化管柱，丢枪后直接投产，或采用全通径射孔；对于污染轻的短井段射孔或补射孔可考虑使用电缆输送过油管张开式射孔。

三、负压起爆方式

根据初步设计，文23储气库新钻井有直井和定向井，射孔完井方式采用射孔/生产管柱一体化、射孔和生产管柱分步实施两种。地层经过长期开采，孔隙压力很低，为减轻射孔时对储层的污染程度，在油管输送射孔施工起爆射孔枪时，应尽量采用负压起爆方式，有条件的可采取超负压起爆方式，清洗射孔孔眼，并减少打开地层瞬间液体往地层的注入量。所以需要对直井和定向井射孔、直井和定向井射孔/生产管柱联作4种情况分别考虑。

（一）直井射孔超负压起爆方式

直井射孔最简便有效的负压起爆方式是投棒撞击起爆。其管柱结构示意图如图2－6所示。在油管底部连接筛管，沟通油管和环空通道，射孔枪上部安装一套撞击起爆器，对于地层夹层段较大的井，多级起爆装置可使用多级投棒起爆装置或增压起爆装置。

射孔管柱到达预定位置后，用液氮顶替井内液体，将液面降至设计高度，然后从井口投放撞击棒起爆撞击起爆器，保证所有射孔枪在负压状态下起爆。

（二）定向井射孔负压起爆方式

如果是射孔和下生产管柱分步实施，射孔管柱中一般不使用封隔器，在这种情况下，有两种负压起爆方式可供选择。

方法1：撞击开孔，压力起爆

先下光油管，用液氮气举将井内液面降至设计高度，然后下射孔管柱，撞击开孔，压力起爆。

在射孔枪顶部，安装一套压力起爆器，根据井内液面高度设计起爆压力安全值和可靠值，在所在位置井斜不大于55°的油管上连接一套撞击开孔器，开孔器打开之前，油管和套管不连通。管柱结构如图2－7所示。

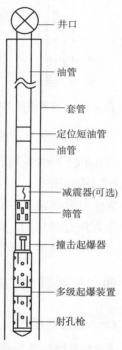

图2－6 撞击起爆射孔管柱结构示意图

（井口、油管、套管、定位短油管、油管、减震器(可选)、筛管、撞击起爆器、多级起爆装置、射孔枪）

输送射孔枪的油管和环空不连通，油管内没有液体，所以起爆器的起爆压力可以设计得较小。射孔枪到达预定位置后，井口投棒撞击开孔器的切断螺钉，开孔器自动开孔，油管和套管连通，套管内液体进入油管，在较小的压力下起爆器就起爆。

方法2：压力起爆、延时射孔

管柱结构如图2－8所示。在射孔枪串顶部和大夹层段底部安装压力起爆器和延时装置，延时规格根据井口泄压时间确定，油管串底部连接筛管。射孔枪定位后，用液氮顶替井内液体，使液面降至设计深度，然后井口憋压至起爆器位置压力达到可靠起爆压力，起爆所有压力起爆器，在延时引爆过程中，迅速释放井口压力。由于延时引爆时间可以达到数十分钟，所以射孔枪引爆时井口压力可以完全释放，射孔枪在负压状态下引爆。

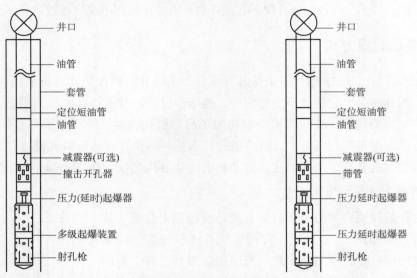

图2-7　油管输送射孔管柱结构示意图　　　图2-8　加压起射孔管柱结构示意图

（三）射孔/生产管柱联作负压起爆方法

射孔和生产管柱联作即射孔后不动管柱直接进行生产，气井生产管柱结构复杂，必配安全阀、循环滑套、永久式封隔器、坐落接头等。

对于直井来说，如果管柱内径变化不大，可以采用撞击式负压起爆方式，它和直井射孔负压起爆方法相同；如果管柱内径变化较大，为保护井下工具和可靠起爆起见，采用井口加压起爆、延时负压射孔方式。

四、射孔器优选及射孔参数优化

（一）基础数据

文23主块基础数据见表2-7。

表2-7　文23主块储层基础参数

参数名称	取值	参数名称	取值
层位	ES_4^{1-8}	储层有效厚度/m	140
储层中部深度/m	2935	孔隙度/%	11
渗透率/$10^{-3}\mu m^2$	11	储层平均压力/MPa	4.56
储层非均质程度	0.65	储层温度/K	390.15
储层压力系数	0.18	估计生产压差/MPa	2
气体相对密度	0.5876	井距/m	200~700
井筒半径/mm	120.7	钻井污染程度	0.5
钻井污染深度/mm	200	套管壁厚/mm	11.51
套管外径/mm	Φ177.8	套管钢级	P110

（二）射孔枪规格选择

一般情况下，选择射孔枪的规格主要考虑两方面的因素，一是射孔枪在射孔后的变形不致发生井下卡枪事故；二是射孔枪的射孔参数有利于沟通地层和井筒的渗流通道，提高气井产能。射孔枪的外径越大，越有利于调整射孔参数。

文 23 储气库设计井型有直井、定向井。生产套管均为 $\Phi177.8mm$，内径 $\Phi157.1mm$，可供选择的射孔枪型有：外径 $\Phi114mm$、$\Phi127mm$、$\Phi140mm$ 三种规格。在国内外射孔施工中，这三种射孔枪在 $\Phi177.8mm$ 套管内都先后应用过。表 2 - 8 是三种射孔枪在文 23 储气库的适应性分析。

表 2 - 8　$\Phi114mm$、$\Phi127mm$、$\Phi140mm$ 射孔枪在文 23 储气库适应性分析

射孔枪型	外径/mm	套管内径/mm	射孔前枪套间隙/mm	最大毛刺高度/mm	射孔枪膨胀/mm	射孔后枪套最小间隙/mm	评价
114	114	157.1	43.1	5	5	28.1	较合适
127	127	157.1	30.1	5	5	15.1	最合适
140	140	157.1	17.1	5	5	2.1	不合适

根据数据比较，射孔枪可选用 $\Phi127mm$ 或 $\Phi114mm$ 射孔枪，使用 $\Phi127mm$ 的射孔枪，射孔弹和射孔枪的配合更趋合理，穿孔深度和孔径比较大，射孔效果较好，因此，对于直井或大斜度井选择 $\Phi127mm$ 射孔枪。对于拐角较大的井，为减小射孔枪起爆后上提摩阻和上提射孔枪至"狗腿"处卡枪风险，选用 $\Phi114mm$ 射孔枪。

（三）射孔参数优化

射孔参数受射孔枪规格和射孔弹规格限制，直径相对较小的射孔枪不可能获得较理想的射孔参数，它们之间又相互抑制，深穿透、大孔径、高孔密不可能同时实现，追求深穿透必定以牺牲大孔径和高孔密为代价，同理，高孔密射孔枪必须使用相对小直径的射孔弹，穿孔深度和入孔直径都将受到影响。理想的射孔参数当然会获得更好的产能，但在射孔器设计和制造技术上很难达到或不可能达到理想的射孔参数。

1. 孔深和孔密的确定

文 23 气田经过长期开采，地层压力系数降至 0.1 ~ 0.3，低压地层在钻井和完井过程中不可避免地遭受泥浆和水泥浆的污染，低渗透地层一旦污染很难解除，所以要求在射孔时尽量提高穿孔深度。参考文 23 主块储层基础参数，钻井污染深度200mm，那么文 23 储气库井射孔时穿透深度不应低于 200mm，最好在 300mm 以上。

对文 23 储气库地层，射孔在井下混凝土靶穿深和贝雷砂岩靶穿深数据接近，混凝土靶穿深数据和贝雷砂岩靶穿深数据关系如图 2 - 9 所示。由此可以折算，若要求地层中穿

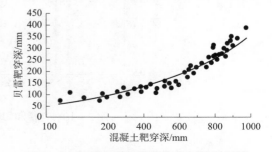

图 2 - 9　混凝土靶和贝雷靶穿深数据折算

深达到 300 ~ 400mm，则射孔弹在混凝土靶上的穿孔深度必须达到 800 ~ 1000mm。

储气库注采井必须满足强注强采要求，由于采气强度大，容易造成地层出砂，高孔密射孔对防止或减少出砂有明显的效果，而且产率比随着射孔密度的增加而增加，在增加到 16 孔/米后，产率比增加速度变缓。考虑到较高的射孔密度是以牺牲穿孔深度和入孔直径为代价的，所以射孔密度保持在 16 ~ 20 孔/米比较合理。

储气库新钻井采用 Φ177.8mm 生产套管，目前与 Φ127mm 枪配套的深穿透射孔弹有 DP44RDX38 – 1 弹、DP44RDX – 5 弹。性能指标见表 2 – 9。

表 2 – 9　深穿透 127 射孔枪弹性能

射孔器类型		深穿透	
枪型		Φ127mm	Φ127mm
弹型		DP44RDX38 – 1	DP44RDX – 5
最高孔密/(孔/米)		20	16
混凝土靶	孔径/mm	10.8	12.2
	穿深/mm	726	856

从满足注采井产能，兼顾防砂需要，进行深穿透、高孔密的射孔枪弹优选。从表 2 – 9 可以看出，Φ127mm 枪 DP44RDX – 5 弹射孔穿深可达 856mm，Φ127mm 枪 DP44RDX38 – 1 弹射孔穿深 726mm，但孔密最高可达 20 孔/米。

DP44RDX38 – 1 射孔弹壳体外径已达到 Φ46 ~ 48mm，虽然可以实现在长度 1000mm 空间内安装 20 发射孔弹，但射孔弹外壳间距低于 5mm，加之弹壳壁厚较薄，弹间干扰加剧，影响穿深和孔道质量；DP44RDX – 5 射孔弹壳体外径达到 Φ52mm，抗弹间干扰能力强，按 16 孔/米装配，弹间距还有 10.5mm，有效避免弹间干扰，而且孔径 Φ12.2mm，比 DP44RDX38 – 1 射孔弹形成的孔径 Φ10.8mm 大 1.4mm；储气库要求安全运行时间长，高孔密射孔不利于套管强度的长期保持。射孔参数对套管强度影响如图 2 – 10 所示。因此综合考虑优选射孔密度为 16 孔/米。

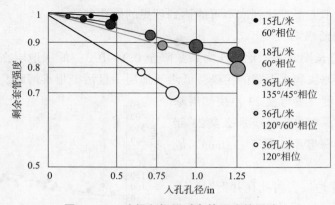

图 2 – 10　孔径和相位对套管强度的影响

2. 相位角的确定

对提高产能而言，比较合理的相位角是 90° 和 60°，两者对产能的影响相差甚微，但 90° 相位角两发射孔弹之间导爆索的距离比 60° 相位角的长，不利于减小弹间干扰，所以应优先选择 60° 相位角。

（四）射孔器类型选择

所有的聚能射孔弹穿孔后都会在孔道上形成压实带，压实厚度一般为 1.2 ~ 1.3cm，孔隙度下降幅度 13.06% ~ 21.79%，渗透率下降幅度 71.98% ~ 78.10%。压实带侧面受到的损害远远大于头部损害，轴向流动效率高于径向流动效率，如图 2 – 11 所示。

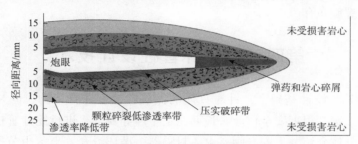

图 2 – 11　射孔压实伤害示意图

研究表明，射孔孔道压实带对气井产能的影响大于对油井的影响，它可以使气井产能降低 20% ~ 30%，所以，对射孔压实带的改造至关重要。负压射孔可以从一定程度上解除地层污染，并使孔眼得到部分清洗，但对压实带的改造效果甚微。目前，广泛使用的多脉冲复合射孔可在一定程度上改造孔道压实带，使孔道压实带破碎，并在近井地层形成多条不受地应力控制的微裂缝（图 2 – 12），进一步降低地层污染的影响。所以在文 23 储气库射孔时，应选用以改造孔道压实带和降低地层污染为目的的深穿透多脉冲复合射孔器。

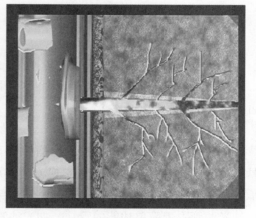

图 2 – 12　复合射孔造缝示意图

文 23 储气库地层枯竭，在作业过程中即使井筒内只有少量液体，也会通过射孔孔眼进入地层，对地层造成二次污染，所以应尽量采取超负压射孔，即井筒内没有液体的情况下射孔。普通射孔器在无围压情况下引爆容易发生枪管炸裂事故，所以要求使用纯气相条件下抗爆的无围压深穿透射孔器。

（五）火工品耐温指标选择

射孔位置地层温度 125℃，RDX 炸药 24h 耐温 130℃，基本满足井下温度环境要求，但安全系数低，为安全起见，选用 HMX 耐高温炸药，在井下 125℃ 环境中停留 10d 不会分解。导爆索、传爆管、起爆器、延时装置等气田火工器材耐温指标不得低于 HMX。

（六）射孔参数优化结果

根据文 23 储气库地质特点和投产工程要求，按照满足率比相对较大、兼顾防砂需要的原则，结合射孔器设计制造技术，优选射孔参数如下：

射孔器类型：深穿透多脉冲复合射孔器/无围压深穿透射孔器。

射孔枪规格：直井或大斜度井：$\Phi127mm$；拐角较大的井：$\Phi114mm$。

射孔弹型号：DP44HMX－5。

孔密：16 孔/米。

相位：60°或 90°。

布孔方式：螺旋布孔。

第四节　完井管柱设计技术

在投产完井工艺设计基础上，针对具体的储层状况、井身结构、固井质量，以及注采、监测等不同工况，根据安全作业、长期稳定生产等要求，进行完井管柱结构设计及完井工具优选，并具体介绍井下安全阀、永久封隔器、循环滑套、坐落短节等完井工具的结构、原理以及后期作业处理工艺等。

一、完井管柱设计

（一）完井管柱分析

目前采、注气管柱结构虽然有多种，采用的井下工具组合也很多样，但根据管柱功能可划分为以下几种类型：

1. 光油管管柱

该管柱为最简单采气管柱，结构简单、施工方便费用低。其缺点是安全控制程度低，紧急情况下（如井口失控）无法实现关井，井口故障时，需压井排除故障；生产过程中套管承压、直接接触流体，相对于有油套环空保护的气井，寿命较短。

光油管附带简单功能的管柱：如光油管带气举阀的管柱，在油管上增加用于井筒排液的气举阀；再如光油管带井下气嘴的管柱，在油管下部安装井下气嘴，靠地温加热膨胀气体，减少井口结霜和冰堵等。管柱中间节流，不适用储气库大流量需要。

2. 带封隔器保护的管柱

该管柱由气密封扣油管、投杆打开式滑套、可取式封隔器组成，在储层上部坐封封隔器密封油、套环空，隔断流体与套管的接触，油、套环空灌注环空保护液，减缓套管内腐蚀、油管外腐蚀速度，延长气井和管柱的使用寿命。

近几年在中原、华北、华东、东北注 CO_2、注 N_2、注空气井上成功使用。目前在用井下工具为国产，费用低。

缺点：安全控制程度低，紧急情况下（如井口失控）无法实现关井，井口故障时，需压井排除故障；由于国内橡胶技术的限制，管柱使用寿命较短。

改进：若使用国外封隔器，可延长管柱使用寿命。

3. 带液控井下安全阀的管柱

在国内外高产气井和枯竭砂岩储气库常用该管柱，技术成熟，应用广泛，安全控制性能高、功能全面。

重点考虑安全控制的可靠性，封隔器密封油、套环空，地面控制井下安全阀打开、关闭油管通道，实现地面下关井，灌注环空保护液，延长气井和管柱的使用寿命。

优点：极端情况下（如失去井口部分）自动从井下关井，井下安全阀能定期开、关检查，井口发生故障时能临时关断流体通道进行故障排除；能实现循环滑套以上管柱的整体密封性验证；能够实现不动封隔器检修上部管柱；能够对封隔器下流体通道进行堵塞，实现不压井作业；保护套管和油管外部不接触流体，减缓腐蚀，延长气井使用寿命。

缺点：整体管柱检修作业较复杂，需对封隔器进行磨铣才能取出；不动封隔器检修上部管柱时，存在再次插入密封不严的风险；开、关滑套和坐落接头内堵塞施工需要专业的钢丝作业；工具组件依赖进口，费用较高。

4. 射孔生产一体化管柱

该管柱为生产与射孔联作管柱，技术成熟，应用广泛，安全控制性能高、功能全面。管柱主要由气密扣油管、液控井下安全阀、滑套开关、永久封隔器（或可取式封隔器）、坐落接头、筛管、测试坐落接头、丢手、射孔枪组成，油套环空加注环空保护液。

优点：除具有"井下安全阀 + 永久式封隔器"管柱的优势外，最主要能够实现射孔和完井管柱一趟下入，封隔器坐封完成后起爆射孔枪沟通储层，入井液用量最少，可避免储层二次压井污染，实现投产作业过程中最大程度低压储层保护和井控安全。

缺点：管串结构复杂，涉及钢丝作业、丢枪等操作，工序复杂，施工技术要求高；射孔成功率要求高；因射孔跨度大，射孔后丢枪则需预留较长口袋，不丢枪则需考虑耐蚀射孔枪，成本有所增加。

（二）完井管柱设计

依据文 23 储气库储层特点及生产需要，设计了 3 种生产管柱：

1. 注采完井管柱

管柱结构：井下安全阀 + 油管 + 循环滑套 + 油管 + 坐落短节 1 + 永久封隔器 + 油管 + 坐落短节 2 + 油管 + 剪切球座 + 喇叭口，如图 2 - 13 所示。

该管柱可最大限度实现投产环节的储层保护，适用于套管固井完井的井。管柱上部设计井下安全阀，保证气井在紧急状况下安全可靠关闭，及时切断关闭气井。

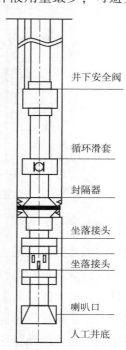

井下安全阀

循环滑套

封隔器

坐落接头

坐落接头

喇叭口

人工井底

图 2 - 13　井筒安全控制注采管柱

循环滑套安装于封隔器上部，用于作业时进行循环压井，保证安全施工。管柱下部设计使用液压坐封永久式封隔器，实现油、套封隔，达到保护上部套管的目的。使用坐落短节，作为管柱试压、坐封封隔器备用、不压井作业、坐落监测仪器等。

2. 永置式监测管柱

管柱结构：井下安全阀＋油管＋循环滑套＋油管＋井下监测系统＋永久封隔器＋油管＋坐落短节＋油管＋剪切球座＋喇叭口，如图2－14所示。

该管柱采用永置式监测装置实现井下参数实时监测，适用于重点部位的长期注采监测井。

3. 存储式监测管柱

管柱结构：油管＋坐落短节＋油管＋喇叭口，如图2－15所示。

该管柱适用于老井监测井。该类井不生产，可通过钢丝作业工艺将存储式测试仪器下入座落接头位置，进行一段时间的测试，取出后回放获得测试数据，该类管柱可根据相关标准及规范的要求增加安全配置。

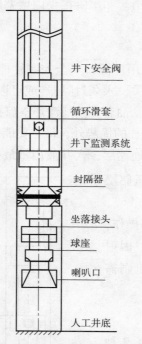

图2－14　永置式监测注采管柱

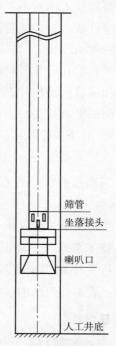

图2－15　存储式监测管柱

（三）油管扣型选择

现场应用及试验结果表明，API圆螺纹扣型不能满足气密封要求，现场注采气井必须选用非API特殊气密封螺纹扣型。经调研，在各种气密封螺纹扣型中，VAM系列特殊螺纹应用最广，目前各知名工具厂商均可加工生产。在整个管柱配套上较方便，且目前世界上用量最大，建议在使用进口油管时可考虑使用VAM系列特殊螺纹。

相比较而言，国外特殊扣型油管从价格上均比较高，从经济角度考虑，对于大量应用的油管，在使用时可以选择国产产品。比如宝钢的BGT系列、BGC系列特殊螺纹，采用连接效率高的偏梯形螺纹，具有气密封压力高、连接强度高、抗过扭能力高的特点，可适用于高压气井。

二、井下工具选择

（一）井下工具功能设计

综合考虑工具管串的设计原则及使用条件、环境，储气库注采管柱中的井下工具主要包括井下安全阀、滑套、伸缩管、封隔器、坐落接头及球座接头。

1. 井下安全阀

要求与井口安全控制装置配套，地面控制柜通过控制管线传递的液压信号可控制其开启和关闭，正常状况下开启生产，遇紧急情况自动关闭。因为气田设计库容非常大，具有调峰气量大、设计寿命长、压力高、井数多等特点，又建立在人口稠密地区，从安全性考虑，应设立井口和井下两级安全防护措施。

2. 滑套

可在必要的时候，通过滑套的开关，连通油管和套管的环形空间，为不同的措施施工（防腐液灌注、洗井、压井等）提供正常的流体通道，提高管柱长期井下作业的安全性。

工作原理：滑套主要由外管、内管和密封体组成。内外管体上开有通孔，在正常情况下，内外管上的通孔相对错位，在密封体的作用下通道关闭；在需要时，下入滑套开启/关闭工具（部分厂家产品可通过液压控制有限次数的开关），使内管相对于外管发生相对移动，形成通道。

3. 坐落接头

从长期的施工、安全性和后期测试等角度考虑，整体管柱配置两个坐落接头。封隔器下部配置的坐落接头主要起到为封隔器坐封提供压力、上部油管试压的作用，必要时可下工具反向密封，实现不压井起下油管作业；筛管下部配套的测试坐落接头可悬挂测试工具，在后期正常注、采气测试时，实现不停产测试。

4. 封隔器

从后期处理工艺上分类，主要包括可取式封隔器及永久式封隔器，可取式封隔器后期可通过上提（或旋转）方式解封，永久式封隔器后期通过钻铣方式取出，两种封隔器均可满足储气库后期运行需要。综合分析工况及适用环境，在侧重长期工作方面，优先推荐永久式封隔器，部分井中也可采用可取式封隔器。其作用是封隔油套环空，实现套管保护状态下的注、采气生产，起到封隔气层，保护上部套管的作用。

5. 伸缩管

主要对管柱在注、采气等各种工作过程中的管柱伸缩起到补偿作用。该工具依据各管柱工况选配，经过模拟现场情况初步计算，管柱伸缩量较小，可以不配。

（二）井下工具压力级别确定

依据注气井压力系统分析及上限地层压力 38.6MPa，注气井井口最高压力 34.5MPa，故井下工具压力选用同等级 34.5MPa（5000Psi），符合安全要求。

三、管柱受力分析及强度校核

完井管柱的强度校核主要考虑以下3种恶劣工况条件：一是封隔器坐封过程中管柱受力；二是最大注气量下管柱的受力；三是最大采气量时管柱的受力。

注采气管柱强度校核计算参数见表2-10。

表2-10　管柱校核主要计算参数

基本数据			
油管下深/m	2900	环空液体密度/(g/cm³)	1.02
天然气的密度/(g/cm³)	0.6	压井液体密度/(g/cm³)	0.6
环境温度/℃	15	地层温度/℃	120
计算条件			
最大采出气量		$90 \times 10^4 \, m^3/d$	
最大注气量		$80 \times 10^4 \, m^3/d$	
最高井底压力		38.6 MPa	
坐封参数			
套管外径/mm	177.8	套管内径/mm	152.5
坐封位置/m	2850	密封腔直径/mm	76
坐封压力/MPa	34.5	初始坐封压力/MPa	11
封隔器解封力/kN	1281.5	油管参数	L80 Φ88.9mm Φ101.6mm Φ114.3mm

对不同尺寸的油管进行3种工况下的受力分析，结果见表2-11～表2-16。

表2-11　三种工况下管柱最小安全系数计算结果(Φ88.9mm油管)

工况条件	压力			轴向力			VME	螺旋弯曲分析
	载荷	最小安全系数	位置/m	载荷	最小安全系数	位置/m	安全系数	
最大注气量/($80 \times 10^4 \, m^3/d$)	内压	2.85	0	拉力	2.67	0	2.34	无
最大采气量/($90 \times 10^4 \, m^3/d$)	外挤	4.41	2850	拉力	2.77	0	2.69	
35MPa封隔器坐封	内压	2.00	0	拉力	1.99	0	1.60	

表2-12　封隔器-油管作用力分析(Φ88.9mm油管)

封隔器型号	封隔器下深/m	封隔器对套管最大作用力/kN	油管对封隔器最大作用力/kN
Sealbore Packer	2850	538 向下	235.31 向下

表 2 - 13　三种工况下管柱最小安全系数计算结果(Φ 101.6mm 油管)

工况条件	压力			轴向力			VME	螺旋弯曲分析
	载荷	最小安全系数	位置/m	载荷	最小安全系数	位置/m	安全系数	
最大注气量/ ($80 \times 10^4 \mathrm{m}^3/\mathrm{d}$)	内压	2.55	0	拉力	2.65	0	2.25	无
最大采气量/ ($90 \times 10^4 \mathrm{m}^3/\mathrm{d}$)	外挤	3.77	2850	拉力	3.04	0	2.97	
35MPa 封隔器坐封	内压	1.81	0	拉力	2.06	0	1.66	

表 2 - 14　封隔器 - 油管作用力分析(Φ 101.6mm 油管)

封隔器型号	封隔器下深/m	封隔器对套管最大作用力/kN	油管对封隔器最大作用力/kN
Sealbore Packer	2850	573.5 向下	270.7 向下

表 2 - 15　三种工况下管柱最小安全系数计算结果(Φ 114.3mm 油管)

工况条件	压力			轴向力			VME	螺旋弯曲分析
	载荷	最小安全系数	位置/m	载荷	最小安全系数	位置/m	安全系数	
最大注气量 ($80 \times 10^4 \mathrm{m}^3/\mathrm{d}$)	内压	2.37	0	拉力	2.81	0	2.25	无
最大采气量 ($90 \times 10^4 \mathrm{m}^3/\mathrm{d}$)	外挤	3.26	2850	拉力	3.33	0	3.26	
35MPa 封隔器坐封	内压	1.66	0	拉力	2.13	0	1.61	

表 2 - 16　封隔器 - 油管作用力分析(Φ 114.3mm 油管)

封隔器型号	封隔器下深/m	封隔器对套管最大作用力/kN	油管对封隔器最大作用力/kN
Sealbore Packer	2850	613.5 向下	310.7 向下

由计算结果可知，在 3 种最恶劣的受力工况下，管柱的最小抗拉安全系数为 1.99，大于设计要求 1.8，外挤和内压安全系数均大于最低设计要求 1.25。三轴应力最小安全系数 1.6，也大于设计要求 1.25。油管对封隔器最大作用力 310.7kN，小于封隔器解封力。

因此，在最大采气量 $90 \times 10^4 \mathrm{m}^3/\mathrm{d}$ 、最大注气量 $80 \times 10^4 \mathrm{m}^3/\mathrm{d}$ 、最高地层压力 38.6MPa 下注气、34.5MPa 封隔器坐封几种受力恶劣工况下，管柱和封隔器均是安全的，可满足施工要求。

第五节　井控装置及安全控制技术

井控装置是指实施油气井压力控制所需要的一整套装置、仪器、仪表和专用工具，是采油采气生产施工必须配备的设备。本节围绕文23储气库"如何避免低压气井作业天然气窜漏""作业过程中天然气窜漏怎么办"这两个技术核心，对储气库注采井口及井控安全控制系统进行分析介绍。

一、注采井口

油气井井口装置是油气开采的重要设备，主要由套管头、油管头、采油气树三部分组成，是用来连接套管柱、油管柱并密封各层套管之间及油管之间的环形空间，并可控制生产井口的压力和调节油气井口的流量，也可用于常规作业。

文23储气库井口遵循"结构简单、操作维护方便；长期密封可靠；功能、技术参数与系统配套一致；安全控制系统逻辑设计合理、安全可靠"的原则进行优化设计。

1. 井口类型

目前国内外常用的采气树结构有十字形、Y形、整体式（图2-16）。其中十字形采气树应用最广泛，Y形采气树冲蚀少，整体式密封最好，后两种适合高压高产井。根据文23储气库注采井的特点和注采气量，从技术适应性、安装维护方便、安全可靠、成本费用低等方面综合考虑，选择采用十字形井口。

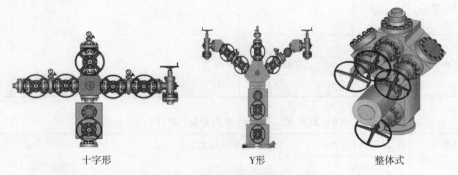

十字形　　　　　　　　　Y形　　　　　　　　整体式

图2-16　常用采气树结构示意图

十字形采气树有双翼双阀和双翼单阀两种。双翼双阀：便于不停产更换闸阀，但成本较高，目前国内外大多数气田采用此种结构。双翼单阀：成本低，只能带压更换闸阀，生产维护难度较大。

根据文23储气库注采井的压力温度特点，考虑到储气库设计寿命长，生产运行中便于维修管理，注采井、采气井和备用井设计采用十字形双翼双阀采气树，观察井设计采用十字形双翼单阀采气树，封堵井采用简易井口。

2. 采气树技术参数选择

根据注采井压力、温度计算结果可知，文23储气库最高井口压力30MPa，地层温度

140℃，最低井口温度 − 21℃（极限环境温度）。

3. 井口装置压力级别确定

根据注采井压力计算结果，最高井口注气压力 30MPa，按照 API 标准，依据井口装置最高额定工作压力选值表（表 2 – 17），确定井口装置压力级别为 34.5MPa（5000psi），符合安全技术要求。

表 2 – 17　井口装置最高额定工作压力选值表

	公制/MPa	对应的英制/psi
额定工作压力值	13.8	2000
	20.7	3000
	34.5	5000
	69	10000
	103.5	15000

4. 井口装置温度级别确定

额定温度值是指装置在使用过程中会遇到的最低温度和最高温度。最低温度一般为最低环境温度，最高温度考虑温度变化和后期生产、施工作业中装置可能测得的最高值，取值设计应按表 2 – 18 的规范取值。

表 2 – 18　额定温度值

温度类别	作业范围/℃	
	min	max
K	− 60	82
L	− 46	82
P	− 29	82
R	室温	
S	− 18	66
T	− 18	82
U	− 18	121
V	2	121

最低温度的取值按当地近 50 年历史记录的最低值 − 21℃，最高温度的产生是注采气介质的温度。文 23 气田地层温度 140℃，考虑计算误差及极端环境情况，以及后期作业、措施的入井液需求，并参考文 96 储气库井口选择标准，选择温度级别为 P – U 级，即 − 29 ~ 121℃。

5. 井口装置材料级别确定

产品材料级别选择如表 2 – 19 所示。

表2-19　井口及采气树材料级别选择表

材料类别	材料最低要求	
	本体、盖、端部和出口连接	控压件、阀杆心轴悬挂器
AA——一般使用	碳钢或低合金钢	碳钢或低合金钢
BB——一般使用		不锈钢
CC——一般使用	不锈钢	
DD—酸性环境[a]	碳钢或低合金钢[b]	碳钢或低合金钢[b]
EE—酸性环境[a]		不锈钢[b]
FF—酸性环境[a]	不锈钢[b]	
HH—酸性环境[a]	抗腐蚀合金[b]	抗腐蚀合金[b]

a 指按 NACE MR 0175 定义。

b 指符合 NACE MR 0175。

根据储气库腐蚀环境分析，井口装置工作过程中接触水和含有 CO_2 的天然气以及措施时的腐蚀性介质，故井口及采气树处于酸性环境中。依据对注采气体腐蚀的计算结果，推荐井口材料应选择不锈钢材质，暂选材料级别为 CC 级。但考虑到文 23 气田地层流体中 Cl^- 含量为 $(18 \sim 20) \times 10^4 mg/L$，超过了标准中规定的 $5 \times 10^4 ppm$ 的数值，尤其是部分管道气中的 H_2 对管材的影响暂不明确，为确保井口长期安全可靠运行，在井口装置材料采购前，应委托有资质的厂家对该材质进行室内实验评价。

6. 主要技术参数

依据文 23 储气库设计指标及自然环境指标，通过以上计算，井口及采气树主要技术指标如表 2-20 所示。

表2-20　各类井井口主要技术指标统计表

	结构	压力	材料	温度	规范	性能
注采井	十字形双翼双阀	35MPa	CC	P-U	PSL-3	PR2
采气井备用井	十字形双翼双阀	35MPa	CC	P-U	PSL-3	PR2
观察井	十字形双翼单阀	35MPa	CC	P-U	PSL-2	PR2
封堵井	简易井口					

二、井控安全控制系统

储气库注采气井不同于一般的采气井，运行时将处于一个压力周期性变化的过程中，正常运行与否直接影响到用户的工作与生活以及周围环境的安全性。为确保注采井的注采气安全，设计了注采安全控制系统。

注采安全控制系统如图 2-17 所示。

注采井采用地面及井下两级安全控制；采气井采用地面自立式安全控制，配套无线压力温度远传系统；备用井、观察井、封堵井配套温压无线远传系统；保证整个系统安全可靠。

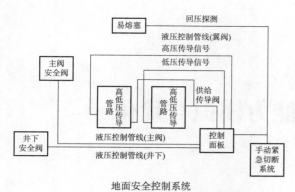

地面安全控制系统　　　　　　自立式控制系统　　　　GPRS无线变送器

图2-17　地面控制系统示意图

（1）防火、防爆：在井口上方配置易熔塞，当井口发生火灾或爆炸时，易熔塞熔化，控制系统自动泄压，关闭井下和地面安全阀，切断气体流道，使事故在可控范围之内。

（2）高低压关井：为防止压力过高或过低对注采系统的影响，采用高低压传感阀采集信号并传递给主控装置，实现对安全系统的控制，达到高低压关井的目的。高压保护主要用于管线来气高于注采系统额定工作压力时，实现关断保护；低压保护主要用于管线或下游系统出现爆裂等事故时，压力低于预定值，自动关闭地面及井下安全阀，起到安全保护作用。

（3）手动紧急关断：用于当井口出现重大安全问题，而自动关断系统失效情况下，人工手动关井控制。

（4）自动控制：对开井和关井所需的各种功能和状态进行自动监控，监控信号可无线传输，实现远程控制。

（5）安全控制配套系统：当地面和井下安全阀压力系统由于环境温度和管线泄漏导致压力下降时，气动泵会自动补偿系统压力，维持安全控制系统正常工作。当环境原因或人为误操作导致系统压力高于设定值时，安全溢流阀会自动释放多余压力，维持系统正常压力。

第三章 注采能力模拟与优化

第一节 注采能力设计原则

本章重点介绍了气井生产系统节点分析的理论基础，开展了单井及储气库整体生产系统节点分析，通过分析预测了储气库的整体运行指标。

在气井生产系统分析中，气井流入动态和油管流动动态模型是分析的核心。气井流入动态应考虑储层渗流变化的影响，尤其在储气库运行数个注采周期后储层渗流可能会发生变化；油管流动动态应考虑单相或多相流动及相态的影响。有必要通过不同的建模软件建立储层–井筒–地面管线设备一体化分析模型预测储气库的运行，其准确度直接影响储气库的实际运行指标。本章主要运用节点系统分析方法，在气藏工程基础上对注采井进行了单井注采能力模拟，从满足储气库不同调峰需求的要求出发，对气库的整体运行参数进行了一体化模拟分析，优化开关井方案及配产参数，保障储气库高效运营。

从运行过程看，储气库的注采特点为周期性"强注、强采"，需高效满足不同调峰指标。这就要求注采方案设计以注得进、采得出为目标。根据前期的地质研究资料，注采能力设计应综合考虑不同产区井的单井注采能力、合理注采范围、边底水的控制等。在配注阶段，一要考虑气井的实际注气能力；二要考虑管柱的使用寿命，也就是抗冲蚀能力；三要考虑设备的处理能力；四要考虑注气对边水推进的影响，在构造的高部位强注，低部位缓注。在配产阶段，一要考虑气井的实际采气能力；二要考虑管柱的冲蚀流速；三要考虑气井临界携液能力；四要考虑设备处理能力；五要遵循平稳供气原则；六要考虑合理控制生产压差，控制边水舌进。

第二节 单井注采能力模拟

一、天然气的理化性质

天然气为混合气，常见组分主要理化性质见表 3-1。

表3-1 天然气中常见组分主要物理化学性质表

组分	分子式	相对分子质量	临界温度/K	临界压力/MPa	沸点/℃(0.101325MPa)	偏心因子
甲烷	CH_4	16.043	190.55	4.604	-161.52	0.0126
乙烷	C_2H_6	30.070	305.43	4.880	-88.58	0.0978
丙烷	C_3H_8	44.097	369.82	4.249	-42.07	0.1541
正丁烷	$n-C_4H_{10}$	58.124	425.1	3.797	-0.49	0.2015
异丁烷	$i-C_4H_{10}$	58.124	408.13	3.648	-11.81	0.1840
正戊烷	$n-C_5H_{12}$	72.151	469.6	3.369	36.06	0.2524
异戊烷	$i-C_5H12$	72.151	460.39	3.381	27.84	0.2286
己烷	C_6H_{14}	86.178	507.4	3.012	68.74	0.2998
庚烷	C_7H_{16}	100.205	540.2	2.736	98.42	0.3494
氦	He	4.003	5.2	0.277	-268.93	0
氮	N_2	28.013	126.1	3.399	-195.80	0.0372
氧	O_2	31.977	154.7	5.081	-182.962	0.0200
氢	H_2	2.016	33.2	0.297	-252.87	-0.219
二氧化碳	CO_2	44.010	304.19	7.382	-78.51	0.2667
一氧化碳	CO	28.010	132.92	3.499	-191.49	0.0442
硫化氢	H_2S	34.076	373.5	9.005	-60.31	0.0920
水汽	H_2O	18.015	647.3	22.118	100	0.3434

(一)天然气相对分子质量、密度、相对密度

将标准状态下1摩尔体积天然气的质量定义为天然气的"视相对分子质量",又叫平均相对分子质量。一般天然气视相对分子质量约为16.82～17.98。不同组分的天然气可以根据各组分的体积组成加权平均而求出,可用公式表示为:

$$M_i = \sum y_i M_i \tag{3-1}$$

式中　M_g——天然气的视相对分子质量,g/mol 或 kg/mol;

　　　y_i——天然气组分 i 的分数;

　　　M_i——组分的相对分子质量,g/mol 或 kg/mol。

在相同的压力、温度条件下,天然气的密度与干燥空气的密度之比称为天然气的相对密度。定义为:

$$\gamma_g = \frac{\rho_g}{\rho_{air}} \tag{3-2}$$

式中　γ_g——天然气的相对密度;

　　　ρ_g——天然气的密度,kg/m^3;

　　　ρ_{air}——干燥空气的密度,kg/m^3。

天然气的密度为单位体积天然气气体的质量,在理想条件下可确定如下:

由气体状态方程知：

$$pV = Z\frac{m}{M}RT \qquad\qquad (3-3)$$

$$pV = ZmbT \qquad\qquad (3-4)$$

式中　Z——天然气的偏差系数。

　　　p——绝对压力，MPa；

　　　V——气体体积，m^3；

　　　m——气体质量，kg；

　　　M——气体相对分子质量，kg/kmol；

　　　T——绝对温度，K；

　　　R——气体常数，$0.008314\dfrac{MPa \cdot m^3}{kmol \cdot K}$。

在一定压力和温度条件下，一定质量的气体实际占有的体积与其在同温同压下作为理想气体所占有的体积之比，称为气体的偏差系数或 Z 系数。

偏差系数 Z 既考虑了分子间作用力的存在，又考虑了分子本身体积不可忽略这一事实。Z 是一个实验数据，无量纲，它不是一个常数，随气体的组成、压力和温度变化而变化。对于理想气体，$Z=1$。对于实际气体，$Z>1$ 或 $Z<1$。

在标准状况下，根据天然气密度的定义可得：

$$\rho_g = \frac{m_g}{V} = \frac{M_g p_{Sc}}{ZRT_{sc}} = 3486.6\frac{\gamma_g p_{Sc}}{ZT_{sc}} \qquad\qquad (3-5)$$

式中　ρ_g——天然气的密度，kg/m^3；

　　　γ_g——天然气的相对密度；

　　　m_g——天然气质量，kg；

　　　M_g——天然气的相对分子质量，kg/mol；

　　　Z——天然气的偏差系数。

　　　p_{sc}——标况下等于 0.101325MPa；

　　　T_{sc}——标况下等于 293.15K。

(二)天然气偏差系数的确定

天然气偏差系数的确定以范德华对应状态原理为基础，各种物质的性质差异可反映在许多方面，临界压力和临界温度也是一个方面，但在临界点，各种物质都气液不分，所以临界点又反映了各种物质的共同点。

天然气偏差系数的确定方法可分为 3 大类，即实验室直接测定法、图版法(Standing – Kats 偏差系数图版)和计算法。其中图版法较简单，能够满足大多数工程要求，应用较为广泛。

图表法的理论基础是对应状态原理，这里首先对对应状态原理作一简单介绍，再介绍如何确定 Z 系数。

范德华指出，根据临界点的性质，可用临界性质 T_c、p_c 来表示范德华方程：

$$p = \frac{RT}{V-b} - \frac{a}{V^2} \qquad (3-6)$$

其中：

$$a = \frac{27}{64} \frac{R^2 T_c^2}{p_c}; \quad b = \frac{RT_c}{8p_c} \qquad (3-7)$$

并可进一步用对比温度 T_{pr}（$T_{pr} = \frac{T}{T_c}$）、对比压力 p_{pr}（$p_{pr} = \frac{p}{p_c}$）和对比体积 V_{pr}（$V_{pr} = \frac{V}{V_c}$）将范德华方程表示为：

$$p_{pr} = \frac{8}{3} \frac{T_{pr}}{\left(V_{pr} - \frac{1}{3}\right)} - \frac{3}{V_{pr}^3} \qquad (3-8)$$

式中　p_{pr}——对比压力，指气体的绝对工作压力 p 与临界压力 p_c 之比，即 $p_r = p/p_c$；

　　　　T_{pr}——对比温度，指气体的绝对工作温度 T 与临界温度 T_c 之比，即 $T_r = T/T_c$。

由于其中已不含任何与物质有关的特性参数，故称此种方程为普遍化的状态方程。范德华由此引申出对应状态原理，它是指：对于对比压力 p_{pr}、对比温度 T_{pr} 相同的两种气体，它们的 V_{pr} 近似相同，则称这两种气体处于对应状态。当两种气体处于对应状态时，气体的许多内涵性质（即与体积大小无关的性质），如偏差系数 Z、黏度 μ 等也近似相同，即为"对应状态原理"。对于化学性质相似而临界温度相差不大的物质，该原理具有很高的精度。由于天然气中各组分大都属于烷烃，化学结构相似，因此，采用对应状态原理完全能满足工程要求而被广泛采用。

对应状态原理表明，化学结构相似的烷烃气体，当它们处于对应状态时，具有极为近似的偏差系数。我们可以把偏差系数表示为：$Z = f(p_{pr}, T_{pr})$，称为两参数法，这样，我们根据对应状态原理，把对甲烷作出的 $Z = f(p_{pr}, T_{pr})$ 曲线应用于和甲烷化学结构相似的其他烃类。不管在什么 p、T 条件下，只要相应的 p_{pr}，T_{pr} 相同，其他烃类气体的 Z 近似相等。

根据这个关系在实验室制定一些甲烷的偏差系数 Z 和 p_{pr}，T_{pr} 的关系曲线或图表。Standing 和 Katz 图表就是其中的一种，如图 3 - 1 所示。这样只要求出天然气的 p_{pr}，T_{pr}，便可以从图中查出天然气的偏差系数。

然而对于多组分的天然气，实验测定临界参数既困难，也不可能每个气样都做到。为了确定所需的临界参数，设想并提出了拟临界压力和拟临界温度的概念。定义为：

$$T_{pc} = \sum y_i T_{ci}, p_{pc} = \sum y_i p_{ci} \qquad (3-9)$$

式中　T_{pc}——拟临界温度，K；

　　　　p_{pc}——拟临界压力，MPa；

　　　　T_{ci}——i 组分的临界温度，K；

　　　　p_{ci}——i 组分的临界压力，MPa；

　　　　y_i——i 组分的摩尔分数。

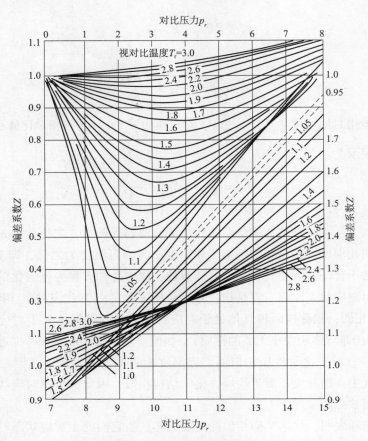

图 3-1 天然气偏差系数图

已知天然气的摩尔组成或体积组成，利用式(3-9)可确定该气体的拟临界参数。有了拟临界参数，任何状况下的拟对比温度和拟对比压力就可以用式(3-10)确定。

$$T_{pr} = T/T_{pc}, \quad p_{pr} = p/p_{pc} \qquad (3-10)$$

根据 standing 和 Kate 图表，对于以烃为主要组成的任何一种天然气，都可以用它确定气体的 Z 系数。但是对应状态定律不适宜于组分化学性质相差甚远的混合气。因此天然气中含有较多的非烃气体时，应用上述 Z 系数图，必须进行非烃校正。

(1)用查图或计算方法确定 T_{pc} 和 p_{pc}；

(2)用以下公式计算校正后的拟临界温度 T'_{pc} 和拟临界压力 p'_{pc}；

$$T'_{pc} = T_{pc} - \varepsilon \qquad (3-11)$$

$$p'_{pc} = \frac{p_{pc} T'_{pc}}{T_{pc} + B(1-B)\varepsilon} \qquad (3-12)$$

$$\varepsilon = [120(A^{0.9} - A^{1.6}) + 15(B^{0.5} - B^4)]/1.8 \qquad (3-13)$$

式中　T'_{pc}——校正后拟临界温度，K；

　　　p'_{pc}——校正后拟临界压力，MPa；

　　　A——天然气中 H_2S 及 CO_2 摩尔分数之和；

B——天然气中 H_2S；

ε——拟临界温度校正系数。

T'_{pc} 和 p'_{pc} 一经求出，即可用于计算对比参数 T_{pr} 和 p_{pr}。

（3）T'_{pc} 和 p'_{pc} 一经求出，即可用于计算对比参数 T_{pr} 和 p_{pr}。

综上所述，确定 Z 系数的步骤如下[1]：

（1）根据已知的天然气组成或相对密度，求 T_{pc} 和 p_{pc}；

（2）如含有非烃（H_2S、CO_2 和 N_2），应对拟临界参数进行校正；

（3）根据给定的 p、T 值计算 p_{pr}、T_{pr}；

（4）从图 3-1 查得 Z 值。

（三）天然气的等温压缩系数

在等温条件下，单位压力改变引起的体积变化率，称为天然气的等温压缩率。实际应用中天然气的等温压缩率 C_g 表示为拟对比压力和拟对比温度的函数，用（$p_{pc} \cdot p_{pr}$）代替 p，常用下列方程计算或根据图版法求解：

$$C_g = \frac{1}{p_{pc}}\left(\frac{1}{p_{pr}} - \frac{1}{Z}\frac{\partial Z}{\partial p_{pr}}\right) \tag{3-14}$$

实际应用中，为了方便定义天然气的拟对比等温压缩系数 C_{pr} 为：

$$C_{pr} = C_g p_{pc} \tag{3-15}$$

等温压缩系数可以用计算机编程计算，也可以查图版，这里主要介绍查图版法。其方法为：由天然气的拟对比参数（$p_{pr} \cdot T_{pr}$），单组分 p_r、T_r 查天然气的拟对比等温压缩系数图版，如图 3-2 所示，由此查出 C_{pr}（单组分 C_r），再由拟对比等温压缩系数的定义式得到天然气的等温压缩系数 C_g。

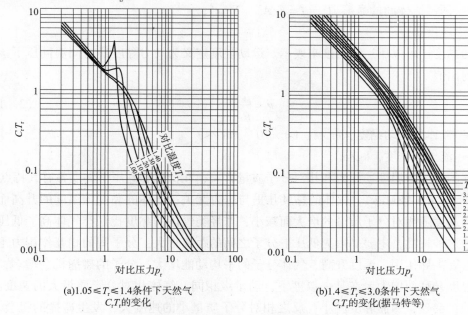

(a)$1.05 \leqslant T_r \leqslant 1.4$条件下天然气
$C_r T_r$的变化

(b)$1.4 \leqslant T_r \leqslant 3.0$条件下天然气
$C_r T_r$的变化(据马特等)

图 3-2　T_r 在 1.05~3.0 内天然气 $C_r T_r$ 的变化

（四）天然气的体积系数

在采气工程计算中，经常要遇到气体状态换算的问题。例如：经常要知道地面标准状况下，一单位体积的天然气在油气藏条件下的体积。又如，已知地面标准状态下的气体流速，要知道油管某深度处的流速等。这就引出了天然气的地下体积系数的概念。因此，我们规定：在标准状况下，天然气可近似看作理想气体。

天然气体积系数定义为：天然气在地层条件下所占体积与其在地面标准条件下的体积之比。即

$$B_g = \frac{V}{V_{sc}} \tag{3-16}$$

式中　B_g——天然气的体积系数；

　　　V_{sc}——天然气在地面标准条件下的体积，m^3；

　　　V——同质量天然气在地层条件下的体积，m^3。

（五）天然气的黏度

黏度是气体（或液体）的内部摩擦而引起的阻力，当气体内部有相对运动时，都会因分子的摩擦而产生阻力。气体黏度越大，阻力越大，气体流动就困难。黏度就表示气体流动的难易程度。

实验表明，流体中某一点的黏度与其内摩擦力成正比，与流速梯度成反比，这一黏度叫流体的动力黏度或绝对黏度。定义为：

$$\mu = \frac{f}{du/dy} \tag{3-17}$$

式中　μ——流体的动力黏度，$Pa \cdot s$；

　　　f——两层流体间的摩擦力，$(f = F/A)$，N/m^2；

　　du/dy——速度梯度，s^{-1}。

流体的黏度还可以用运动黏度来表示。运动黏度定义为动力黏度 μ 与同温同压下该流体密度 ρ 的比值

$$\nu = \frac{\mu}{\rho} \tag{3-18}$$

式中　ν——流体的运动黏度，m^2/s，$1st = 10^{-2} cm^2/s$；

　　　ρ——流体的密度，kg/m^3。

天然气的黏度与温度、压力和相对分子质量有关，在低压和高压下黏度各有其特点。

在低压下（$<0.98MPa$），气体的黏度几乎与压力无关；气体的黏度随温度的升高而增大；气体的黏度随相对分子质量的增大而减小；非烃类气体的黏度比烃类气体高。低压下气体黏度的这种特性，主要是因为低压下分子之间的距离很大，分子间的相互作用力不明显，温度起着主导作用。温度升高，气体分子的平均动能增大，分子的碰撞机会增多，因此黏度随温度升高而增大。在某一温度下，动量级相同，气体相对分子质量大的速度小，发生碰撞的机会少，因而黏度就小；反之相对分子质量小的速度大，发生碰撞的机会多，黏度就大。

在高压下（>6.865MPa），气体黏度特性近似液体黏度特性：气体黏度随压力的增加而增加；气体黏度随温度的增加而降低；气体黏度随相对分子质量的增加而增加。

二、节点系统分析

（一）节点分析原理

节点系统分析法（Nodal Systems Analysis）也称节点分析、生产系统分析，是1954年由Gilbert首次提出来的。自19世纪80年代以来，这种方法就广泛地应用于石油行业模拟计算各油气生产环节的能量损失和油气生产的动态预测及生产系统的优化。该方法运用系统工程理论，将流体在地层中的渗流、在油管中的垂直管流以及地面的集输系统视为完整的油气生产系统。系统分析时，按不同的流动规律可把整个系统分成若干子系统，流动子系统的衔接处视为节点，通过对各个子系统的流动研究分析，不仅使局部合理，而且使整个系统上处于最优状态，达到整体优化的目的。气井节点系统设置如图3-3所示。

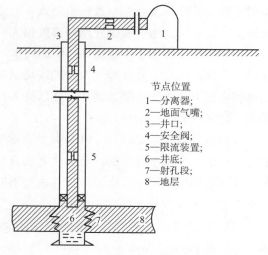

节点位置
1—分离器；
2—地面气嘴；
3—井口；
4—安全阀；
5—限流装置；
6—井底；
7—射孔段；
8—地层

图3-3　节点分析系统简图

气井节点系统分析的基本思想是把系统中的某一节点（如井底）视为解节点，对解节点流入、流出部分的能量损失连接起来，对影响流动的各个因素进行分析，从而对整个生产系统进行优化。

气井节点分析时，首先设置气井的生产参数，完成解节点处的流入（Inflow）和流出（Outflow）动态曲线的拟合计算，画出解节点处压力与产量的关系曲线，也就是流入、流出动态曲线。若计算结果正确，解节点处的压力和流量应同时满足流入、流出两条动态曲线，即两条曲线的交点（即协调点）处的值（图3-4）。协调点处的值只是反映当前模拟的生产参数条件下的生产状态，可以通过不断地调整影响生产状态的参数值，不断协调流动状态，从而最终确定气井的最佳生产状态。

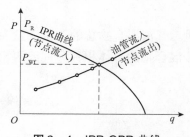

图3-4　IPR OPR曲线

（二）垂直管流模型选择

气液两相管流分为垂直管流和水平管流。按照钻井设计，储气库井均为直井或定向井，因此节点分析中主要考虑垂直管流，不考虑水平管流。对于采气工程中的气液两相管流，核心问题是探讨沿程的压力损失及其影响因素。从20世纪六七十年代开始，一般的处理方法是从物理概念和基本方程出发，采用实验和因次分析方法得到描述其一特定两相管流过程的一些无因次参数，然后根据实验数据得出经验关系式。

1. 两相垂直管流模型优选

在垂直两相流中较为常用的计算模型有 Gray（original）、Hagedorn & Brown、Mukherjee-Brill、Orkiszewski 等。

Gray 模型适用于凝析油井，曾与 108 口井的资料进行了比较。其结果表明比干气井的预测结果好。文 23 区块不考虑凝析油的含量，因此不适用于储气库的节点分析计算。

Mukherjee – Brill 是在 Beggs 和 Brill（1973）研究工作的基础上，改进了实验条件，对倾斜管两相流的流形进行了深入研究，提出了更为适用的倾斜管两相流的流形判别准则和应用方便的持液率及摩阻系数经验公式，可适合于垂直油气井和定向井以及输油气管线管流模型，通常计算高气液比井压降梯度偏大。

Hagedorn & Brown 针对垂直井中油气水三相流动，基于单相流体的能量守恒原理，建立了压力梯度模型，并开展了大量的现场试验，通过反算持液率，提出了用于各种流型下的两相垂直上升管流压降关系式。此压降关系式不需要判别流型，适用于产水气井的流动条件，适用气液比范围较广。

1967 年，Orkiszewski 用 148 口井的数据验证对比前人提出的压力梯度计算方法，选择不同流动形态下精度最高的计算方法并结合自己的研究结果得到一个新的压力梯度计算模型。将压力梯度按流动形态划分，并采用不同的方法进行计算，率先对每个流形进行单独计算并定义了液体分布系数。

选取文 23 主块老井在现场的压力测试数据，根据生产数据分别采用 Gray（original）、Hagedorn & Brown、Mukherjee – Brill、Orkiszewski 这 4 种管流模型拟合井口压力，拟合的数据误差分别为 30.9%、2.2%、24.2%、11.4%。因此优选 Hagedorn & Brown 模型为文 23 储气库的两相流动模型。

2. 两相管流特性参数

1）质量流量、体积流量和体积含液率

单位时间内流过管子过流断面的流体质量称为质量流量。气液混合物总的质量流量为两相的质量流量之和；单位时间内流过管子过流断面的气液混合物的总体积称为气液两相体积，即

$$G_m = G_l + G_g, \quad q_m = q_l + q_g \tag{3-19}$$

式中　G_m——气液混合物的质量流量，kg/s；

　　　G_l——液相质量流量，kg/s；

　　　G_g——气相质量流量，kg/s；

　　　q_m——气液混合物的体积流量，m^3/s；

　　　q_l——液相体积流量，m^3/s；

　　　q_g——气相体积流量，m^3/s。

体积含液率表示管流截面上液相体积流量与气液混合物总体积流量的比值，又称无滑脱持液率，用符号 λ_l 表示。

$$\lambda_l = \frac{q_l}{q_m} = \frac{q_l}{q_l + q_g} \tag{3-20}$$

2)气相速度、液相速度、折算速度及两相混合物速度

设 A_g 和 A_l 分别表示气相和液相占管子的横截面积，即：

气相速度

$$v_g = q_g / A_g \tag{3-21}$$

液相速度

$$v_l = q_l / A_l \tag{3-22}$$

在实际应用中，由于 A_g 和 A_l 很难测定，v_g 和 v_l 也很难确定。为了便于研究，常采用表观速度。假定管子全部截面 A 只被两相混合物中的某一相单独占据，此时的流速即这一相的表观速度。

3)持液率

在气液两相流的管线中取单位管长，在其流动状态下，单位管长内液相体积与单位管长总体之比，称为该单位管长在其流动状态下的持液率，用符号 H_l 表示。

$$H_l = \frac{A_l}{A} \tag{3-23}$$

若 $H_l = 0$，为单相气流；若 $0 < H_l < 1$，为气液两相流；若 $H_l = 1$，为单相液流。

3. Hagedorn & Brown 垂直两相管流计算方法

由于动能变化引起的压力梯度很小，可忽略不计，总压力梯度方程为：

$$\frac{dp}{dz} = \rho_m g + f_m \frac{G_m^2}{2DA^2 \rho_m} \tag{3-24}$$

$$\rho_m = \rho_l H_l + \rho_g (1 - H_l) \tag{3-25}$$

$$G_m = G_g + G_l = A(v_{sl} \rho_l + v_{sg} \rho_g) \tag{3-26}$$

$$\frac{1}{\sqrt{f_m}} = 1.14 - 2\lg\left(\frac{e}{D} + \frac{21.25}{Re^{0.9}}\right) \tag{3-27}$$

式中　ρ_g、ρ_l、ρ_m——气相、液相、气液混合物密度，kg/m^3；

G——重力加速度；

A——管子流通截面积，m^2；

D——油管内径，m；

G_m——气液混合物质量流量，kg/s；

G_g——气相质量流量，kg/s；

G_l——液相质量流量，kg/s；

v_{sg}——气相表观流速，m/s；

v_{sl}——液相表观流速，m/s；

f_m——两相摩阻系数；

$\dfrac{e}{D}$——相对粗糙度；

Re——雷诺数。

（三）采气井产能方程

1. 系统测试资料产能分析

文 23 气田主块共有 13 口井 15 井次进行过系统试井，分别经过资料处理，可以建立气井二项式产能方程，见公式（3－28）：

$$P_R^2 - P_{wf}^2 = A q_g + B q_g^2 \qquad (3-28)$$

式中 A——层流系数；

　　B——紊流系数；

　　P_R——地层压力，MPa；

　　P_{wf}——井底流压，MPa；

　　q_g——天然气产量，$10^4 m^3/d$。

如：文 23 井在 1987 年 6 月 9－19 日对 S_4^{1-6} 井段 2813.2～3026.8m（102.3m/34n）进行了 6 个工作制度的系统测试（表 3－2），建立了产能方程（图 3－5）：

$$P_i^2 - P_{wf}^2 = 34.24q + 0.6882q^2$$

表 3－2　文 23 井稳定试井解释结果表

点序	井底压力（绝）		$q/(10^4 m^3/d)$	$P_i^2 - P_{wf}^2$	$(P_i^2 - P_{wf}^2)/q$	$\lg(P_i^2 - P_{wf}^2)$	$\lg q$
	P_i/MPa	P_{wf}/MPa					
0	36.2						
1		34.3	3.8	133.1	35.1	3.1	0.6
2		33.6	4.8	179.9	37.5	3.1	0.7
3		32.7	6.3	242.0	38.5	3.0	0.8
4		31.7	7.7	305.4	39.6	3.0	0.9
5		29.9	9.4	414.7	44.0	3.0	1.0
6		28.0	11.7	528.8	45.3	2.9	1.1

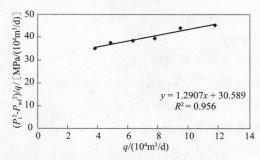

图 3－5　文 23 井二项式曲线

对 13 口井 15 井次进行计算处理（表 3－3），建立产能方程，进一步计算当井底流压为一个大气压时的绝对无阻流量：

$$P_R^2 - 0.101^2 = A q_{AOF} + B q_{AOF}^2$$

$$q_{AOF} = \frac{-A + \sqrt{A^2 + 4B\Delta p_{max}^2}}{2B}$$

表3-3 文23气田历年产能试井解释结果统计表

序号	井号	测试时间	层位	井段/m	厚度/层数/m/层	二项式测试结果			绝对无阻流量 $Q_{AOF}/10^4 m^3$
						A	B	$Q_{AOF}/10^4 m^3$	
1	文23-1	198909	ES_4^{3-4}	2847.5-2998.4	82.1/42	2.935	0.099	97.12	108.7
2	文23-6	200209	ES_4^{3-5}	2895.6-3030.0	93.3/35	1.125	0.066	37.06	142.0
3	文23-9	200304	ES_4^{3-6}	2789.5-2986.3	126.8/44	2.234	0.073	38.6	128.4
4	文109	199604	ES_4^{1-5}	2746.0-2920.8	78.4/28	7.73	0.08	58.11	96.5
5	文109	200305	ES_4^{1-5}	2746.0-2920.8	78.4/28	7.933	0.011	24.978	154.7
6	文108-1	200304	ES_4^{3-6}	2856.1-3070.9	152.8/54	8.155	0.04	17.12	116.3
7	文新31	200702	ES_4^{4-5}	2908.0-2989.5	13.1/10	0.154	0.0773	17.01	137.8
8	文23-2	200306	ES_4^{3-5}	2889.6-3016.0	76.2/32	2.508	0.2637	20.5	70.6
9	文23-3	200304	ES_4^{3-5}	2881.9-3008.5	77.5/30	2.003	0.168	20.60	88.4
10	文23-4	199809	ES_4^{3-6}	2870.5-3003.5	69.9/26	1.095	0.3894	36.279	60.5
11	文22	198703	ES_4^{3-5}	2923.6-3011.0	34.2/6	34.74	3.374	16.06	16.5
12	文23	198505	ES_4^{1-5}	2813.2-3026.8	111.5/39	0.643	1.0906	34.94	36.7
13	文23	198706	ES_4^{1-6}	2813.2-3026.8	102.3/34	34.24	0.6882	25.35	27.9
14	文23-13	200304	ES_4^{3-5}	2901.6-2992.5	49.1/24	0.5	1.45	9.602	31.9
15	文23-31	200610	ES_4^{6-8}	2917.8-2999.9	30.9/15	1.37	0.58	13.7	49.5

13口井射开厚度34.2~152.8m，计算绝对无阻流量为(16.5~154.7)×10⁴m³/d，平均84.4×10⁴m³/d，以中等产能为主；有效渗透率0.8~11.0md，以低渗为主。

文23气田的无阻流量与气层厚度(H)、气层渗透率(K)以及气层系数(KH)之间相关性均较差，主要原因是气井投产井段长、厚度大、块状特征明显，射开厚度能有效沟通块状连通体。各井完善程度差异大，测试或测井平均渗透率代表性差，因而无阻流量与地层参数之间有正相关趋势，但相关性较差。无阻流量与产能方程的紊流系数B密切相关(图3-6)，与层流系数A相关性差。

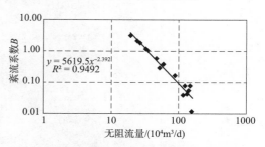

图3-6 文23主块气井无阻流量与紊流系数关系图

2. 产能分布特征

根据13口产能测试井无阻流量计算结果，分析其在平面上的分布特征，无阻流量大于100×10⁴m³/d的较高产能井有6口，占测试井数的46%，主要分布在文109、文23-7两个构造高部位、有效厚度在100m以上的区域；无阻流量在(50~100)×10⁴m³/d的中产井有3口井，占测试井数的23%，平均无阻流量71.8×10⁴m³/d，主要分布在构造中部、有效厚度在 60~100m 之间的区域；无阻流量在 $(15~50)\times10^4 m^3/d$ 的低产井有 4 口井，主要分布在构造低部位和边部的复杂断块内。

进一步以 13 口井产能测试为依据，考虑气井所处构造位置、测试时间、有效厚度、射孔状况以及相邻气井的测试情况，绘制无阻流量等值图，结合气井产量变化及压力下降等生产特征，将文 23 气田主块划分为高、中、低三个产能区块。

高部位：气井绝对无阻流量在 $100\times10^4 m^3/d$ 以上，气层厚度大于 80m，采气指数为 $(2~4)\times10^8 m^3/MPa$；目前有文 23-1 等 27 口井处于高部位。

中部位：气井无阻流量在 $(50~100)\times10^4 m^3/d$ 之间，气层厚度 60~80m，采气指数为 $(1~2)\times10^8 m^3/MPa$，有文 23-3 等 19 口井处于中部位。

低部位：气井无阻流量小于 $50\times10^4 m^3/d$，气层厚度小于 60m，采气指数小于 $1\times10^8 m^3/MPa$，有文 23-5 等 11 口井处于低部位。

图 3-7 为文 23 主块产能分区图。

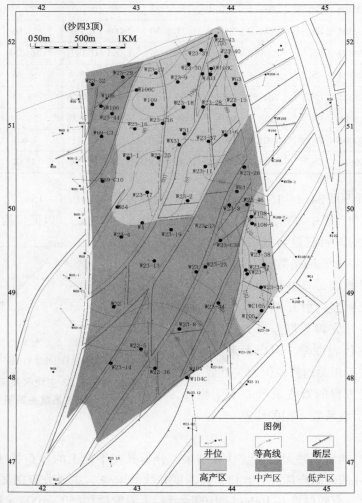

图 3-7　文 23 主块产能分区图

3. 各区产能方程的建立

文23气田产能分布不均，需要建立高、中、低部位气井平均产能方程，以较好的描述不同区的产能变化特征，优化储气库后期运行。考虑到气田改建储气库后，气井不宜进行压裂、酸化等措施，因此在建立产能方程尽量选择气井测试未进行压裂的自然产能测试结果(表3-4)。

表3-4　文23气田历年不压裂井产能试井解释结果统计表

产能类型	井号	测试时间	层位	井段/m	厚度/层数/m/层	稳定产量/$(10^4 m^3/d)$	二项式结果			绝对无阻流量 $Q_{AOF}/(10^4 m^3/d)$
							a	b	$Q_{AOF}/(10^4 m^3/d)$	
高部位	文23-1	198909	ES_4^{3-4}	2847.5 ~ 2998.4	82.1/42	33.1	2.94	0.10	97.1	108.7
	文23-2	198910	ES_4^{3-5}	2889.6 ~ 3016.0	76.2/32	13.3	15.56	0.46	36.0	42.5
	文23-9	200304	ES_4^{3-6}	2789.5 ~ 2986.3	126.8/44	0.1	2.23	0.07	38.6	128.4
	文109	199604	ES_4^{1-5}	2746.0 ~ 2920.8	78.4/28	13.6	7.73	0.08	58.1	96.5
	文109	200305	ES_4^{1-5}	2746 2920.8	78.4/28	13.9	7.93	0.01	25.0	154.7
	文108-1	200404	ES_4^{3-6}	2856.1 ~ 3070.9	152.8/54	9.7	8.16	0.04	17.1	116.3
中部位	文23	198505	ES_4^{1-5}	2813.2 ~ 3026.8	102.3/34	15.0	0.64	1.09	36.7	36.7
	文23	198706	ES_4^{1-6}	2813.2 ~ 3026.8	102.3/34	4.7	34.24	0.69	25.4	27.9
	文23-3	198710	ES_4^{5-6}	2960.0 ~ 3028.9	43.3/16	9.8	67.00	0.92	16.1	17.8
	文23-3	198906	ES_4^{5-6}	2960.0 ~ 3028.9	43.3/16	9.3	89.29	1.19	12.6	14.1
	文23-4	198910	ES_4^{3-6}	2870.5 ~ 3003.5	69.9/26	5.2	51.91	0.66	19.1	22.4
	文23-13	200304	ES_4^{3-5}	2901.6 ~ 2992.5	49.1/24	4.8	0.50	1.45	9.6	31.9

运用分区产能平均法计算得到各产区的平均二项式产能方程

$$P_R^2 - P_{wf}^2 = Aq_g + Bq_g^2$$

1）求 A 值

$$A = \frac{1}{E\overline{q}_{AOF}} \sum_{i=1}^{N} A_i q_{AOF.i} \qquad (3-29)$$

$$E = \frac{1}{P_R^2} \sum_{i=1}^{N} P_{Ri}^2, \quad \overline{q}_{AOF} = \frac{1}{N} \sum_{i=1}^{N} q_{AOF.i} \qquad (3-30)$$

式中　E——平均压力修正系数，无因次；

$\overline{q}_{AOF}$——平均无阻流量（即是对各个井的无阻流量取平均值），$10^4 m^3/d$；

P_R——区块平均地层压力，MPa。

$P_R = \frac{1}{N} \sum_{i=1}^{N} P_{Ri}$，即是对各个井的地层压力求取平均值。

通过计算平均压力修正系数 E 及平均无阻流量 $\overline{q}_{AOF}$，即可代入公式（3-29）求得 A 值。

2）求 B 值

$$B = \frac{1}{E\overline{q}_{AOF}^2} \sum_{i=1}^{N} B_i q_{AOF.i}^2 \qquad (3-31)$$

通过计算平均压力修正系数 E 及平均无阻流量 $\overline{q}_{AOF}$，即可代入公式（3-31）求得 B 值。

3）产能方程的建立

高部位选取文23-1、文23-9、文109、文108-1 4口井，中部位选取文23、文23-13 2口井，分别计算两个产区的 A、B 值（表3-5），从而得到高中部位的平均产能方程。

表3-5　文23气田各产区平均产能计算表

| 产区 | 井号 | 测试时间 | 二项式结果 | | | 绝对无阻流量 | A | B | $q_{AOF}/$ |
			a	b	$Q_{AOF}/(10^4 m^3/d)$	$q_{AOF}/(10^4 m^3/d)$			$(10^4 m^3/d)$
高部位	文23-1	198909	2.935	0.099	97.12	108.7	4.1887	0.102	102.1
	文23-9	200304	2.234	0.073	38.6	128.4			
	文109	199604	7.73	0.08	58.11	96.5			
	文109	200305	7.933	0.011	24.978	154.7			
	文108-1	200304	8.155	0.04	17.12	116.3			
中部位	文23	198505	0.6432	1.0906	36.67	36.7	0.502	1.2234	34.7
	文23-13	200304	0.5	1.45	9.602	31.9			

低部位因资料所限，选择压裂井的测试结果，借用文22井的1987年3月测试的单井产能方程。

通过以上计算，得到不同构造部位的平均产能方程为：

高部位：$P_i^2 - P_{wf}^2 = 4.1887q + 0.102q^2$

中部位：$P_i^2 - P_{wf}^2 = 0.502q + 1.2234q^2$

低部位：$P_{i2} - P_{wf2} = 34.74q + 3.374q^2$

三、储气库一期单井注采能力评价

文23气田主块的含气层段沙四段，埋藏深度2750～3120m，原始地层压力38.62～38.87MPa，原始地层温度113～120℃，储层孔隙度8.86%～13.86%，渗透率(0.27～17.12)×10^{-3}μm²。

根据文23储气库气藏方案的总体要求，在老井利用设计采气能力的基础上，与采气工程、地面集输工程相结合，总体部署新井103口，利用老井采气7口，共计110口注采井，观察井7口(含块外3口监测井)。按照"分步(期)建设、滚动实施"的原则，分两期建设。一期方案总体部署72口井，利用老井6口，新钻注采井66口，其中新钻直井11口，定向井55口。设计运行压力20.92～38.62MPa，运行工作气量32.67×10^8m³，第一批实施完毕后即可注气投产，其余老井及37口新井根据市场需求，择机实施。

(一)采气能力评价

按照采气流动走向，考虑储层地质条件、井筒结构、压力等因素，建立系统分析模型。流入段为储层－井底渗流段；流出段为井底－井口；模拟井口压力9MPa。取完井管柱下入深度2900m；选取储气库设计运行的上下限压力38.6MPa、15MPa作为地层压力范围；地层温度为120℃；完井油管内径76mm；储气库的气源为注入商品气，因此采出气按注入天然气组分，不考虑凝析油，采出气体组分见表3-6。采气时井口压力考虑外输管道压力，取9MPa。

表3-6 采出气组分

组分	摩尔分数	组分	摩尔分数
氮气	0.4464	丁烷	0.1156
二氧化碳	0.8642	异戊烷	0.0538
甲烷	94.781	戊烷	0.0363
乙烷	2.9639	己烷	0.0192
丙烷	0.5752	硫化氢	0.0107
异丁烷	0.1008	氦气	0.033

1. 地层压力对气井产能的影响

分别建立高部位、中部位井的采气模型，模拟分析9MPa井口压力下，不同地层压力的协调产量(表3-7)。两类产区物性的差异导致产能各不相同，高部位产能较大；在完井管柱的管径相同条件下，各产区气井有相同的变化趋势，产气能力随地层压力升高而增大；相同地层压力下，高部位产能变化大，受地层压力影响较敏感，如图3-8所示。

2. 井口压力对气井产能的影响

采用Φ88.9mm油管，在一定地层压力下模拟分析不同井口压力下的协调产量变化情况，如图3-9、图3-10所示。根据模拟，相同地层压力条件下，井口压力越低产气量越高；随着地层压力的降低，单井产量将逐渐下降(表3-8)。

表 3-7　不同地层压力下的采气能力

产区	地层压力/MPa	采气能力/(10⁴m³/d)
		Φ88.9mm 油管
高部位	38.6	158.4
	35	139.9
	30	114.2
	25	88.7
	20	56.6
中部位	38.6	66.2
	35	54.5
	30	39.7
	25	26.4
	20	15.1

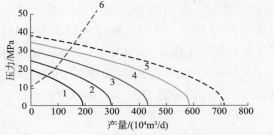

图 3-8　不同地层压力对采气产能的影响

　　其中在井口压力 9MPa、地层压力 38.6MPa 时，日采气量最高。高部位井最大产气能力为 $158.4 \times 10^4 m^3/d$，中部位井最大产气能力为 $66.2 \times 10^4 m^3/d$。

表 3-8　不同井口压力下的采气能力分析

产区	井口压力/MPa	采气能力/(10⁴m³/d)
		Φ88.9mm 油管
高部位	9	158.4
	15	142.8
	20	123.1
	25	97
	30	46.7
中部位	9	66.2
	15	57.3
	20	46.5
	25	32.2
	30	13.5

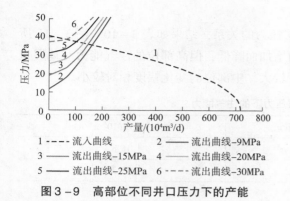

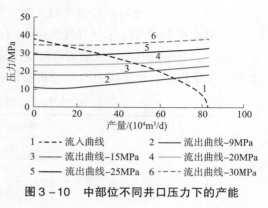

图 3－9　高部位不同井口压力下的产能　　　　图 3－10　中部位不同井口压力下的产能

1 ---- 流入曲线　　　　2 —— 流出曲线－9MPa
3 —— 流出曲线－15MPa　4 —— 流出曲线－20MPa
5 —— 流出曲线－25MPa　6 ---- 流出曲线－30MPa

1 ---- 流入曲线　　　　2 —— 流出曲线－9MPa
3 —— 流出曲线－15MPa　4 —— 流出曲线－20MPa
5 —— 流出曲线－25MPa　6 ---- 流出曲线－30MPa

其中在井口压力 9MPa、地层压力 38.6MPa 时，日采气量最高。高部位井最大产气能力为 $158.4 \times 10^4 \mathrm{m}^3/\mathrm{d}$，中部位井最大产气能力为 $66.2 \times 10^4 \mathrm{m}^3/\mathrm{d}$。

（二）注气能力分析

注气井注气能力的设计与采气井生产能力的设计原理近似。在不同的压力状况下，注气量与采气量相反，在保持一定的注气井底压力时，地层压力越低，越能建立大的注气压差，注气量就越大。计算时假定地层注气能力与采气能力相同，计算地层流入采气方程：

高产井：$P_{\mathrm{wf}}^2 - P_{\mathrm{i}}^2 = 4.1887q + 0.102q^2$

中产井：$P_{\mathrm{wf}}^2 - P_{\mathrm{i}}^2 = 0.502q + 1.2234q^2$

低产井：$P_{\mathrm{wf}}^2 - P_{\mathrm{i}}^2 = 34.74q + 3.374q^2$

储气库中采出的气是长途输送并注入其中的商品气，主要有 3 种来源：已建的榆济线、安济线、中开线、济青线、济青二线以及正在规划的鄂安沧、青宁线等管线外输的天然气；正在规划的新粤浙管道外输的新疆煤制气；天津 LNG 管道、山东 LNG 等液化天然气（LNG）汽化后的外输天然气。气体组分见表 3－9。

按照注气流动走向，考虑注气压力、温度及流量、压缩机能力、注入气组分等因素，建立系统分析模型，通过改变地层压力、井口压力等参数模拟不同的流入流出动态，研究系统流动特性变化规律，评价单井注气产能。流入段为从井口到井底渗流段，流出段为从井底到储层；井口最高注气压力 34.5MPa。

表 3－9　采出气组分

组分	摩尔分数	组分	摩尔分数
氮气	0.4464	丁烷	0.1156
二氧化碳	0.8642	异戊烷	0.0538
甲烷	94.781	戊烷	0.0363
乙烷	2.9639	己烷	0.0192
丙烷	0.5752	硫化氢	0.0107
异丁烷	0.1008	氢气	0.033

1. 气井注气能力与地层压力的关系分析

模拟计算 34.5MPa 下气井注气能力与地层压力的关系，结果如表 3-10、图 3-11 所示。高、中部位气井的注气能力都随地层压力增加而降低，但高部位的注气能力对地层压力的变化更敏感，地层压力改变时其变化幅度较大，中部位的变化幅度相对较小。

表 3-10　不同地层压力下的注气能力

产区	地层压力/MPa	注气能力/(10^4 m^3/d)
高部位	38.6	31.8
	35	65.3
	30	96.1
	25	119.4
	20	136.6
中部位	38.6	9.5
	35	23
	30	39
	25	51.3
	20	61.5

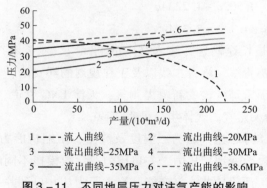

1　- - - 流入曲线　　　2　——— 流出曲线-20MPa
3　——— 流出曲线-25MPa　4　——— 流出曲线-30MPa
5　——— 流出曲线-35MPa　6　- - - 流出曲线-38.6MPa

图 3-11　不同地层压力对注气产能的影响

2. 气井注气能力与井口压力的关系分析

采用 Φ88.9mm 油管，以储气库运行压力下限 20.92MPa 为地层压力，选取不同的井口压力，计算得到高、中部位的气井以不同井口压力注气时井底压力与注气量的关系，如图 3-12、图 3-13 所示。由图中可以看出，相同地层压力下，井口注气压力越高，注气能力越高；在同一井口压力情况下，地层压力越低注气量越大。注气阶段，随着地层压力的升高，注气量逐渐降低。

其中，在地层压力为 20.92MPa、注气压力 34.5MPa 时注气产量最大，高部位气井注气量达到 $133.5 \times 10^4 m^3$/d；中部位气井注气量达到 $59.4 \times 10^4 m^3$/d。

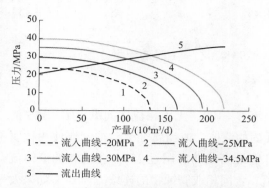

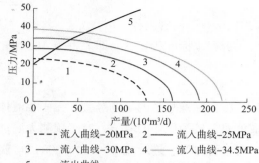

图3－12　高部位注气量与注气压力的关系　　图3－13　中部位注气井产量与注气压力的关系

表3－11　不同产区气井不同地层压力下的注气能力

注气压力/MPa	最大注气量/(10⁴m³/d)	
	高部位	中部位
	$\Phi 88.9/mm$	$\Phi 88.9/mm$
20	29.4	9.2
25	69.1	24.4
30	104.6	42.7
34.5	133.5	59.4

第三节　限制性流量计算

一、临界冲蚀流量

气井的冲蚀主要是油管受到井内流体的冲击时在表面造成的一类磨损现象。油管内流动的高压、高速流体引起的冲蚀作用使管柱壁厚变薄，导致强度下降，降低使用年限，严重时可发生气体泄漏，造成安全风险。因此，在实际生产中一旦确定配产则需要考虑冲蚀的影响。

（一）冲蚀计算方法

目前常用的气井冲蚀流量计算方法为 API RP 14E 中推荐的气液两相流冲蚀流速经验公式。

$$V_e = \frac{C}{\sqrt{\rho_g}} \qquad (3-32)$$

式中　V_e——冲蚀速度，ft/s；

　　　ρ_g——气体的密度，lbs/ft³；

　　　C——经验常数。

流量计算公式：

$$q_e = \pi d^2/4 \times V_e \qquad\qquad (3-33)$$

式中　d——油管内径，ft。

折算成标准状态下，即 $P_{sc} = 0.101\text{MPa}$，$T_{sc} = 293\text{K}$，$Z_{sc} = 1$ 时的流量

$$q_{max} = \frac{Z_{sc}T_{sc}}{P_{sc}} \frac{P}{ZT} q_e \qquad\qquad (3-34)$$

根据标准总结的矿场经验，无固相流体连续流 $C = 100$、无固相流体间歇流 $C = 125$ 的取值属于较为保守的取值。对于预测无腐蚀、无固相流体，或当腐蚀受到抑制或使用抗腐蚀合金管材时，连续流 $C = 150 \sim 200$；间歇流 C 值最高成功应用过 250。含固相的流体流速将大大降低，可根据实际情况选取不同的 C 值。含固相或腐蚀物的连续流体 C 值如果大于 100，应考虑定期测量评估管壁厚度。根据文 23 储气库的选材及产出流体组分，C 值取 150 对油管进行冲蚀评价。

（二）冲蚀流量计算

根据文 23 储气库 5 号井场 6 口井的注气情况（表 3-12）发现，单井吸气能力存在很大差异，最高 $119 \times 10^4 \text{m}^3/\text{d}$，最低 $32 \times 10^4 \text{m}^3/\text{d}$。为了控制现场注气量，避免对油管的冲蚀，根据现场注气压力，计算从 10MPa 至 34.5MPa 不同压力下的临界冲蚀流量。采气过程中，初期地层压力低，周期末地层压力高，根据运行指标与现场实际，计算地层压力为 $12 \sim 38.6\text{MPa}$ 条件下的冲蚀临界流量。

表 3-12　文 23 储气库 5 号井场注气情况统计表

站场	井号	2019 年 3 月 8 日			2019 年 3 月 9 日			2019 年 3 月 10 日		
		注气时间/h	油压/MPa	日注气/m³	注气时间/h	油压/MPa	日注气/m³	注气时间/h	油压/MPa	日注气/m³
5#丛式井场	储5-1	7.44	20.91	420	/	10.69	/	/	10.97	/
	储5-2	7.44	22.56	38704	24.00	18.42	951296	24.00	19.28	952336
	储5-3	7.44	0.01	45168	24.00	21.28	1194832	24.00	20.24	949367
	储5-4	7.44	20.73	1730	24.00	21.36	208270	24.00	20.2	321038
	储5-5	7.44	20.54	19924	24.00	21.81	510076	24.00	20.27	459294
	储5-6	7.44	20.96	27327	24.00	21.28	682652	24.00	20.22	735131
	储5-7	7.30	21	0	24.00	18.74	90021	24.00	20.25	639763

根据 API RP 14E 标准，计算冲蚀临界流量的经验常数 C 可根据管材、工况条件，在 $100 \sim 150$ 范围内取值。从注入气、产出气组分看，腐蚀性较小，且文 23 储气库完井管柱材质为 13CrS，抗腐蚀能力强，C 值取值可略大。从出砂情况看，沙四段储层为低渗致密砂岩，岩性以细粉砂岩、粗粉砂岩为主，部分井段偶见细砂岩。胶结物主要成分为碳酸盐，胶结类型以孔隙式胶结为主，胶结良好。根据文 23 气田历史生产资料分析：文 23-40 井 2007 年产量达 $80 \times 10^4 \text{m}^3/\text{d}$（地层压力 31MPa 生产压差 14MPa）未发现地层出砂现象，但个别井压裂后曾产出压裂砂。储气库井位于同一区块，因此认为短期内不会出砂。从流体相态看，注采过程强注、强采，流体为连续流。综合考虑，C 值取 150。

注气过程中，分别模拟了不同注气压力下油管的临界冲蚀流量，见表3-13；采气过程中，井口外输压力为9MPa条件下，分别计算了不同地层压力情况下油管的临界冲蚀流量，结果见表3-14。

表3-13 注气过程临界冲蚀流量

注气压力/MPa	注气临界冲蚀流量/(10^4m^3/d)	注气压力/MPa	注气临界冲蚀流量/(10^4m^3/d)
10	62.4	23	104.8
11	66.9	24	106.8
12	71.2	25	109
13	75.4	26	110
14	79.5	27	113
15	82.8	28	115
16	86	29	116.2
17	89.2	30	117.8
18	92.4	31	118.8
19	95.7	32	120
20	98	33	121.5
21	100.5	34.5	123.5
22	102.5		

表3-14 采气过程临界冲蚀流量

地层压力/MPa	临界冲蚀流量/(10^4m^3/d)	地层压力/MPa	临界冲蚀流量/(10^4m^3/d)
12	56	27	93
15	65	30	97.8
18	73.9	33	102.5
21	81	36	106.7
24	87.7	38.6	110

二、油管临界携液流量

(一)气井积液的形成过程及危害

1. 气井积液的形成过程

气井中液体来源有两种，一是地层中的游离水或烃类凝析液与气体一起渗流进入井筒，液体的存在会影响气井的流动特性；二是地层中含有水汽的天然气流入井筒，由于热损失使温度沿井筒逐渐下降，出现凝析水。

气井积液过程如图3-14所示。经垂直玻璃管中空气和水两相模拟实验将井内气水两相分为雾状流、环雾流(过渡流)、段塞流、泡流4种流态，如图3-15所示。

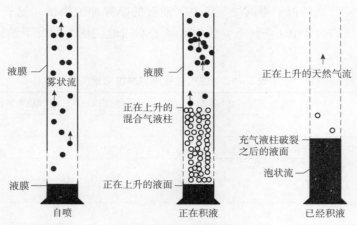

图 3-14　气井积液过程

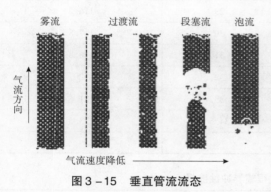

图 3-15　垂直管流流态

①雾状流气体流速高，能量大，是最佳的带水状态。

②环雾流(过渡流)气水分布在油管壁呈水环，天然气在油管中心流动，在气液两相剪切力的作用下，水环上升，能够将进入井内的水全部带出而不产生滑脱，气井压力和产能稳定。

③段塞流气水两相上升过程中，气水均呈柱状，气柱推动水柱上升，水在管壁出现滑脱，流压梯度自上而下增大，不能完全带水，井底形成积液，气井产能大幅度下降，并有水淹的可能。

④泡流中天然气以气泡形式穿过液柱上升，完全丧失带水能力，积液逐渐增多而水淹导致停产。

在一定的温度、压力和天然气组成条件下，在气流向井口流动过程中，压力和温度下降，水蒸气不断凝析成水滴，所含的水蒸气中有的水分在井筒中凝析为液态水。该阶段井筒内的主要流型为环雾流。由此可见，多数气井在正常生产时的流态为环雾流，液体以液滴的形式由气体携带到地面，气体呈连续相而液体呈非连续相。当气相流速太低，不能提供足够的能量使井筒中的液体连续流出井口时，液体将与气流呈反方向流动并积存在井底，气井中将存在积液。

对于积液来源于凝析水的气井，在积液过程中，由于天然气通常在井筒上部达到露点，液体开始滞留在井筒上部，当气井流量降低到不能再将液体滞留在井筒上部时，液体泡沫随之崩溃，落入井底，井筒下部压力梯度急剧增高。井筒积液将增加对气层的回压，限制井的生产能力，井筒积液量太大，可使气井完全停喷。

2. 气井积液的危害

天然气从溶解气驱油藏产出，将使产出液举升至地面的能量降低。这个举升能量最后会变得非常低，以致使气体流速降低，导致产出的液体不再能被携至地面而在井内形成积液。这些积液会对气藏形成附加的静水压头回压，造成可输送能量不断减少。如果这种情况持续发生，井筒内的积液会越来越多，当足以与气藏的压能完全平衡时，就会造成生产井憋死。气井积液有许多危害：

①气藏产水后，由于地层水沿裂缝（高渗透）窜入，分割气藏，形成死气驱，使最终采收率降低。

②气井产水后，降低了气相的渗透率，在渗流过程中压力损失增大，气井产量迅速下降，提前进入递减期。

③井下液体在流动的过程中，会吸附所到之处的细微沙粒，使其呈悬浮液状态存在井底。由于液体的携带能力比气体大很多，从而造成气井出沙。

④气井产水易形成水合物，水合物在油管中生成时，会降低井口压力，影响产量，并妨碍测井仪器的下入；水合物在井口节流阀或地面管线中生成时，会使下游压力降低，严重时堵死管线，造成供气中断或引起工艺设备超压运行或爆炸。

（二）气井携液模型

目前常用的临界携液模型有 Turner 模型、Coleman 模型、李闽模型和王毅忠模型。

在 1969 年，Turner 对液滴和液膜物理模型进行了理论计算及矿场试验比较，认为雾状液滴在携液过程中起主要作用，利用液滴模型可以较准确地预测气井生产积液的形成。此后，许多作者提出了自己的携液模型观点，其中包括 Coleman、李闽和王毅忠等。

1. Turner 模型

根据液滴模型假设，排除气井积液所需的最低条件是气流中的最大液滴能连续向上运动。因此，根据最大液滴的受力分析可以确定气井的携液临界速度。设两相流动的垂直气井井筒内的流形为环雾流（或雾状流），其分散相为液相，连续相为气相。除少部分液相附着在井筒内壁在高速气流带动下上升外，大多数液相以微球形小液滴形式分散井筒中轴附近区域。气流中的液滴受到自身重力，气流拖曳力及气体浮力作用，如图 3 – 16 所示。

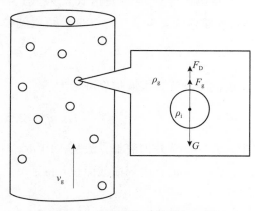

图 3 – 16 球形液滴受力情况示意图

设该液滴即为井筒中某时刻的最大液滴，全井携液流速应该在液滴受力平衡时取得，即气体对液滴的拖曳力等于液滴的沉降重力（重力与浮力的合力）。

设气体对液滴的拖曳力 F_D 为

$$F_D = \frac{\pi}{4} d^2 C_d \frac{u_{cr}^2}{2} \rho_g \qquad (3-35)$$

液滴的沉降重力 G_a 为

$$G_a = \frac{\pi}{6} d^3 (\rho_l - \rho_g) g \qquad (3-36)$$

式中　u_{cr}——气井临界携液速度，m/s；

　　　　d——最大液滴直径，m；

　　　C_d——曳力系数，0.44；

　　　ρ_1——液体的密度，kg/m³；

　　　ρ_g——气体的密度，kg/m³。

根据气体对液滴的拖曳力 F_D 与液滴沉降重力平衡，联立式(3-35)、式(3-36)可得到气井携液临界流速为：

$$u_{cr} = \left[\frac{4gd(\rho_1 - \rho_g)}{3C_d\rho_g}\right]^{0.5} \qquad (3-37)$$

由式(3-37)表明，液滴直径越大，所需向上运动的曳力越大，临界流速自然越高。若已知液滴最大直径 d，即可算出该临界值。由于控制液滴大小的力主要是气流产生的惯性力与液滴的表面张力，惯性力试图使液滴破碎，而表面张力则使其聚集成表面积最小的球形。1955年Hinze通过研究包含这两个力的无因次数(即韦伯数)N_{we}，给出了理想球形液滴在空气条件下的破裂临界值。当临界值在20~30的范围内，液滴保持球形，超过对应的临界值，液滴将会破碎，变得不稳定。最大液滴直径由式(3-38)确定。

$$N_{we} = \frac{u_{cr}^2 \rho_g d}{\sigma} = 30(\text{取最大值}) \qquad (3-38)$$

式中　σ——气水界面张力，N/m。

将从该式得到 d 的表达式代入式(3-37)，取曳力系数 $C_d = 0.44$，为安全计算，Turner等建议取安全系数为20%，可得到临界流速表达式为

$$u_{cr} = 6.6\left[\frac{\sigma(\rho_1 - \rho_g)}{\rho_g^2}\right]^{0.25} \qquad (3-39)$$

由此得到气井携液临界流量为

$$q_{cr} = 2.5 \times 10^4 \times \frac{Apu_{cr}}{ZT} \qquad (3-40)$$

式中　q_{cr}——气井携液临界流量，10^4m³/d；

　　　A——油管内部横截面积，m²；

　　　p——压力，MPa；

　　　T——温度，K；

　　　Z——气体偏差系数。

2. Coleman 模型

Coleman 等对 Turner 公式的适用范围产生了疑问，认为 Turner 给出的、与模型对比井的井口压力都高于500psi(大约3.45MPa)，因此他们探讨了受积液影响导致的气藏压力较低的、并且井口压力低于500psi 的气井是否适合于 Turner 模型。

Coleman 收集和分析了两组现场原始数据，对井口压力低于500psi 的气井产生积液的结论进行对比。得到在低压气井(井口流压低于3.45MPa 的井)液滴模型计算的结果无须向上调整20%，即

临界流速表达式为

$$u_{cr} = 5.5 \left[\frac{\sigma(\rho_1 - \rho_g)}{\rho_g^2} \right]^{0.25} \tag{3-41}$$

气井携液临界流量为

$$q_{cr} = 2.5 \times 10^4 \times \frac{Apu_{cr}}{ZT} \tag{3-42}$$

3. 李闽模型

西南石油大学李闽等在研究最小携液产气量时发现：许多气井产量大大低于 Turner 模型计算出的最小携液产量时，气井并未发生积液仍能正常生产。通过研究认为：液滴在高速气流中运动时，液滴前后存在一压差，在这一压差作用下，液滴会从圆球体变成一椭球体，如图 3-17 所示。

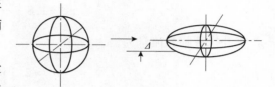

图 3-17　圆球与扁平液滴示意图

假设液滴在气流中以速度 u 运动，它受到前后压力不同，存在一个压差 Δp，根据伯努利方程、平衡条件和椭球的体积，经过推导得到椭球形液滴底面积为

$$s = \frac{\rho_g u^2 V}{2\sigma} \tag{3-43}$$

处于平衡状态下的液滴，其重力等于浮力加曳力时，根据受力平衡得

$$(\rho_L - \rho_g)gV = \frac{1}{2}\rho_g u^2 s \, C_D \tag{3-44}$$

根据式(3-43)、式(3-44)，解出 u

$$u = \sqrt[4]{\frac{4(\rho_L - \rho_g)g\sigma}{\rho_g^2 C_D}} \tag{3-45}$$

由于液滴为椭球形，其有效迎流面积接近 100%，所以 $C_D \approx 1.0$，代入式(3-45)得临界流速表达式

$$u_{cr} = 2.5 \left[\frac{\sigma(\rho_1 - \rho_g)}{\rho_g^2} \right]^{0.25} \tag{3-46}$$

气井携液临界流量为

$$q_{cr} = 2.5 \times 10^4 \frac{PAV_g}{TZ} \tag{3-47}$$

4. 王毅忠模型

运动中的液滴可具有不同的形状，格雷斯等归纳了大量实验结果发现气井携液过程中的液滴基本呈球帽形。王毅忠等据此建立推导了球帽形液滴的气井最小携液临界流量公式。

假设液滴在气流中以速度 u 运动，它受到前后压力不同，存在一个压差 Δp，根据伯努利方程、平衡条件和球帽形的体积，经过推导得球帽形液滴底面积为

$$s = \frac{3\rho_g u^2 V}{2\sigma} \qquad (3-48)$$

处于平衡状态下的液滴，其重力等于浮力加曳力时，根据受力平衡得

$$(\rho_L - \rho_g)gV = \frac{1}{2}\rho_g u^2 s\, C_D \qquad (3-49)$$

根据式（3-48）、式（3-49）解出 u

$$u = \sqrt[4]{\frac{4(\rho_L - \rho_g)g\sigma}{3\rho_g^2 C_D}} \qquad (3-50)$$

由于液滴为球帽形，$C_D = 1.17$，代入式（3-50）得临界流速表达式为

$$u_{cr} = 1.8\left[\frac{\sigma(\rho_l - \rho_g)}{\rho_g^2}\right]^{0.25} \qquad (3-51)$$

气井携液临界流量为

$$q_{cr} = 2.5 \times 10^4 \frac{PAV_g}{TZ} \qquad (3-52)$$

其中，Turner 模型适用于气液比非常高（$GLR > 1367\mathrm{m}^3/\mathrm{m}^3$），流态属雾状流的气液井。考虑文23储气库强注强采、注采气量大的特点，选用 Turner 模型计算不同油管的临界携液流量。

（三）临界携液流量计算

根据文23气藏基础数据和储气库设计指标，计算 $\Phi88.9\mathrm{mm}$（内径 $\Phi76\mathrm{mm}$）完井油管在不同井口压力下的临界携液气量，见表3-15。从计算数据看，在最低井口压力为9MPa时，油管临界携液流量为 $7.8 \times 10^4 \mathrm{m}^3/\mathrm{d}$。若气藏方案最低配产气量大于临界携液流量则能够连续携液生产。

表3-15　不同井口压力下的气井临界携液流量

井口压力/MPa	临界流量/（$10^4\mathrm{m}^3/\mathrm{d}$）
3	4.6
6	6.4
9	7.8
12	9.0
15	10.0
18	10.9
21	11.7
24	12.4
27	12.6

三、水合物生成分析

天然气水合物是采气过程中经常遇到的一个重要问题。水合物在油管中生成后会降低

井口压力，妨碍井下工具的起下，严重时会堵塞油管，影响气井正常生产。因此需要采取一定的水合物防治措施，目前主要有 2 种：一是调整生产参数；二是采用加热或注抑制剂（甲醇、乙二醇、二甘醇）的措施防治水合物的生成。

（一）水合物形成条件

天然气水合物的形成，必须具备以下几个条件：①液态水的存在；②低温；③高压。除以上几个条件外，H_2S、CO_2 的存在能加快水合物的生成。

不同密度的天然气，在不同压力下都有一个对应的水合物生成温度。对同一密度的天然气，压力升高，生成水合物的温度升高；压力相同时，天然气密度越大，生成水合物的温度也就越高；温度相同时，天然气相对密度越大，生成水合物的压力就越低。当气体温度升高到一定温度时，无论加多大压力也不会生成水合物，这一温度即气体水合物的临界温度。各种气体水合物的临界温度见表 3 – 16。

表 3 – 16　气体水合物的临界温度

气体名称	甲烷	乙烷	丙烷	异丁烷	正丁烷	二氧化碳	硫化氢
临界温度/℃	21.5	14.5	5.5	2.5	1.0	10.0	29.0

文 23 储气库注入气为干气，不含水，因此在注入过程中不会生成水合物；文 23 气田老井在生产过程中，气井普遍出水，含水量 $0.3m^3/10^4m^3$，既有凝析水也有地层水；由此判断在储气库第一个采出期的后期，可能会有少量水产出，具备水合物的生成条件。

（二）水合物形成预测

根据文 23 储气库的注采过程变化，分析可能出现水合物的极限条件——压力最高、产量最低、温度最低，预测含水 $0.3m^3/10^4m^3$、30 年一遇的极限气温 –21℃ 及常温 15℃ 条件下，不同生产参数下是否有水合物生成以及水合物生成的临界条件。

目前预测水合物形成的方法主要有：低含硫气近似法、Katz 等方法、高压天然气 Trekell – Campbell 法和状态方程方法等。已知天然气组成，求压力为 p 条件下水合物生成温度 T，可采用水合物生成条件的统计热力学方法求解。

1. 平均环境温度 15℃

根据基础数据，在常温 15℃、含水量为 0.003% 的条件下，利用 PIPESIM 软件计算高部位采用外径 $\Phi88.9mm$ 油管时不同产气量和不同地层压力条件下的井筒内温度分布，并预测井筒内水合物形成情况。从模拟结果看，正常配产时，高部位、中部位在井口及附近井筒段的最低温度均高于对应压力下的水合物生成的临界温度，不会产生水合物，如图 3 –18、图 3 –19 所示。

2. 极限环境温度 –21℃

在极限温度 –21℃ 条件下预测井筒内水合物的形成情况。从模拟结果看，正常配产时，高部位、中部位在井口及附近井筒段的最低温度均高于对应压力下的水合物生成的临界温度，不会产生水合物，如图 3 –20、图 3 –21 所示。

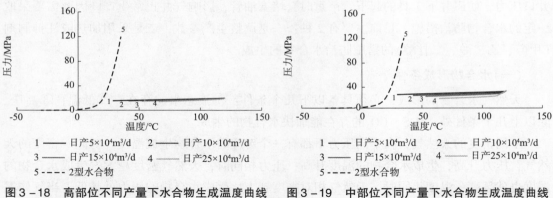

图3-18 高部位不同产量下水合物生成温度曲线　图3-19 中部位不同产量下水合物生成温度曲线

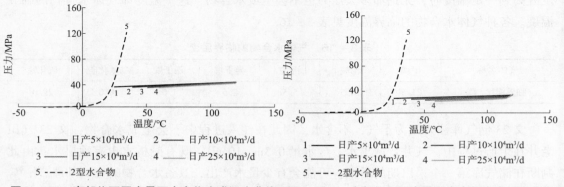

图3-20 高部位不同产量下水合物生成温度曲线　图3-21 中部位不同产量下水合物生成温度曲线

第四节　合理注采流量计算

确定单井合理注气流量时，主要考虑气体的冲蚀流量、单井最大注气能力，根据前面的分析计算确定不同产区的最大注气流量范围，见表3-17。

表3-17　不同地层压力下最大注气能力（×10⁴m³/d）

井区 \ 地层压力/MPa	38.6	35	30	25	20
高部位	31.5	65.6	96.4	100.8	100.8
中部位	9.2	22.6	38.7	51.2	61.5

采气时综合考虑单井的最大采气能力、临界携液流量、临界冲蚀流量、水合物的生成临界流量，最终确定平均环境温度下不同产区的单井合理注采流量范围，见表3-18。

表3-18　不同地层压力下合理采气能力（×10⁴m³/d）

井区 \ 地层压力/MPa	38.6	35	30	25	20
高部位	7.8~90.3	7.8~85.5	7.8~78.8	7.8~68.9	7.8~58.3
中部位	7.8~55	7.8~51.1	7.8~39.7	7.8~26.4	7.8~15.1

通过节点分析计算，单井合理注气能力分别为 $100.8 \times 10^4 \mathrm{m}^3/\mathrm{d}$、$61.5 \times 10^4 \mathrm{m}^3/\mathrm{d}$；合理最大采气能力分别为 $90.3 \times 10^4 \mathrm{m}^3/\mathrm{d}$、$55 \times 10^4 \mathrm{m}^3/\mathrm{d}$。

第五节 储气库运行方案设计

一、气库运行指标

文 23 储气库一期动用高、中部位，库容体积 $84.31 \times 10^8 \mathrm{m}^3$，运行工作气量 $32.67 \times 10^8 \mathrm{m}^3$，其中调峰能力 $3000 \times 10^4 \mathrm{m}^3/\mathrm{d}$，设备最大采气处理能力 $3600 \times 10^4 \mathrm{m}^3/\mathrm{d}$，设备的最高注气量为 $1800 \times 10^4 \mathrm{m}^3/\mathrm{d}$，设计气库运行压力 $20.92 \sim 38.62\mathrm{MPa}$，即注气末期地层压力 $38.62\mathrm{MPa}$，采气末期地层压力 $20.92\mathrm{MPa}$。一期工程全部采用新钻井，老井尚未投入利用：新钻井 66 口，完成钻井后对新井质量进行了工程评价，依据评价结果可用井 65 口（储 7 - 6 封井），高部位井 56 口，中部位井 9 口。

一期方案由于文 23 储气库将为多条长输管道用气，综合考虑北方冬季取暖用气和南方夏季发电用气，每个注气周期内注气期为 200d（4 月 16 日至 10 月 31 日），采气期为 150d（11 月 1 日至 3 月 31 日），停产检修期为 15d（4 月 1 日至 4 月 15 日）。

二、系统调峰能力评价

储气库在实际运行的生产系统涉及储层、井筒、地面处理设备，为了使各节点协调一致，高效实现注采目标，满足强注、强采的要求，在节点分析的基础上依据地质模型，按照注采流动走向，建立储层－井筒－井口一体化注采系统分析模型，动态模拟注采流动变化，通过优化衔接节点，实现上下游整体协调、同步分析计算。根据季节调峰及应急供气需求，纵向考虑储层－井筒－地面、横向考虑月配产（注）气量模拟气库注采环境，结合单井、场站、气库系统模拟，评价系统调峰能力和应急供气能力。图 3 – 22 为储气库运行模型。

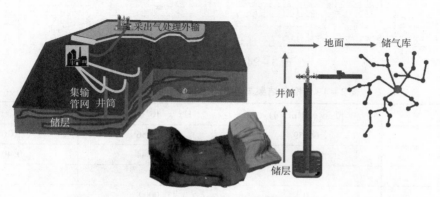

图 3 – 22 储气库运行模型

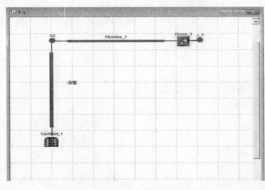

图3-23　单井注气模型

1. 注气一体化模型

考虑流体从井口-井筒-储层的流动，建立注气井单井模型（地面-井筒-储层）如图3-23所示。将单井模型连接至井台，建立8个井台模型；建立管网模型连接井台至注采站。

根据2019年实际注气资料，结合流压静压测试模拟计算单井井口流量及各处的压力温度等指标，拟合单井、井台、气库压力-注气量变化，并与实际值比较，校正系统模型。

根据现场实际注气情况，通过调整单井注气模型，提高了模型的符合率。以现场实际注气情况作为拟合对象，给定总注气量条件下一体化模型的模拟结果（图3-24）与实际注气情况的符合程度见表3-19，符合率达到了98%以上。

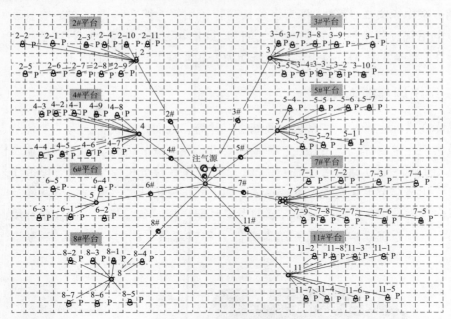

图3-24　一体化注气模型

表3-19　拟合结果与实际注气对比（2、3平台停注）

井号	拟合/($10^4 m^3/d$)	日产/($10^4 m^3/d$)	误差/%
4-1	66.59	66.5856	-0.01
4-2	18.51	18.5844	0.40
...	...	...	...
5-1	0	0.0000	
5-2	65.73	65.0433	-1.06

续表

井号	拟合/($10^4 m^3/d$)	日产/($10^4 m^3/d$)	误差/%
…	…	…	…
6 – 1	15. 65	15. 6377	– 0. 08
6 – 2	24. 17	24. 3385	0. 69
…	…	…	…
7 – 1	28. 14	28. 1141	– 0. 09
7 – 2	24. 1	24. 4587	1. 47
…	…	…	…
8 – 1	0	0. 0000	…
…	…	…	…
11 – 1	32. 24	32. 3745	0. 42
…	…	…	…

2. 采气一体化模型

采气一体化模型与注气模型类似，但流体流动方向相反。根据 2019 年 12 月的实际采气数据资料，结合流压静压测试模拟计算单井井口流量及压力温度等指标，拟合单井、井台、气库压力 – 采气量变化，并与实际值比较，校正系统模型符合率达到 98% 以上（图 3 – 25、图 3 – 26）。

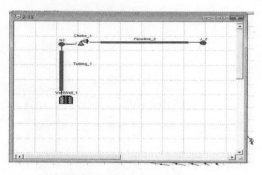

图 3 – 25　单井采气模型

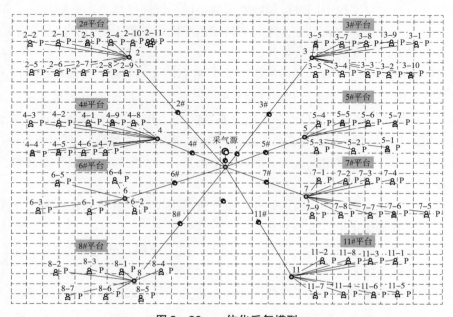

图 3 – 26　一体化采气模型

3. 调峰能力评价

利用校正模型开展储气库的最大应急供气能力模拟分析，为下步的单井注采气量优化及开关井方案编制提供依据。考虑储层、井筒、管网的最大采气能力，周期注采过程中地层压力变化对注采能力的影响，模拟评价了不同注采阶段气库的调峰能力。

储气库正常运行后，在每个采气期末地层压力为 20.92MPa。根据模拟，在地层压力为 20.92MPa、压缩机出口压力 34.5MPa 的条件下，最大注气能力达到 $4020 \times 10^4 m^3/d$；在地层压力 35MPa 下，最大采气能力达到 $4400 \times 10^4 m^3/d$。与设计指标对比，注采能力能够满足调峰要求（图 3 – 27）。

气库运行时应考虑应急供气需求。利用模型模拟评价了不同地层压力下的气库应急能力，在地层压力 27MPa 下，应急能力可达到 $3517 \times 10^4 m^3/d$，在地层压力 35MPa 下，应急能力可达到 $5526 \times 10^4 m^3/d$（图 3 – 28）。

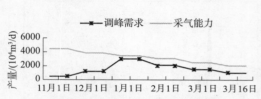

图 3 – 27　不同阶段注采能力与指标对比

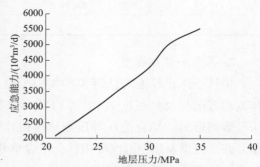

图 3 – 28　不同阶段应急能力与指标对比

三、运行方案优化

气库的运行方案以实现不同时段调峰要求为目标，将注气压力、外输压力、单井临界携液气量、冲蚀流量作为约束条件，建立多目标调配优化模型，通过井口和注采站二级节流控制，实现单井、气库运行参数最优。

文 23 区块存在水体，根据地质模拟结论及文 96 运行实践经验，气库投产后边水运移受气库运行变化影响较大，有必要通过注气期高部位气井注气，均衡驱替边水运移。储气库一期工程在高、中部位均部署有井位，注采能力差异较大；同时根据新井质量评价结果，部分新井存在一定的井况问题。因此有必要实施差别配产，保障气库的长期高效运行。

从提高储气库运行效率出发，综合考虑以上因素，在制定储气库运行方案时，确定了开井优化原则：

①井况良好的井优先开井。根据钻井质量评价结果及投产后油压数据统计，目前有 15 口问题新井，在方案优化中尽量不开井。

②高部位强注，低部位缓注。根据地质部署，位于中部位的新井有 11 口井，方案优化中优先考虑中部位注采井。

③合理控制生产压差，优化气库注采运行方案及开井方式，控制边水舌进。

方案优化井统计见表 3 – 20。

表 3 - 20　方案优化井统计

井号	优化关井原因
储 8 - 1 等 10 口井	环空带压
储 5 - 1、储 4 - 4	套管漏失
储 7 - 6	新井封井
储 11 - 7 等 11 口井	中部位

(一)注气开井方案设计

在气井全开情况下，模拟气库的最大注气能力（表 3 - 21）；根据储气库 $1800 \times 10^4 m^3/d$ 的注气量要求，模拟地层压力 20.92MPa、30MPa、35MPa 下的注气能力，调配注气井数、单井注气参数，优化开关井方案。

表 3 - 21　最大注气能力预测

地层压力/MPa	最大注气能力/($10^4 m^3/d$)	开井数/口	注气压力/MPa
20.92	4020		
30	3680	65	34.5
35	2450		

目前有 13 口井存在井况问题，在整个注气阶段，利用井况良好的 53 口井就能够满足 $1800 \times 10^4 m^3/d$ 的注气要求。

地层压力 20.92MPa 时，开井 53 口，压缩机 23.2MPa，可满足注气指标，见表 3 - 22。

表 3 - 22　地层压力 20.92MPa 下注气调峰方案

井号	开关状态	配注/($10^4 m^3/d$)	井号	开关状态	配注/($10^4 m^3/d$)
储 2 - 1		39.97	储 5 - 4		14.47
储 2 - 3	关井	/	储 5 - 6		24.4
储 2 - 4		57.28	储 5 - 7	关井	/
…	…	…	…	…	…
储 5 - 2		50.48	储 11 - 7		22.45
储 5 - 3		38.73	储 11 - 8		28.28

地层压力 30MPa 下，开井 53 口，压缩机 29.5MPa，可满足注气指标，见表 3 - 23。

表 3 - 23　地层压力 30MPa 下注气调峰方案

井号	开关状态	配注/($10^4 m^3/d$)	井号	开关状态	配注/($10^4 m^3/d$)
储 2 - 1		40.06	储 5 - 4		14.74
储 2 - 3	关井	/	储 5 - 6		24.74
储 2 - 4		56.29	储 5 - 7	关井	/
…	…	…	…	…	…
储 5 - 2		50.53	储 11 - 7		22.9
储 5 - 3		38.8	储 11 - 8		28.69

地层压力35MPa时，开井53口，压缩机33.4MPa，可满足注气指标，见表3-24。

表3-24 地层压力35MPa下注气调峰方案

井号	开关状态	配注/($10^4m^3/d$)	井号	开关状态	配注/($10^4m^3/d$)
储2-1		40.13	储5-4		14.94
储2-3	关井	/	储5-6		24.91
储2-4		56.53	储5-7	关井	/
…	…	…	…	…	…
储5-2		50.13	储11-7		22.95
储5-3		38.92	储11-8		28.86

（二）采气开井方案设计

在气井全开情况下，模拟气库的最大采气能力，根据储气库运行指标$3000 \times 10^4m^3/d$调峰要求、$3500 \times 10^4m^3/d$的应急调峰要求，调配采气井数、单井采气参数，优化不同阶段开关井方案。

如果现有问题井能够全部修复投入使用，在地层压力28MPa、气井全开的情况下，可以满足一期最大调峰$3000 \times 10^4m^3/d$的要求。如果无法全部修复，需要保持地层压力30MPa、开井57口，才能满足$3000 \times 10^4m^3/d$的要求。见表3-25。

表3-25 不同阶段最大采气能力预测

地层压力/MPa	最大采气能力/($10^4m^3/d$)	开井数/口
20.92	2026	
30	3495	65
35	4468	

地层压力20.92MPa、开井65口，采气能力达到$2026 \times 10^4m^3/d$，见表3-26。

表3-26 地层压力20.92MPa下的采气调峰方案

井号	配产/($10^4m^3/d$)	井号	配产/($10^4m^3/d$)
储2-1	32.7	储5-4	11.79
储2-3	48.22	储5-6	20.21
储2-4	48.57	储5-7	50.67
…	…	…	…
储5-2	43.57	储11-7	18.74
储5-3	32.8	储11-8	23.95

地层压力30MPa、开井57口，采气能力达到$3000 \times 10^4m^3/d$，见表3-27。

第三章　注采能力模拟与优化

表3-27　地层压力30MPa下的采气调峰方案

井号	配产/$(10^4 m^3/d)$	井号	配产/$(10^4 m^3/d)$
储2-1	69.23	储5-4	32.51
储2-3	/	储5-6	52.99
储2-4	72.37	储5-7	/
…	…	…	…
储5-2	68.94	储11-7	48.68
储5-3	69.56	储11-8	60.15

地层压力35MPa、开井56口，采气能力达到$3000 \times 10^4 m^3/d$，见表3-28。

表3-28　地层压力35MPa下的采气调峰方案

井号	配产/$(10^4 m^3/d)$	井号	配产/$(10^4 m^3/d)$
储2-1	69.1	储5-4	32.26
储2-3	/	储5-6	52.05
储2-4	72.86	储5-7	/
…	…	…	…
储5-2	69.93	储11-7	48.36
储5-3	68.86	储11-8	59.11

（三）应急调峰方案设计

应急调峰时，考虑合理采气流量范围，在地层压力30MPa下，储气库采气能力要求达到$3500 \times 10^4 m^3/d$。开展模拟分析，开井65口即可满足要求，见表3-29。不考虑油管冲蚀，在地层压力28MPa、开井65口即可满足要求。

表3-29　地层压力30MPa下应急方案-$3600 \times 10^4 m^3/d$

井号	配产/$(10^4 m^3/d)$	井号	配产/$(10^4 m^3/d)$
储2-1	69.60	储5-4	29.55
储2-3	68.06	储5-6	48.29
储2-4	27.92	储5-7	77.00
…	…	…	…
储5-2	76.20	储11-7	45.14
储5-3	72.48	储11-8	55.93

第四章　注采配套工艺

针对文 23 储气库投产完井过程中的油管保护、完井管柱气密封保障等问题，重点介绍合金油管微压痕上扣技术、油管气密封检测技术。同时，对于部分井回接筒回接不到位、完井管柱挂卡无法顺利下井的情况，针对性地设计了防磨扶正器、大通井导锥等系列配套工具、技术。此外，为保证文 23 储气库完井施工质量，制定了严密的完井技术要求及程序，建立了质量控制流程单管理制度。

第一节　微牙痕上扣技术

文 23 储气库选用的是 13Cr - 110S 油管，BGT2 气密封扣型，由于 13Cr 材质比普通 N80 材质油管要软，气密扣标准拧紧扭矩要求比普通扣标准拧紧扭矩要大，使用普通液压钳上扣将在 13Cr 材质油管上留下较深的牙痕，在牙痕损伤处会产生应力集中，特别是上部油管，一直承受巨大的拉力，在储气库投产运行后，在注气、采气、停产的不同时间段，温度效应、压力效应产生拉力波动，加上伤痕处成为腐蚀的薄弱点，将大大减少完井管柱的使用寿命。为减少牙痕对完井管柱寿命的影响，文 23 储气库完井过程中下入油管采用了微压痕上扣技术。

微压痕钳牙与油管接触面积大，牙痕轻微，该技术的应用可使管体损伤降低到最小限度，牙痕深度小于 0.08mm，夹持上扣后的油管几乎看不到牙痕，并且微压痕上扣操作系统配备有配套的扭矩监控系统，能准确设定上扣扭矩的合格区间，到达预定扭矩区间下限会减速，到达最佳扭矩自动停止，并自动记录上扣扭矩和圈数，保证了 BGT2 气密封扣能在标准拧紧扭矩范围内连接。

使用微压痕上扣技术，既保证了 BGT2 气密封扣的连接扭矩符合标准，又大大降低了液压钳牙痕对油管的影响，保证了完井管柱的使用寿命。

第二节　油管气密封检测技术

从油气田采气井、储气库生产井井筒密封现场情况来看，油管、套管环空带压现象一直存在，约占全部气井的 40%。环空带压导致套管接触的 CO_2、H_2、SO_2 等致害气体分压增加，影响钢材性能，使钢材腐蚀加速、出现氢脆等现象，严重缩短气井套管、完井管柱的使用寿命，并给现场安全生产带来一定隐患。所以，在完井施工中尽量保证完井管柱气密封，并减少环空带压状况出现，是文23储气库完井施工中的重要关注点。根据现在油气田采气井、储气库生产井环空带压原因统计分析结果表明，油管连接气密封扣渗漏是导致环空带压的最重要因素，占环空带压井的多数。为尽量减少丝扣渗漏现象出现，文23储气库完井施工下管柱过程，采用了油管扣气密封检测技术。

使用油管扣气密封检测技术，有利于检测微压痕上扣系统扭矩的准确性，若检测过程连续几根油管丝扣发现渗漏，则有可能是上扣扭矩设定出现了问题，或者微压痕上扣系统设备出现了问题，及时发现微压痕上扣系统存在的问题，及时停工组织检修或更换上扣设备，及时止损。

1. 文23储气库使用的油管扣气密封检测技术原理

油管扣气密封检测是在油管下入过程中，对井台上刚连接好的丝扣进行逐个检测，检测设备由动力设备、氦气质谱仪、氮气氦气瓶组、液压绞车、控制台、卡封工具、检测集气套总成、钢丝、高压管线等组成。利用卡封工具密封丝扣接箍上下，在丝扣接箍内充高压氮气氦气混合气，集气套收集丝扣外渗漏气体，利用氦气质谱仪对氦气的灵敏探查，发现丝扣渗漏，测试原理如图4-1所示。

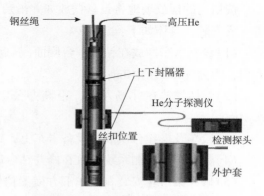

图4-1 油管扣气密封检测原理图

现场施工中，有自成一体的动力、控制系统，不占用井下作业施工设备，对井下作业施工程序基本不产生影响，施工示意图如图4-2所示。

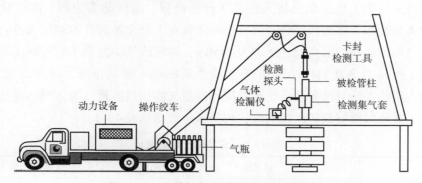

图4-2 油管扣气密封检测施工示意图

2. 检测基本数据

文23储气库检测对象为 $\Phi88.9mm \times 6.45mm$、13Cr-110S油管BGT2扣，使用符合《套管和油管螺纹连接气密封井口检测系统》(SY/T 6872—2012)标准规定的检测装备，按照储气库设计最高注气压力35MPa测算，按行业内检测螺纹气密封要求取上限，确定各类入井管柱的检测压力，具体检测参数见表4-1。

表4-1　管柱基本检测数据表

序号	名称	螺纹类型	钢级	外径×壁厚/mm×mm	检测压力
1	油管	BGT2	BG13Cr-110s	88.9×6.45	55
2	双公短节	BGT2	BG13Cr-110s	88.9×6.45	55
3	油管挂	BGT2	/	/	35

3. 作业现场施工准备

气密封检测队搬迁检测设备到位后，检测人员向甲方现场监督报到，与修井队负责人沟通，共同划定气密封检测设备摆放场地。

按划定的摆放场地将设备摆放如并吊装到位，按照施工设计及设备安装流程要求对设备完成安装，具体如下：

(1)设备卡车摆放在钻井平台侧面(靠近压井管汇)宽敞平整的地面上，车头朝向井场大门，距离井口大约10m；

(2)气瓶摆放在井场左侧，距离办公、居住区域60m，距离井口20m，距离设备卡车10m；

(3)绞车及操作台摆放在设备卡车上，距离井口5m；

(4)数据采集监测系统摆放在修井钻台简易房内；

(5)修井架滑轮安装在天车下方横梁位置，距离检测管上端口约30m，与井口的偏心距约0.7m，绕过滑轮的钢丝绳距离其他垂吊绳索约0.3；

(6)在地面设备区域和气瓶区域分别用安全警戒线进行隔离，划分危险区域，做好属地管理，警戒线距离设备边缘0.7m，并在设备入口处设置醒目的目视化风险提示牌。

设备安装完毕后，检测队负责人按低压控制流程、液压动力流程、高压检测流程巡查，确认设备安装和管线连接正确。然后检测队负责人对设备的各类调压阀进行调定：调定储能器上气源调压阀的最高允许压力为14MPa；调定液气动力系统储气罐调压阀，使低压控制气路工作压力为0.7MPa；调定液气动力系统增压泵调压阀，调定值为56.9MPa。检测队负责人组织人员对设备及系统流程按照检测气体加载流程、流体增压流程、检测工具进行试压，试压时做好高压区域隔离，现场试压数据见表4-2。

表4-2　现场试压数据表

流程	试低压			试高压		
	压力/MPa	稳压时间/s	压降/MPa	压力/MPa	稳压时间/s	压降/MPa
检测气体加载流程	2	300	0	12	300	0
流体增压流程	2	25	0	56.9	25	0.5
检测工具试压	13.9	25	0	56.5	25	0.2

4. 现场检测施工

现场监督召集与会单位召开施工技术交底会，会上气密封检测队负责人向与会单位核实检测管柱型号、规格、数量，通报施工设计中施工程序和要求，检测作业中高压施工的安全要求、风险识别及防范措施，作业中各方的工作职责，并和井队签订《文23储气库油管气密封检测配合作业相关方安全告知书》，明确相互责任，各施工方保留一份。

气密封检测操作步骤如下：

①启动检测设备。分别启动数据采集监测系统、液气动力系统，30min后，把检测吸枪插入标准泄漏气瓶口，对仪器进行校准，设定氮气检漏仪氮气泄漏判定值为2.0×10^{-7} bar·mL/s。打开氮气和氢气瓶及混气装置。

②投入检测工具。将待测油管放置坡道上，检测人员在油管接箍上连接好检测护丝，然后将检测工具送入待检测油管内。

③安装集气管。油管接箍螺纹连接完成后，将吸枪插入集气套检测口，集气套围扣在油管接箍上，固定牢靠。

④加载检测气体。加载前确认各阀处于初始状态，即排气阀打开，其余各阀关闭。打开气源阀对储能器加载检测气体，加压到4～5MPa时，关闭气源控制阀。

⑤检测工具定位、坐封。操作绞车换向阀，调整滚筒钢丝绳到标记点，对储能器增压，打开控制阀，检测工具坐封。

⑥稳压检测。对检测工具继续加压，使检测压力值应大于设计检测压力，小于等于检测压力调压阀调定值，然后稳压20s，稳压时间内，检测压力值不低于设计检测压力。监测系统增压过程，数据采集监测系统自动进入到数据存储、检测状态。

⑦螺纹连接密封性能判定。在稳压时间内、设计检测压力下，数据采集监测系统自动判定螺纹连接的密封性能。螺纹连接泄漏值≤2.0×10^{-7}bar·mL/s时，螺纹连接密封合格；螺纹连接泄漏值>2.0×10^{-7}bar·mL/s时，螺纹连接密封不合格，数据采集监测系统自动报警，同时记录人员将检测到的最大泄漏值准确录入《气密封检测现场录取数据表》，施工结束形成单独的螺纹密封性检测报告。

⑧提出检测工具。操作控制阀，完全泄掉系统压力。确认检测工具解封后，取出集气套，从油管中起出检测工具。密封性能不合格的连接螺纹油管由厂家全部更换。

第三节　完井管柱顺利下入技术

文23储气库完井管柱中，使用的是贝壳休斯SAB-3型永久式封隔器，下入过程中一旦发生中途遇阻、挂卡等现象，易坐封，坐封后则只能进行大修套磨打捞，产生较大的大修和工具费用，严重影响整个文23储气库建设工期，所以为保证完井管柱的顺利下入，又不影响投产后的生产和测试，为完井管柱设计了配套系列附件工具。

一、专用通井规

文23储气库完井工具最大尺寸处为封隔器总成部位，贝壳休斯公司的SAB-3型永久式封隔器总成由锚定密封、SAB-3封隔器、磨铣延伸筒和变扣组成，最大外径Φ144.4mm，总长度3.64m。为保证顺利下入，通井规总长最少应稍长于封隔器总成

3.64m，《井下作业安全技术规程》规定，为避免大直径通井规在通井过程中发生卡紧事故，通井规最大外径与套管内径应最少相差6~8mm。文23储气库使用生产套管规格为 Φ177.8mm×10.36mm，内径 Φ157.08mm，通井规最大外径不应超过 Φ151mm，因此文23储气库完井施工通井规设计为直径 Φ148mm，长4m。

在施工的66口井中全部使用 Φ148mm×4m通井规，使用过程中发现问题井8口11井次，所有问题都出现在固井回接筒部位。由于上部生产套管回接固井时，在回接筒处存在盲板，回接固井完成后，使用 Φ152mm三牙轮钻头钻除、清扫盲板，该处容易出现盲板残余台阶或套管回接回插不到位的空腔台阶，是完井管柱下入中永久式封隔器中途坐封的最危险因素。由于该通井规在井筒准备阶段及时发现了问题，经过处理后大部分井采取措施后再次通井顺利通过。例如，文23储8-1井，为通井过程中发现的第一口通井挂卡井，挂卡位置使用 Φ153mm铣锥磨铣后，再次通井顺利通过，保证了完井管柱顺利下入，部分井使用 Φ153mm铣锥磨铣后通井仍存在挂卡现象，通过设计增加管柱附件保证完井管柱顺利下入。

二、减磨防卡装置

为保证文23储气库完井施工管柱下入安全，设计了减磨防卡装置，该装置套装于封隔器总成下第一根油管管壁上。减磨防卡装置采用尼龙基底的碳纤维硫化钼复合材料，高温模压成型后，再经过长时间的沸水蒸煮，使材料分子间充分"联网"形成连续网格，成品具有强度高抗打击能力强、不易碎裂的特性。验收时使用榔头用力敲击不产生碎裂和变形，安装在最大直径的完井工具封隔器总成下端进行扶正。完井管柱下入过程中一旦遇阻，首先接触阻挡台阶的是减磨防卡装置，阻挡作用力通过减磨防卡装置传导至油管接箍，再通过封隔器中心管传导至上部油管，不会对封隔器卡瓦、坐封液缸等活动部件造成直接影响，从而避免管柱遇阻导致封隔器中途坐封的现象发生。在完井施工过程中发现2口井的完井管柱在套管回接筒处遇阻、管柱加压无法下入，起出后发现，减磨防卡装置上有划痕，若此遇阻力发生在封隔器卡瓦或活塞缸处则很可能发生中途坐封。

三、其他配套工具

文23储气库完井施工过程中，发现某些井在通井作业时，套管回接筒位置有挂卡显示，经 Φ153mm铣锥磨铣修复后挂卡显示仍然存在，为此，设计了"油管接箍倒角装置"和"全通井导锥"，保证了文23储气库完井施工顺利完成。

文23储气库通井过程中在套管回接筒部位发现问题井8口，主要挂卡油管接箍，个别井挂卡负荷高达240kN。分析其原因认为，存在使用 Φ152mm三牙轮钻头钻除、清扫盲板残余台阶，或套管回接回插不到位的空腔台阶，其中有2口井使用 Φ153mm铣锥磨铣修复后仍然存在挂卡现象导致完井管柱无法下入，例如储6-4井，经四十臂井径测井，回接筒内回接不到位存在的最大直径 Φ200mm空腔有1.6m的距离，导致完井管柱无法通过，针对此状况及时设计了全通径导锥，设计时导锥考虑既要能引导完井管柱安全下入，又不能影响生产和测试通道，导锥外径设计为 $\Phi148mm$，长为 2m，内径保持油管内径 $\Phi76mm$，为避免油管接箍通过时发生严重挂卡导致完井管柱不能下入，又设计了油管接箍倒角装置，内径设计为油管外径 $\Phi89.1mm$ 间隙配合，外径等于油管接箍外径 $\Phi108mm$，下入套管回接筒以下位置的油管，安装于接箍两端使用稳钉固定，使油管接箍经过台阶时有大的倒角能相对平缓通过，不发生大的挂卡，保证了 2 口经井筒修复后仍严重挂卡的井完井施工顺利完成。

四、注采完井配套工艺技术要求

为了保证文 23 储气库完井施工质量，对各环节都进行了技术要求，形成了严密的技术要求程序，并建立了质量控制流程单管理制度。

1. 施工前技术要求

（1）所有参加文 23 储气库投产作业的施工人员、技术服务人员、现场指挥必须经过井控培训并取证。

（2）召开施工作业技术交底会，所有现场指挥人员和施工人员参加，介绍施工步骤、安全注意事项和应急处理程序，让每位施工人员做到心中有数。

（3）各岗位分工明确，施工中要有专人指挥，各岗位紧密配合，确保施工顺利进行。

（4）对现场施工设备、井控设备、地面流程、安全控保、消防设施、施工用料、施工工具、备用配件等进行检查，对关键设备及设施，如井口、地面流程的闸阀，各控制系统的安全阀等进行一次功能试验。

（5）交叉作业期间，由现场指挥和甲方监督负责组织各施工单位协调工作，必须明确交叉作业期间有关安全要求和施工组织要求。

2. 井筒准备技术要求

（1）通井、刮削油管必须刺洗干净，丈量准确，无弯曲变形及破损，丝扣上满上紧，以防试压，憋不起压，杜绝不合格油管下井。

（2）在封隔器坐封位置上下 30m 和射孔段反复刮削 5 次以上。

（3）下油管时井口装自封，避免小件落物掉井。

（4）起下油管时，必须打好背管钳，以防油管卸扣落井。

（5）控制起下管速度，通井、刮削管柱限速起下，起下至回接筒时速度不超过 5m/min，记录管柱悬重。

（6）洗井施工前做好技术交底，使施工人员熟悉工艺流程，油壬等连接部件砸紧并有密封垫圈，循环管线不刺不漏。

（7）施工时先开出口闸门，再开进口闸门，以免憋泵。

（8）所有液体第一次使用前，需取样化验；循环结束前取样三次（每隔 2m³ 取样一次），样品化验性能备查。

3. 下完井管柱作业技术要求

（1）完井管柱按照供应商产品使用说明书及操作手册等执行。

（2）所有完井管柱下井前必须测量长度、外径等，并用厂家提供的通径规通过，检查清洗丝扣，做好所有测量、组装、扭矩资料记录并存档。

（3）完井油管下井前进行丝扣检查，使用密封脂和对扣器，上扣时，应保证大钳、背钳水平，不可歪斜，防止螺纹错扣、黏扣和扭矩异常。

（4）应使用无牙痕或微牙痕卡爪液压钳。卸下螺纹护丝时，注意不要伤害螺纹。当护丝过紧，不易卸下时，可以使用皮带钳，不可使用锤子等工具用力打击护丝。

（5）下完井管柱必须按油管规定扭矩上扣并记录扭矩。对永久封隔器以上油管及短节在下井过程中逐一进行气密封检测，合格后才能下井。

（6）下完井管柱过程中严格执行完井工具操作程序，操作平稳，严禁猛提猛放，控制好下入速度，在下管柱过程中，最大下放速度不大于5m/min。司钻要时刻观察指重表悬重变化，下放管柱遇阻加钻压不得超过20kN，发现遇阻应立即上提活动。

（7）井下安全阀接好后按设计最大压力试压合格，起下管柱时必须保持控制管线压力5000psi（34.5MPa），使安全阀处于打开状态，注意保护控制管线。

（8）连接油管挂时，先将液控管线泄压至0。从油管挂底部留出大约9～10m的液控管线，将液控管线在油管挂下面缠绕4～5圈，再自下而上穿越油管挂，注意穿越管线的上下密封。

（9）坐油管挂、拆防喷器、安全阀液控管线穿越油管四通后，重新对液控管线进行试压合格，然后泄压至5000psi（34.5MPa），并保持该压力。

（10）设计控制流程单，要求每道工序实施必须有专人负责，实施完成后由甲方监督签字认可，施工期间流程控制单必须采取手工填写，由甲方监督负责保管并监督执行并签字认可，施工完成后要求该流程单将作为档案进行保存。

第四节　氮气气举工艺技术

氮气气举排液工艺是通过一系列生产设备生产出氮气，然后注入油套环空或者油管，进而达到地层使流体被举升至地面。空气中氮气含量为78%，是氮气的主要来源。目前主要采用两种方法从空气中分离出纯净的氮气，一是利用冷却技术，二是非冷却分离制氮技术。由于冷却分离氮气装置结构复杂，占地面积大，不适于油田野外流动模式的作业。非冷却分离制氮技术在常温条件下直接从空气中分离出氮气，具有制氮快，工艺流程简单，效率高，无污染，可靠性高，可连续性保证现场制取氮气的优点。自20世纪80年代以来，非冷却分离制氮技术已广泛应用于石油化工、天然气、电子、医药和食品加工等领域。

一、制氮技术原理及工艺流程

目前非冷却分离制氮技术应用比较成熟的有膜分离和变压吸附（PSA）两种工艺。在文23储气库应用了橇装膜制氮注氮气气举排液工艺，排出注采井完井液。

1. 膜分离制氮

膜分离的核心是利用空气中不同组分在高分子材料上的扩散系数大小不同而进行气体分离的物理过程。高分子材料被制成如头发粗细的中空纤维膜，气体在纤维膜孔内通过，扩散系数大的组分如水、二氧化碳、氧气从膜的侧面通过，成为排放的富氧气体，富氧的浓度可达40%；而扩散系数小的气体如氮气从纤维膜的末端出来，得到需要的氮气，浓度为90.0%～99.9%，从而达到分离氮气的目的(图4-3)。

影响膜性能的外部因素主要为压力、温度、空气质量如颗粒、油、水。因此，在选

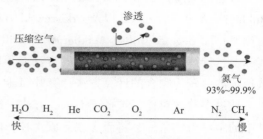

图4-3　气体渗透速率排列顺序示意图

择好膜的前提下，要对进入膜系统的空气进行处理和控制。膜分离制氮的工艺流程为：空压机提供的压缩空气进入空气缓冲罐，再进入多级过滤器——脱除空气中的颗粒、油、水。洁净的空气在加热后进入膜分离器进行组分分离，氧气、二氧化碳以及少量水汽会快速的渗透过膜壁，并通过膜组压力箱侧面的排气孔在大气压条件下排出；而空气中的氮气渗透过膜壁的速度较慢，它沿着纤维孔流动并在压力箱末端的产品集气管处流出，生产出高浓度富氮气(图4-4)。

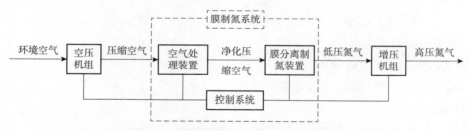

图4-4　膜分离制氮工艺流程示意图

2. 变压吸附(PSA)分离氮气

变压吸附法即PSA(Pressure Swing Adsorption)，是基于分子筛对空气中不同组分选择性吸附而使空气分离的原理获得氧气或氮气。当压缩净化后空气通过分子筛吸附塔时，利用氧在碳分子筛微孔中扩散吸附速率远大于氮这一特征，优先吸附氧，使氮在气相中被富集起来，形成成品氮气。为了能够连续运转并恒定提供所需要的气体产量，装置通常需要设置两个或两个以上的吸附塔，一个塔吸附、另一个塔解析，通过PLC程序控制器控制气动阀的启闭，使两塔交替循环工作，实现连续生产高品质氮气。

二、氮气气举排液工艺设计

在气举采油工艺设计的基础上，针对气井生产特点，研究了适合气井的气举排液采气工艺设计方法。

(一)气液多相流

根据测试数据与管柱尺寸数据,计算井筒压力分布。

目前常用的气液多相流的压力计算方法包括 Begg & Brills, Hagedorn & Brown, Mukherjee & Brill, Hasan 以及 Orkiszewski 方法。其中 Hagedorn & Brown 主要用于计算气水两相流;而 Begg & Brills, Mukherjee & Brill, Hasan 则用于计算油气多相流的压力分布。实际上,计算气水与油气多相流的方法并不唯一确定,可根据测试数据与计算结果对比,选择与油井较为吻合的计算方法计算井筒压力分布。

通过多井次对比,选择了 Hasan 方法:根据气液在垂直管中的流动特点,通过分析流动中的水动力学条件,将流态划分成 4 种,即泡流、段塞流、扰流和环雾流,而且对每一种流态都给出相应的压力梯度预测方法。

1. 泡流

(1)流型存在界限:

$$v_{sg} < 0.429 v_{sl} + 0.357 v_t \qquad 或$$

$$H_g < 0.52 \quad 且 \quad v_m 1.12 > 5.88 d 0.48 [g(\rho_1 - \rho_g)/\sigma] 0.5 (\sigma/\rho_1) 0.6 (\rho_m/\mu_1) 0.08$$

$$H_g \text{——持气率,无因次。}$$

(2)重力引起的压力梯度:

$$(dp/dl)_{重力} = \rho_m \cdot g$$

$$\rho_m = \rho_1(1 - H_g) + \rho_g H_g \quad H_g = v_{sg}/(1.2 v_n + v_{bs}) \quad v_{bs} = 1.52 [g\sigma(\rho_1 - \rho_g)/\rho_1^2]^{0.25}$$

(3)摩擦引起的压力梯度:

$$(dp/dl)_{摩阻} = f_{vm} 2 \rho_m / 2 d$$

(4)加速引起的压力梯度可以忽略不计。

2. 段塞流

(1)流型存在界限:

$$v_{sg} > 0.429 v_{sl} + 0.357 v_t$$

$$且 \quad v_{sl} 2 \rho_1 > 50, \quad v_{sg}^2 \rho_g < 17.1 \lg(\rho_1 v_{sl}^2) - 23.2$$

$$v_{sl} 2 \rho_1 < 50, \quad v_{sg}^2 \rho_g < 0.00673 (v_{sl}^2 \rho_1) 1.7$$

(2)重力引起的压力梯度:

$$(dp/dl)_{重力} = \rho_m \cdot g$$

$$\rho_m = \rho_1(1 - H_g) + \rho_g H_g \qquad H_g = v_{sg}/(1.2 v_n + v_t T)$$

$$V_t T = 0.345 [g\sigma(\rho_1 - \rho_g)/\rho_1]^{1/2}$$

(3)摩擦引起的压力梯度:

$$(dp/dl)_{摩阻} = f v_m^2 \rho_1 (1 - H_g)/2 d$$

(4)加速引起的压力梯度可以忽略不计。

3. 扰流

(1)流型存在界限:

$$v_{sg} < 3.1 [\sigma g(\rho_1 - \rho_g)/\rho_g^2]^{0.25}$$

且　　$v_{sl}^2 \rho_1 > 50$，$v_{sg}^2 \rho_g < [17.1 \lg(\rho_1 v_{sl}^2) - 23.2]$

$v_{sl}^2 \rho_1 < 50$，$v_{sg}^2 \rho_g < 0.00673(v_{sl}^2 \rho_1)^{1.7}$

（2）混合物密度：

$$\rho_m = (1 - H_g)\rho_1 + \rho_g \cdot H_g$$

$$H_g = v_{sg}/(1.15 v_m + v_t T)$$

（3）摩擦引起的压力梯度：

$$(\mathrm{d}p/\mathrm{d}l)_{摩阻} = f v_m^2 \rho_1 (1 - H_g)/2d$$

4. 环雾流

流型存在界限：

$$v_{sg} > 3.1[\sigma_g(\rho_1 - \rho_g)/\rho_g^2]^{0.25}$$

环雾流中，液体一部分为液膜，沿管壁向上运动；另一部分则成为液滴与管子核心部分的气体一起向上运动。在液滴的速度与气体速度相等的假定下，压力梯度可表示为：

$$(\mathrm{d}p/\mathrm{d}l) = (g\rho_c + f_c \rho_c v_g^2/2d)/(1 - \rho_c v_g^2/p)$$

$$\rho_c = (v_{sg}\rho_g + E v_{sl}\rho_1)/(v_{sg} + E v_{sl})$$

式中　E——被管子核心气体携带的液滴占液体的分数；

ρ_c——管子核心部分的流体密度，kg/m^3；

f_c——气体沿液膜"粗糙"面流过时的范宁阻力系数，无因次；

p——压力，Pa。

如果$(v_{sg})_c \times 10^4 < 4$，$E = 0.0055[(v_{sg})_c \times 10^4]^{2.86}$

如果$(v_{sg})_c \times 10^4 < 4$，$E = 0.857\lg[(v_{sg})_c \times 10^4] - 0.20$

式中　W_g、W_t——气、液相的质量流速；

$(v_{sg})_c$——临界汽化速度。

$(v_{sg})_c = v_{sg}\mu_g(\rho_g/\rho_1)^{0.5}/\sigma$

$f_c = 0.079[1 + 75(1 - f_g)]/N_{Reg}^{0.25}$

$f_g = (1 + X^{0.8})^{-0.378}$

$X = (\rho_g/\rho_1)^{0.5}[(1 - x)/x]^{0.9}(\mu_1/\mu_g)^{0.1}$

$x = W_g/W_t$

$N_{Reg} = \rho_g v_{sg} d/\mu_g$

（二）布阀计算

在排液过程中，各凡尔间的地面打开压力降取为定值，分布凡尔时，顶部凡尔深度$h[1]$由下式计算：

$$h[1] = \frac{P_{ke} - P_{wh}}{d_s} \qquad (4-1)$$

其他凡尔的深度由下式求出：

$$h[i] = \{h[i-1]d_s + P_{so}[i-1] - P_t(i-1)\}/(d_s - G_g) \qquad (4-2)$$

式中 P_{ke}——启动压力，MPa；

$P_{so}[i]$——第 i 个凡尔的地面注气压力，MPa；

d_s——压井液重度；

G_g——套管内气柱的压力梯度，MPa/m；

P_t——第 i 个凡尔处的油压，MPa；

P_{wh}——井口油压。

各级气举阀的打开压力确定方法与油井气举设计方法相同。

(三)橇装制注氮工艺

文23储气库注采新井采用氮气气举返排完井液，利用橇装膜制注氮设备作为气源，套管注氮气反举排液，放喷流程用针型阀或加装10mm油嘴控制节流，缓慢注入氮气，控制泵压不超过20MPa，注入氮气纯度≥95%。如图4-5所示。

橇装膜制氮车组主要性能指标见表4-3。

最大工作压力35MPa；制氮能力800～1300Nm³/h。

输出氮气参数：氮气纯度≥95%，氧气≤5%。

输出气体温度为25～45℃。

表4-3　橇装膜制氮车组主要性能指标

设备型号	NPU900/35
氮气流量	800～1300Nm³/h，连续可调
额定氮气流量对应氮气纯度	95%（可在90%～99%间调节）
额定氮气最高输出工作压力	35MPa
氮气排气温度	≤65℃
设备驱动方式	柴油机驱动
布局方式	车载移动式，按两台载重车底盘布置
工作制式	24h连续自动运行
工作环境	野外井场环境（适于高温、高寒、高湿度、腐蚀性等恶劣环境）
开机到合格氮气产出时间	≤30min
氮气输出接口形式	Φ73mm平式扣公扣
台上设备管路、管件、阀门、容器等要求	均采用不锈钢材质，具有防腐蚀、防锈能力（管路等焊接完成后，必须进行彻底处理，保证无任何杂质残留）
设计点环境压力	绝对压力1bar
设计点环境温度	20～40℃
设计运行时间	>4000h/a
适应海拔高度	≤3500m
适应最低环境温度	-35℃
适应最高环境温度	+45℃
适应最大相对湿度	95%
空压与制氮撬部分总装尺寸	9200mm×(L)×2480mm(W)×2600mm(H)
增压撬部分总装尺寸	9200mm×(L)×2480mm(W)×2600mm(H)

注气井口阀门法兰处或多功能流程阀组预留 Φ73mm 平式扣母扣接口，用于安装注氮气管线单流阀，注氮气高压管线出口接单流阀。

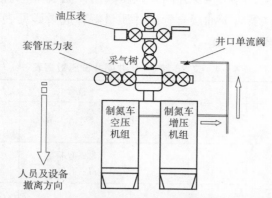

图 4-5　文 23 储气库橇装制注氮装置注氮气施工示意图

三、氮气气举现场实施情况

文 23 储气库部分井因中途坐封、井况问题等未实施氮气气举排液。2019 年共实施高压气举阀排液 55 井次，气举设计均为 2 级阀；平均单井施工时间 9.8h，气举卸载时间明显缩短；措施成功率 100%，有效率 100%。文 23 储气库注采井气举注气压力为 20MPa 以下，排液深度 3000m，排液时间由 16h 缩短至 10h，进入地层的液体降低 40% 以上，充分保护了低压储层。

第五节　典型井例

一、文 23 储 3-9 井基本情况

（一）基础数据

文 23 储 3-9 井位于河南省濮阳县文留镇后邢屯村，构造上位于东濮凹陷中央隆起带北部文留构造文 23 块。井别：储气库注采气井；钻探目的：文 23 储气库建设；目的层：沙四 1-8 砂组，设计井深：3075m（垂深）。

本井于 2018 年 8 月 7 日开钻，2018 年 9 月 13 日钻至井深 3124.00m 完钻，9 月 30 日完井，建井周期 54d。

（二）固井质量

该井技术套管水泥返高至 45.5m，固井质量现场未评；油层套管水泥返高至地面，固井质量现场未评。技术套管、油层套管固井质量以好中为主，目前井口周围没有发现管外窜气现象。

该井射孔层位 ES_4^{3-7}，井段 2802.6~3054.3m，电测解释 21~98 号层，第一、第二界面水泥胶结以好为主，局部胶结中等和差。盖层至射孔顶界有连续 29.0m（2742.5~2771.5m）固井优质段。文 23 储 3-9 井固井试压数据详见表 4-4，技术套管固井质量解释成果详见表 4-5，悬挂器以下油层套管固井质量解释成果详见表 4-6，悬挂器以下油层套管固井质量解释成果详见表 4-7。

表 4-4 文 23 储 3-9 井固井试压数据表

固井试压参数		表套	技套	油套
水泥用量/t		140	230	85.0 50.0
水泥浆平均密度/(g/cm³)		1.88	低：1.47 高：1.89	1.86 1.48/1.89
替入钻井液量/m³		4.50	130.0	37.5 40.1
替入钻井液密度/(g/cm³)		清水	钻井液	钻井液
碰压/MPa		/	22.00	20.00
水泥返深/m		地面	45.5	地面
试压结果	加压/MPa	/	10	20
	经时/min	/	30	30
	降压/MPa	/	0.2	0.2

表 4-5 技术套管固井质量解释成果表

井段/m	第一界面	第二界面	井段/m	第一界面	第二界面
10.0~45.5	自由套管	自由套管	1977.0~2094.0	好为主，少量中等	好为主，局部中等，少量差
45.5~523.5	好	好	2094.0~2144.0 盐岩顶	差为主，局部好，少量中等	差为主，局部好，少量中等
523.5~1909.5	好为主，局部中等或差	好为主，局部中等或差	2144.0~2664.5 盐岩	好为主，局部中等或差	好为主，局部中等或差
1909.5~1977.0	差为主，局部中等和好	差为主，局部中等和好	2664.5~2690 盐底	好为主，少量中等	好为主，少量中等

表 4-6 文 23 储 3-9 井油层套管固井质量解释成果表（悬挂器以下）

井段/m	第一界面	第二界面	井段/m	第一界面	第二界面
1942.4~2721.0	好为主，少量中等	好为主，少量中等	2921.5~3081.4	好为主，局部差，少量中等	好为主，局部差，少量中等
2721.0~2921.5	好为主，局部中等，少量差	好为主，局部中等，少量差			

表4-7 文23储3-9井油层套管固井质量解释成果表(悬挂器以上)

井段/m	第一界面	第二界面	井段/m	第一界面	第二界面
10.0~1563.5	好为主,少量中等	好为主,少量中等	1753.5~1960.0	好为主,局部中等	好为主,局部中等
1563.5~1753.5	中等为主,局部好	中等为主,局部好			

(三)井筒及井口情况

1. 井筒

固井后,采用 $\Phi152mm$ 三牙轮钻头钻冲至人工井底 3089.00m,并采用清水循环替出全部钻井液。目前空井筒完井,井内为清水。

完井试压时间:2018 年 9 月 30 日。

完井试压情况:最高打到 20MPa,压降 0.2MPa,试压合格。

2. 井口

本井油层套管头规格为 $\Phi273.1mm \times \Phi177.80mm$,耐压等级 35MPa。

二、文23储3-9井地质投产要求

(一)保证气库运行安全

为防止气库层向上窜漏及减小气库注采受底水影响,确保文 23 储气库长期安全运行,综合考虑该井管柱结构、固井质量及储层发育特征,要求:

(1)盖层至射孔顶界有不小于 25m 的连续固井优质段,避免天然气上窜至上覆油藏。

(2)储 3-9 井位于构造高部位,按照总体投产原则射孔底界距气水界面避射厚度在 5m 左右,根据储层发育情况,对 99~102 号层避射,避射厚度为 11.8m,目的是减小气库注采受底水影响。

(二)最大程度控制库容

文 23 储气库设计目的层系为 ES_4^{3-8},为使文 23 储气库最大程度控制库容,要求:

(1)尽量射开目的层的全部气层;

(2)尽量射开平面上连通性较好、邻井砂体发育的干层;

(3)对厚度≤1m 的泥岩夹层连射。

(三)投产井段

投产井段:ES_4^{3-7},2802.6~3054.3m,跨度:251.7m。

累计射孔段厚度 187.2m/27 层(其中 22~24、26~28、29~30、31~34、35~45、47~48、49~53、55~56、57~60、61~63、64~71、72~74、76~80、82~84、85~87、89~90、91~92、93~94、95~96、97~98 号层连射)。

(四)地质设计要求

1. 储层保护要求

该井评估拟射层地层压力 7.00MPa,压力系数 0.24。由于地层压力较低,容易漏失,要求用合适的工艺技术保护储层。

2. 作业施工要求

（1）处理井筒至人工井底 3089.0m。

（2）射孔，层位 ES_4^{3-7}，井段 2802.6～3054.3m，电测解释 21～98 号层，187.2m/27层。

（3）资料录取及质量标准按《试油资料录取规范》（SY/T 6013—2009）相关要求严格执行，各项资料和数据必须齐全准确。

（4）严格执行射孔和作业规程，严格执行井控和安全环保规定。

（五）井控要求

1. 地层压力情况（表4-8）

表4-8　文23储3-9井地层压力表

层段	原始地层压力/MPa	目前地层压力/MPa
拟射层	38.62	7.0（估）

该井评估拟射层地层压力 7.00MPa，但是作业过程可能会沟通到未认识到的异常低压或异常高压层，作业时请注意观察井筒压力变化，及时发现溢流并规范处理，避免井喷事故发生。

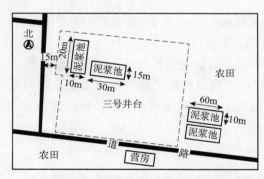

图4-6　文23储气库三号井台周边示意图

2. 硫化氢、二氧化碳等有毒有害气体情况

该区块不含硫化氢，二氧化碳平均含量1.3%，作业时注意做好监测及防护。

3. 其他要求

根据气层压力（压力系数）选择合适压井液、防喷器，做好井控防喷和安全环保工作。

4. 井口周边示意图（图4-6）

井口周围有农田、房屋，放喷出口注意避开。

三、投产工程设计

1. 井口及安全控制系统

1）采气井口

采气井口采用 FF 级 5000psi（34.5MPa）井口，其包括油管头四通、油管悬挂器、采气树。油管四通为双翼双阀结构，两侧翼出口采用法兰连接。一侧配置仪表法兰，安装压力表、压力传感器。四通侧口配有阀取出塞，在油套管间窜压时，可拆卸油管四通侧口任意阀。

采气树为十字形、双翼双阀结构；主翼及侧翼通径均为 $3\frac{1}{8}$in；主通径配双阀，小四通上部配一个测试闸阀；生产翼安装一个液动安全阀（接口 1/2NPT）、一个平板阀、仪表法兰；仪表法兰安装压力表、压力传感器、温度传感器；非生产翼配 2 个闸阀，末端安装丝扣法兰带 EUE 3½in 母扣，丝堵(带泄压孔)。

采气树整体安装，安装后要求整体试压达合格，仪表法兰安装压力表、压力传感器、温度传感器，调试合格实现数据自动连续采集、记录。所有步骤在现场服务工程师的指导下进行。

主要技术参数：

采气树主通径：3⅛in(79.38mm)

额定压力：5000psi(34.5MPa)

规范级别：PSL – 3G

性能级别：PR2

材料级别：FF

温度级别：P – U (–29～121℃)

2)地面安全控制系统

井口安全控制系统由液压系统(液压动力系统、主控制回路、输出回路、先导控制系统、易熔塞及自动关断回路)、控制系统组成。投产作业完成后，在现场工程师的指导下进行单体检验、整体组装调试。主要技术参数见表 4 – 9。

井口安全控制系统的主要功能：

打开/关闭不超过 5000psi(34.5MPa)的井下主安全阀(SCSSV)。

打开/关闭不超过 5000psi(34.5MPa)的地面安全阀(SSV)。

现场火灾自动检测及自动报警、自动关断。

低压检测自动关断。

远程 ESD 手动关断。

表 4 – 9 井口安全控制系统技术参数

名称	参数
控制回路	2 路(地面安全阀 1 路，井下安全阀 1 路)
控制距离	30～50m
环境温度	–21℃～＋80℃
防爆区域	CLASS I DIV. II
系统动力压力	10000psi(68.9MPa)
先导控制回路压力	70psi(0.5MPa)
控制压力	地面安全阀控制压力 5000psi(34.5MPa)
	井下安全阀最高控制压力 70000psi(48MPa)
连接管线	316 不锈钢
接头	316 不锈钢
控制箱	316 不锈钢，3mm
地面安全阀关断时间	<5s
井下安全阀关断延时	0～60s 可调

2. 完井管柱

1）油管规格

完井油管为 $\Phi 88.9\text{mm} \times 6.45\text{mm}$ 油管，钢级 P110，材质 13Cr – 110S，BGT2 气密封扣。油管技术参数见表 4 – 10。

表 4 – 10　P110 – 13CrS 油管技术参数

	项目	指标值
规格尺寸和 性能参数	接箍外径/mm	108
	内径尺寸/mm	76
	壁厚/mm	6.45
	单重/(kg/m)	13.69
	抗内压/MPa	96.3
	抗外挤/MPa	93.3
	管体屈服强度/kN	1267
	螺纹连接强度/kN	≥1267
推荐上扣扭矩	最小/N·m	3970
	最佳/N·m	4410
	最大/N·m	4850

2）完井管柱组合

管柱结构（自下而上）：剪切球座 + 油管 1 根 + 坐落接头 + 油管 1 根 + 防卡减磨装置 + 变扣 + 磨铣延伸筒 + 封隔器（2755m）+ 锚定密封 + 油管 1 根 + 坐落接头 + 油管 1 根 + 循环滑套 + 油管 + 流动短节 + 井下安全阀（95m）+ 流动短节 + 油管 + 油管悬挂器。完井工具技术参数见表 4 – 11。

表 4 – 11　井下工具技术参数

名称	型号	材料	最大外径/mm	最小内径/mm	长度/mm	耐压等级/MPa	扣型	数量/件
安全阀	Select T – 5E	13Cr – 110S	144.8	71.45	1320	34.5	3.5in 9.2# VAM TOP BOX * PIN	1
流动短节	3.5in	13Cr – 110S	100	74.9	910	70	3.5in 9.2# VAM TOP BOX * PIN	2
循环滑套	CMD	13Cr – 110S	108.7	71.45	1263	70	3.5in 9.2# VAM TOP BOX * PIN	1
锚定密封	KC – 22S	13Cr – 110S	126.2	76	700	70	3.5in 9.2# VAM TOP BOX UP	1
封隔器	SAB – 3	13Cr – 110S	144.4	82.55	1440	70	4.5in LH SQUARE BOX UP 4.5in 12.6# VAM TOP PIN DOWN	1
磨铣延伸筒	MOE	13Cr – 110S	126.2	99.54	910	70	4.5in 12.6# VAM TOP BOX * PIN	1

名称	型号	材料	最大外径/mm	最小内径/mm	长度/mm	耐压等级/MPa	扣型	数量/件
变扣	XO	13Cr – 110S	125.3	76	310	70	4.5in 12.6# VAM TOP BOX * 3.5in 9.2 # VAM TOP PIN DOWN	
堵塞坐落接头	BX	13Cr – 110S	100	69.9	430	34.5	3.5in 9.2 # VAM TOP BOX * PIN	1
测试坐落接头	BX	13Cr – 110S	100	69.9	430	34.5	3.5in 9.2 # VAM TOP BOX * PIN	1
剪切球座	SHEAR	13Cr – 110S	100	44.45		70	3½in 9.2# VAM TOP BOX * 3½ in 9.3# EUE PIN	1
防卡减磨装置	CYF148/300	复合碳纤维	148		300	70		1

3. 氮举排液

1）设计原则

下入气举阀管柱进行套管注氮气排液，根据井筒准备情况，设计启动压力不超过 20MPa，最大排液深度 3069m。气源采用膜制氮，注气量 20000m³/d。

2）氮举管柱设计

（1）氮举管柱类型选择。

根据先排液后射孔的要求，采用开式气举管柱，第一级气举阀深 1775.58m，第二级气举阀深 2706.15m，尾管深 3069m。

（2）气举阀类型选择。

满足气井大排量快速排液需要，选用固定式耐高压、抗冲蚀、套管注气压力控制操作气举阀。

（3）气举阀参数设计。

采用膜制氮注氮气举，井口控制放喷排液，全井采用 2⅞in 加厚油管，利用软件进行模拟分析，气举设计结果见表 4 – 12 ～ 表 4 – 14。

表4 –12　气举阀参数表

规格型号	2⅞in
总长/mm	1200
最大外径/mm	114
通径/mm	63.5
钢级	N80
连接螺纹	2⅞in EUE
适用套管内径/mm	≥121

表4-13 固定式气举阀工作筒性能参数

气举阀		孔径/in	下入深度/m	地面关闭压力/MPa	最大过气量/(10⁴m³/d)
	1	3/16	1775.58	16.35	2.60
	2	3/16	2706.15	12.23	2.27
尾管		2⅞in 油管测深3069m			

表4-14 固定式套压操作气举阀性能参数

规格型号	KCS-Ⅱ
总长/mm	430
气举阀最大钢体外径/mm	25.4
波纹管有效面积 A_b/mm²	200
工作压力/MPa	45
最高压力/MPa	60
连接螺纹	½LP
适用工作筒	固定式工作筒
备注	气举阀安装在固定式工作筒上

3）膜制氮注氮工艺设计

（1）主要性能指标：

最大工作压力35MPa；制氮能力1200Nm³/h。

（2）输出氮气参数：

氮气纯度≥95%。

输出气体温度为25~45℃。

（3）膜制氮注氮气工艺流程如图4-7所示。

图4-7 膜制氮注氮气工艺流程

4. 射孔工艺

该井最大井斜18.12°，该处所在井深1984.11m；射孔段2802.6~3054.3m，井斜10.80°~11.40°。设计采用油管传输复合射孔工艺，投棒、起爆一次性射开全部层位，同时射孔管柱配备液压起爆装置（备用）。

（1）射孔参数：

射孔井段：2802.6~3054.3m；

射孔器类型：复合射孔器；

射孔枪规格：$\Phi127mm$；

射孔弹型号：SDP45HMX39-1（140℃/100h）；

孔密：16孔/m；

相位：60°；

布孔方式：螺旋布孔。

（2）射孔管柱：

$\Phi114mm$存储式压力计托筒+YD127射孔枪串×251.7（2802.6m）+起爆器+筛管+$\Phi73mmNUE$油管×30m+$\Phi73mmNUE$×2m油管短节+$\Phi73mmEUE$油管+射孔悬挂器。

根据射孔管柱受力状态，经过静态校核计算，射孔管柱安全系数为1.66，强度校核见表4-15，满足文23储3-9井射孔施工要求。

表4-15　文23储3-9井射孔管柱静态校核计算

组合管柱	73mm×5.51　N80油管		附加射孔枪管串
	加厚油管	平式油管	
公称质量/（kg/m）	9.67	9.52	
管柱长度/m	2793	30	251.7
空气中的质量/kN	270.1	2.8	116.42
管柱负荷/kN	389.32	120.8	
管柱抗拉强度/kN	645	473	
管柱安全系数	1.66	4.11	
射孔管柱综合安全系数	1.66		

5. 入井液

1）设计依据

文23储气库气地层水矿化度（26~30.2）×10^4mg/L，氯离子含量（14.64~18.39）×10^4mg/L，$CaCl_2$型水，凝析油含量10~20g/m^3。地层温度114.3℃，地温梯度3.44℃/100m。应充分考虑储层高温和高矿化度等特征可能对入井液性能的影响，最大程度上保护储层。

2）设计原则

①采用低伤害无固相射孔压井液，添加黏土稳定剂，防止射孔压井液滤液侵入储层引起水敏损害，添加防水锁剂，防止水锁造成的损害。

②根据钻井提供的地层层序、地层压力预测等资料和要求，采用低滤失无固相压井液，加入黏土稳定剂，防止压井液滤液侵入储层引起水敏伤害，添加稠化剂和降滤失剂，防止压井液大量漏失，添加缓蚀剂，减少压井液含氧量，防止电化学腐蚀，有效防止油、套管的腐蚀。

③储气库设计寿命长，管柱使用周期长，采用低腐蚀长效环空保护液，添加阻垢剂、

抑菌剂和除氧剂，保护套管及生产油管，降低套管及生产油管的腐蚀速率，保障储气库长期稳定运行。

3）技术指标

（1）射孔压井液。

用量设计：射孔 $26m^3$，压井基液现场用量按 1.5 倍井筒容积计算，$90m^3$。其性能指标见表 4-16。

表4-16　射孔压井液性能指标

检测项目	性能指标
防膨率/%	≥80.0
密度/（g/cm³）	1.02±0.07
表观黏度/mPa·s	≤50.0
API 滤失量/（mL/30min）	≤25.0
表面张力/（mN/m）	≤28.0（滤液）
配伍性	与其他入井液及地层配伍性好

（2）环空保护液。

用量设计：按 1.3 倍封隔器上环空容积，$49m^3$。其性能指标见表 4-17。

表4-17　环空保护液性能指标

检测项目	性能指标
pH 值	8~10
密度/（g/cm³）	1.02±0.07
硫酸盐还原菌（SRB）、腐生菌（TGB）含量	细菌含量为零（体系溶液）
P110 腐蚀速率/（mm/a）	≤0.0254　（100℃）
有机氯含量/%	0

6. 井控设计

1）井控装置

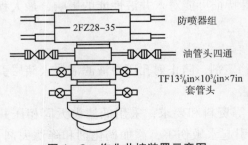

图4-8　作业井控装置示意图

起下管柱井控装置从下至上依次为：7in 套管头（已安装）+油管头四通+2FZ28-35 防喷器组（半封+全封），具体组合如图 4-8 所示。同时，现场要求准备与全封闸板配套的剪切闸板，根据现场井控风险情况合理优化井控装置组合。

作业前，油管和套管相应的压井、放喷节流管汇连接后，按照《中原油田分公司井控管理实施细则》（中油工技〔2016〕62 号文件）、《井下作业安全规程》（SY 5727—2014）、《井下作业井控技术规程》(SY/T 6690—2016)等要求安装、试压达合格。

2)内防喷工具

内防喷工具准备：起下钻前准备 35MPa 井口旋塞阀、止回阀以及相应的变扣短节，组成内防喷工具总成短节，其上下接头螺纹应与井内下井使用的油管匹配，每组 3 个准备 2 组。施工前先进行扣型连接试验，合格后放置在钻台明显的位置，以备应急之用。

每组内防喷工具总成短节结构：

Φ88.9mm/壁厚 6.45mm/BGT2（母）扣 + 处于开启状态的旋塞阀 + Φ88.9mm/壁厚 6.45mm / BGT2（公）短节。

Φ73mm/壁厚 5.51mm/EUE（母）扣 + 处于开启状态的旋塞阀 + Φ73mm/壁厚 5.51mm / EUE（公）短节。

Φ73mm/壁厚 5.51mm/NUE（母）扣 + 处于开启状态的旋塞阀 + Φ73mm/壁厚 5.51mm / NUE（公）短节。

四、主要施工步骤

1. 设备、地面流程安装、井口准备

（1）井场准备：根据《钻前工程及井场布置技术要求》(SY/T 5466—2013)进行井场准备，方井池等清理干净。

（2）搬上：搬上提升载荷不小于 100t 的修井机。

（3）井口放压：检测套管、井口压力，放压至 0 方可动井口。放压过程中做好防火、防爆等工作。

（4）完善井口：在井口供应商现场服务工程师指导下拆井口保护帽，对井口状况、密封面情况等进行检查。若有损坏，修复后进行下步作业。

（5）安装油管头四通：在井口供应商现场服务工程师指导下安装油管头四通，并按要求试压合格。

（6）安装防喷器组：安装 2FZ28 – 35 防喷器（安装顺序为全封在上，半封在下）以及配套井控管汇，并按照《井下作业井控技术规程》(SY/T 6690—2016)等要求试压合格。

（7）立井架：根据《液压修井机立放井架作业规程》(SY/T 5791—2007)等相关标准要求进行立井架、设备、地面流程等安装配套，安全验收达合格。

2. 井筒准备

（1）通井：使用钻杆 + Φ148mm×4.0m 通井规，通井至人工井底 3089.0m，无遇阻显示为通井合格。若通井遇阻，与甲方结合后进行方案变更，变更设计另出。

（2）井筒试压：对井筒试压 20MPa，稳压 30min、压降不超过 0.5MPa 为合格。

（3）套管刮削：使用钻杆 + GX178T 刮削器，对封隔器坐封位置上下 30m 井段(2725 ~ 2785)m/60m、设计射孔段(2802.6 ~ 3054.3)m/251.7m 反复刮削 5 ~ 7 次。刮削套管至人工井底 3089.0m，采用 0.5% 活性水反循环洗井 1.5 周以上，至进出口水质一致为合格。排量要求≥0.3m³/min。

（4）起管柱：起出井内全部管柱，排放整齐。

3. 氮举排液

（1）下氮举排液管柱：管柱结构（自下而上）：Φ89mm 喇叭口（3069m）+Φ73mmEUE 油管+Φ73mmEUE 气举工作筒（2706.15m）+Φ73mmEUE 油管+Φ73mmEUE 气举工作筒（1775.58m）+Φ73mmEUE 油管。

（2）拆平台和防喷器，装采气树（使用射孔油管挂）。

（3）氮举排液：套管注氮气反举排液，排出井内3069m 以上的液体，注气压力控制在20MPa 以内。

（4）反替射孔压井液：反替射孔压井液26m³。

（5）拆采气树，装平台、防喷器组。

（6）起出管柱：起出井内全部管柱，排放整齐。

4. 射孔

（1）地面组枪：连接射孔器及起爆器。

（2）下射孔管柱：Φ114mm 存储式压力计托筒+YD127 射孔枪串×251.7m（2802.6m）+起爆器+筛管+Φ73mmNUE 油管×30m+Φ73mmNUE×2m 油管短节+Φ73mmEUE 油管+射孔悬挂器。

（3）测井校深：到位后校深，要求绝对误差小于±10cm。根据校深结果，调整管柱深度。

（4）坐悬挂器：安装密封件后，坐射孔悬挂器。

（5）装采气树：拆平台、防喷器，装采气树、连接流程，按标准试压合格。

（6）射孔：投棒起爆射孔，监测起爆情况。

（7）观察压力：关井，井口装压力表，观察井口压力变化8h，同时采用井口氮气发声测液面工艺使用高精度油气井液面监测仪监测油套环空液面，每30min 监测1 次液面，至液面基本稳定。如套压升高，泵注射孔压井液10m³，继续观察，如套压继续升高，再次泵注，直至液面至井口，循环压井。记录稳定后的液面深度及漏失速度。

（8）压井：依据井口压力和液面监测资料，现场确定压井液灌注方式及灌注排量（要求保持井筒内液柱压力比地层压力高3~5MPa），如液面至井口，调整压井液性能，循环压井。

（9）装防喷器：装背压阀，拆采气树，装平台和2FZ28-35 防喷器并试压。

（10）起管：捞出背压阀，起出射孔管柱，检查发射率。起管过程中实施液面监测、连续灌注射孔压井液以补偿油管排代量及地层漏失量。

5. 下完井管柱（在工具供应商现场服务工程师指导下进行）

（1）下安全阀以下完井工具：按照管柱图依次下入球座、坐落短节、封隔器、坐落短节、滑套、油管，封隔器下至2660m。对永久封隔器以上油管及短节在下井过程中逐一进行气密封检测，判定螺纹连接的气密封性能合格。若密封检测不合格，更换油管。同时，下管柱过程中实施液面检测。

（2）校深：磁定位及伽马组合校深。

（3）下安全阀总成（工具服务商现场指导）：安装井下安全阀总成，连接液压控制管线，对安全阀按设计最大压力进行试压，并开关三次确认安全阀完好，将¼in液压控制管线与油管固定，在保持安全阀开启的状态下继续下油管，调整封隔器位置至2755±3m。

（4）连接油管挂：按标准扭矩连接油管挂后，由工具供应商现场服务工程师操作，将液控管线泄压至0，液控管线穿越油管挂并做好密封，液控管线接上截止阀后使用手压泵打压并保持压力，保证安全阀开启状态。

（5）坐油管挂（采气树供应商现场服务工程师现场指导）：坐入油管挂，液控管线泄压至0，拆防喷器。

（6）液压控制管线穿越井口：采气树供应商现场服务工程师进行液控管线穿越油管四通的连接密封操作，重新对液控管线进行试压合格，再次对井下安全阀试压并检验合格，控制管线接截止阀，打开井下安全阀。

6. 安装完井采气树（在采气树供应商现场服务工程师指导下进行）

（1）拆平台、防喷器组。

（2）安装采气树：安装前检查并清理油管头四通上法兰钢圈槽及油管悬挂器伸长颈；安装密封件及采气树。

（3）采气树试压：下采气树试压塞至油管悬挂器，打开主阀和测试阀，采气树试压合格，回收采气树试压塞，装采气树帽，打开井下安全阀。

7. 封隔器坐封（在采气树供应商现场服务工程师指导下进行）

（1）测液面、替环空保护液：测液面位置。根据液面情况确定是否反替部分环空保护液，液面每高出封隔器坐封位置100m反替环空保护液量5.5m³。

（2）坐封：投球，到位后油管缓慢泵入射孔压井液，灌满稳定10min，缓慢升压至5MPa稳压10min（现场根据液面位置确定压力级别进行稳压），井口打压最高压力应控制到使坐封球座上、下压差不超过28MPa，最高压力稳压同时检验油管密封性。

（3）验封：环空灌入环空保护液，验封10MPa（根据液面确定验封压力），30min压降不大于0.7MPa为合格。

（4）剪切球座：倒流程，油管泵入射孔压井液缓慢加压至突然降压剪切球座。

8. 关井、待投产注气

（1）关闭主阀和生产闸阀。

（2）安装井口控制系统。

（3）待投产注气。

五、作业施工要求

施工前，对现场施工设备、井控设备、地面流程、安全控保、消防设施、施工用料、施工工具、备用配件等进行检查，对关键设备及设施，如井口、地面流程的闸阀，各控制系统的安全阀等进行一次功能试验。召开施工作业技术交底会，所有现场指挥人员和施工人员必须参加，简要介绍施工步骤、安全注意事项和应急处理程序，让每位施工人员做到心里有数。

施工前要充分讨论各施工环节中存在的风险，对可能发生的各种事故要制定相应的应急处理预案。

作业期间按要求安装好防喷装置、放喷管线等。施工现场设警示带、风向标，保持设备规范部署，应急通道畅通。

1. 井筒准备

（1）通井、刮削油管必须刺洗干净，丈量准确，无弯曲变形及破损，丝扣上满上紧，以防试压憋不起压，杜绝不合格油管下井。

（2）在封隔器坐封位置上下30m和射孔段反复刮削5次以上。

（3）下油管时井口装自封，避免小件落物掉井。

（4）起下油管时，必须打好背管钳，以防油管卸扣落井。

（5）控制起下管速度，通井、刮削管柱限速起下，起下至回接筒时速度不超过5m/min，记录管柱悬重。

2. 下完井管柱作业

1）完井管柱准备

按照供应商产品使用说明书及操作手册等执行。

2）下完井管柱作业要求

①所有完井管柱下井前必须测量长度、外径等，并用厂家提供的通径规通过，检查清洗丝扣，做好所有测量、组装、扭矩资料记录并存档。完井油管下井前进行丝扣检查，使用密封脂和对扣器，上扣时，应保证大钳、背钳水平，不可歪斜，防止螺纹错扣、黏扣和扭矩异常。应使用无牙痕或微牙痕卡爪液压钳。

②卸下螺纹护丝时，注意不要伤害螺纹。当护丝过紧，不易卸下时，可以使用皮带钳，不可使用锤子等工具用力打击护丝。下完井管柱必须按油管规定扭矩上扣并记录扭矩。

③对永久封隔器以上油管及短节在下井过程中逐一进行气密封检测，合格后才能下井。下完井管柱过程中严格执行完井工具操作程序，操作平稳，严禁猛提猛放，控制好下入速度，在下管柱过程中，最大下放速度不大于5m/min。

④下管柱过程井口装好封井器，防止小件物品落井。司钻要时刻观察指重表悬重变化，下放管柱遇阻加钻压不得超过20kN，发现遇阻应立即上提活动。

⑤井下安全阀接好后按设计最大压力试压合格，起下管柱时必须保持控制管线压力5000psi（34.5MPa），使安全阀处于打开状态，注意保护控制管线。连接油管挂时，先将液控管线泄压至0。从油管挂底部留出大约9~10m的液控管线，将液控管线在油管挂下面缠绕4~5圈，再自下而上穿越油管挂，注意穿越管线的上下密封。

⑥坐油管挂、拆防喷器、安全阀液控管线穿越油管四通后，重新对液控管线进行试压合格，然后泄压至5000psi（34.5MPa），并保持该压力。随时观测井口液面涨落、溢流情况，有异常及时报告。安全阀液控管线连接、穿越及试压，由供应商现场服务工程师操作；下油管及完井工具作业，必须在厂家现场服务工程师的指导下进行。其他作业要求详见各产品供应商产品使用说明书及操作手册等。

3. 洗井作业

（1）施工前做好技术交底，使施工人员熟悉工艺流程，各岗位分工明确。施工中要有专人指挥，紧密配合，确保施工顺利进行。

（2）油壬等连接部件应保证密封垫圈完好并砸紧，循环管线不刺不漏。

（3）施工时先开出口闸门，再开进口闸门，以免憋泵。

（4）所有液体第一次使用前，需取样化验；循环结束前取样三次（每隔 2m³ 取样一次），样品化验性能备查。

4. 氮举作业

（1）注氮气高压管线试压：将连接好的注气管线试压 25MPa，观察 10min，不刺不漏为合格。

（2）控制注气压力不超过 20MPa，注入氮气纯度≥95%。

（3）注氮气施工过程中，每 10min 记录注氮气压力变化情况，并巡回检查注气系统管线、井口各连接部位是否泄漏。

（4）注氮气施工时，工作人员应密切观察制注氮设备压力变化，如有异常或超压（油管遇阻或冰堵）要及时打开放空阀（卸载阀）进行泄压、放空等相应措施。

（5）注氮气排液施工时由作业队负责每小时计量一次出液量。

（6）排液出口无液排出，注氮气压力下降至 3MPa 以下时，视为排液施工结束。

5. 射孔作业

（1）射孔前应对套管、井口及配套管汇按标准要求试压合格。

（2）射孔枪组装必须由专业人员进行操作。

（3）管柱组配时，射孔枪长度精确测量。校深后，管柱深度调整应以射孔枪对准目的层位为基准，首先保证射孔层位的准确性。

（4）考虑到可能有高压层的存在，射孔沟通地层后密切观察井口压力和液面情况，随时做好压井准备。发现有井喷预兆，及时采取措施，防止井喷。

6. 采气井口与地面安全控制系统的安装与调试

1）采气井口安装与试压

采气井口（包括油管头四通和采气树）的安装与试压必须在现场服务工程师的指导下进行（按照地面设计平面图要求安装采气树方向）。

（1）安装要求。

①安装油管四通前，必须严格检查悬挂器脖颈部分密封面，确认完好无损后方可安装。

②控制管线穿过油管悬挂器后，确保其在油管悬挂器的上部长度为 6~8ft（1.83~2.44m），并保护好接头。

（2）试压要求。

①压力测试时，人员应远离测试区域，释放压力或者排放液体时，不允许站在管线出口方向。

②油管头四通试压：油管头四通安装后，应对金属密封腔体进行试压，试压压力

5000psi(34.5MPa)，试压时间不少于10min，压降不大于0.7MPa，密封部位无渗漏为合格。

③安全阀控制管线试压：从控制管线接头对控制管线进行试压；测试压力5000psi（34.5MPa），试压时间不少于10min，压降不大于0.7MPa，密封部位无渗漏为合格。

④采气树整体试压：采气井口安装完毕后，对采气井口试压5000psi（34.5MPa），试压时间不少于10min，压降不大于0.7MPa，密封部位无渗漏为合格。

2）地面安全控制系统现场安装与调试

（1）投产放喷作业过程中，只安装地面安全阀控制管线，安装简易控制柜，对地面安全阀进行控制。将简易控制柜置于离井口采气树10～20m的地方，设备后方和两侧应保证有1m以上的自由空间，正面应保证有操作人员进行操作的活动空间。

（2）该井场作业井全部作业完成后，统一进行地面安全控制系统的安装调试。

①井口采气树上端安装易熔塞，高低压阀组安装在井口流程的立管上。

②管路安装时，注意横平竖直，尽量避免交叉，切管时管端要平，在拧紧卡套前确保管端插到位；井下安全回路在用倒角工具和螺纹工具做密封锥面和螺纹时要符合密封要求；地面安全阀液控口与各井地面安全阀控制口的连接必须用高压管。

③试运行前检查油箱内液压油，确保液位不低于液位计下限；检查压力表和安全溢流阀保险丝是否完好，不得擅自改动各溢流阀。

六、物资准备

作业设备及物资主要包括井口、油管、油管短节、变扣接头、井下配套工具、投产地面流程、入井液、设备等。

1. 井口及控制系统

采气井口装置及控制系统见表4－18，由中原油田天然气产销厂组织备料。液压油（用于地面安全控制系统）由供货商准备。

表4－18 文23储3－9井井口装置物资准备清单

名称	型号规格	压力级别/MPa	材料	数量	备注
生产采气树		34.5	FF	1套	组装成套
油管头四通		34.5	FF	1套	与套管头连接为11in 5000psi（34.5MPa）API法兰
焊颈法兰	3⅛in	34.5	4130	1个	与集输管线焊接，散件
芯轴式油管悬挂器	11in×3½in	34.5	4130	1套	油管悬挂器上端3½in EUE 母扣，下端3½in VAM TOP 母扣；射孔悬挂器上、下端2⅞inEUE 母扣，下部2⅞inEUE 母扣
各种密封备用件				各备1套	备用

名称	型号规格	压力级别/MPa	材料	数量	备注
井口配件	BX158 钢圈		不锈钢	1 个	油管头四通下法兰钢圈
	R54 钢圈		不锈钢	1 个	油管头四通上法兰，散件
	R35 钢圈		不锈钢	1 个	焊颈法兰用，散件
	3⅛in 法兰连接螺栓/螺母		H2/B7	8 套	采气树转换法兰螺栓，组装成套
	11in 法兰连接螺栓/螺母		H2/B7	12 套	油管头四通下法兰螺栓，组装成套
工具				同一厂家共用	背压阀、双向阀、背压阀送入/取出工具等
地面安全控制系统	地面安全控制系统			1 套	同一井场共用
	液压油（Shell T15）			100kg	用于控制系统
	线缆及接头			1 套	用于控制系统与采气树间信号传输

2. 完井工具

完井工具组件见表 4-19，由中原油田天然气产销厂组织备料。

表 4-19　完井工具组件

名称	工具描述	压力级别/MPa	材料	数量	备注
安全阀组件	油管短节 2m + 流动短节 + 井下安全阀 + 流动短节 + 油管短节 1m	34.5	13Cr-110S	1 套	组装试压合格
循环滑套组件	油管短节 2m + 循环滑套 + 油管短节 1m	70	13Cr-110S	1 套	组装试压合格
封隔器组件	2m 油管短节 + 锚定密封总成 + 液压永久封隔器 + 磨铣延伸筒 + 变扣接头 + 1m 油管短节	70	13Cr-110S	1 套	组装试压合格
坐落接头组件	油管短节 2m + 坐落接头 + 油管短节 1m	34.5	13Cr-110S	2 套	组装试压合格
安全阀控制管线	¼in	34.5		110m	
控制管线保护器	用于安装安全阀控制管线			12 个	
防卡减磨装置	安装在封隔器两端，矫正封隔器工作状态	70	复合碳纤维	1 个	CYF148/300

3. 油管及短节

文 23 储 3-9 井所需油管及短节见表 4-20。

表4-20 油管及短节

名称	规格型号	数量	准备单位
完井 P110-13CrS 油管	Φ88.9mm×6.45mm×P110-13CrS	2860m	甲供
13Cr-110S 油管短节	Φ88.9mm×6.45mm 5.0m	1根	
	Φ88.9mm×6.45mm 2.0m	1根	
	Φ88.9mm×6.45mm 1.0m	2根	
提升短节	Φ88.9mm EUE 扣 2.0m	1根	
筛管	Φ73mm×5.51mm×N80 NUE	2m	施工单位
存储式压力计托筒	外径Φ114mm, 耐压35MPa	1个	
压力计	外径19mm, 耐压35MPa, 耐温120℃	1个	
作业 N80 油管	Φ73mm×5.51mm×N80 EUE	3130m	
	Φ73mm×5.51mm×N80 NUE	30m	
变扣接头	Φ73mm EUE 变Φ73mm NUE	1	
油管短节	Φ73mm NUE×2m	1	
调整短节	Φ73mm×5.51mm 3.0m EUE	2根	
	Φ73mm×5.51mm 2.0m EUE	2根	
	Φ73mm×5.51mm 1.0m EUE	2根	
	Φ73mm×5.51mm 0.5m EUE	2根	
	Φ73mm×5.51mm 0.3m EUE	2根	
气举阀	KCS-Ⅱ型, 材质316L, 耐压50MPa	2支	工程院
固定式气举工作筒	2⅜in EUE	2支	

4. 入井液准备

(1)施工液体准备

文23储3-9井入井液准备清单见表4-21。

表4-21 入井液准备清单

液体名称	设计用量/m^3
射孔压井液	360
环空保护液	49
应急压井液(密度1.2g/cm^3±0.05g/cm^3盐水)	每个平台90
洗井液(0.5%活性水)	120

(2)施工设备准备

文23储3-9井入井液施工设备见表4-22。

表4－22　施工设备

序号	设备名称	单位	数量	要求	备注	准备单位
1	40m³泥浆罐	个	4	设备完好	/	施工单位
2	700型水泥车	台	2	设备完好	工况良好	施工单位
3	20m³循环水池	个	1	设备完好	1个带循环搅拌	施工单位
4	15～20m³水罐车	辆	5	清洁干净	拉清水	施工单位
5	15～20m³入井液储运车	辆	5	清洁干净	拉压井液、环空保护液	施工单位
6	2～4m³防腐水池	个	1	设备完好	清洁干净	施工单位

5. 作业设备、井控设备及工具准备

作业设备包括修井机、防喷器、循环系统见表4－23，由施工单位负责准备。

表4－23　作业设备

序号	设备名称	单位	数量	要求	备注
1	修井机	台	1	设备完好	提升力不小于100t
2	内防喷装置	组	2	设备完好	各扣型均试压合格
3	循环系统	套	1	设备完好	700型水泥车、水罐车、40m³　水池、40MPa供液管线，满足施工需要
4	2FZ28－35防喷器	套	1	设备完好	按标准试压合格
5	压井、节流管汇	套	1	设备完好	按标准试压合格
6	通井规	个	1	设备完好	Φ148mm×4.0m
7	套管刮削器	个	1	设备完好	GX178T
8	钻杆	m	3100	设备完好	试压合格

6. 下油管设备准备

下油管设备见表4－24。

表4－24　下油管设备

序号	设备名称	单位	数量	要求	备注	准备单位
1	液压管钳	套	1	设备完好	包括各种尺寸钳头、最大扭矩6000N·m	施工单位
2	吊卡	组	2	设备完好	2⅞in、3½in各2	
3	扭矩监测仪	套	1	设备完好	A150	
	扭矩传感器				BK－1	
4	密封脂	kg	20	保质期内	满足API RP 5A3要求	
5	对扣器	套	2	设备完好	3½in	甲供
6	油管通径规	个	2	完好	Φ59×0.5m、Φ73×0.5m各1	
7	油管气密封检测装置	套	1	完好	按标准试压合格	气密封检测单位

7. 射孔施工设备

射孔所用设备及器材见表 4 – 25。

表 4 – 25　射孔设备

序号	设备名称	单位	数量	要求	备注	准备单位
1	电缆仪绞车	台	1	设备完好	包括 7000m 电缆，带	施工单位
2	随车吊	台	1	设备完好		
3	工程车	台	1	设备完好	施工	
4	多功能地面仪	套	2	设备完好	DF – Ⅵ	
5	TCP 检测仪	套	1	设备完好	监测震动、压力	
6	测井仪器	套	2	完好	三参数等	
7	700 型泵车	台	1	完好		甲方提供
8	水灌车	台	2	完好		
9	液压钳	套	1	完好		作业队提供

8. 气举排液施工准备

注氮气设备及其他物资准备见表 4 – 26。

表 4 – 26　注氮气设备及其他物资准备

序号	名称	型号、规格	单位	数量	提供单位
1	橇装制氮车组	NPU1200/35DF	套	1	施工单位
2	通勤车	5 座工具车	台	1	
3	注氮气管线	长度 20m，口径 1in，耐压 35MPa	根	3	
4	单流阀	35MPa	个	2	
5	低压连接管线	长度 8m，口径 2in，耐压 4.0MPa	根	1	

七、井控专篇

施工单位的井控装备、井控管理及措施、井控应急预案和应急情况处置，按《中原油田分公司井控管理实施细则》（中油工技〔2016〕62 号文件）、《井下作业安全规程》（SY 5727—2014）、《井下作业井控技术规程》（SY/T 6690—2016）等标准及要求执行。

1. 井控装备

1）防喷器

①根据气井作业相关安全标准，选用 2FZ28 – 35 防喷器组，具体组合见附件 9.7。

②作业前，按照《井下作业安全规程》（SY 5727—2014）、《井下作业井控技术规程》（SY/T 6690—2016）等要求：在井控车间（基地），对闸板防喷器、四通、压井管汇等做 1.4～2.1MPa 的低压试验和额定工作压力试压；对节流管汇按照各控制元件的额定工作压力分别试压，并做 1.4～2.1MPa 的低压试验；对放喷管汇密封试压应不低于 10MPa。井控装置均采用清水进行密封试压，试压稳定时间不少于 10min，密封部位不允许有渗漏，其

压降应不大于 0.7MPa。在作业现场安装好后，井口装置应做 1.4～2.1MPa 的低压试验；在不超过套管抗内压强度 80% 的前提下，闸板防喷器、四通、压井管汇以及节流管汇的各控制元件应试压到额定工作压力。

③井控装备每次安装、更换部件都要重新进行试压检验，井控管汇现场整体试压后还应对各闸门进行反向试压。

④防喷器现场安装时，全封、半封不能装反。与井口法兰连接，钢圈槽、钢圈清洗干净，无损坏，四个对角螺栓平衡上紧后，再上其他螺栓。螺栓长短、直径应配套，上下螺帽丝扣应上满、上紧。

⑤具有手动锁紧机构的闸板防喷器，应全部装配手动操作杆并支撑牢固。有钻台的，手轮位于钻台以外，便于操作。手动操作杆中心与锁紧轴之间夹角不大于 30°，两翼操作杆应挂牌标明开、关方向及圈数。

⑥具有手动锁紧机构的闸板防喷器长时间关井，应手动锁紧闸板。打开闸板前，应先手动解锁，锁紧和解锁都应先到位，然后回转 1/4～1/2 圈。

⑦当井内有管柱时，不允许关闭全封闸板防喷器。若需关闭半封闸板防喷器，应先上提管柱 5～10cm。严禁不提管柱情况下强关防喷器。

⑧不允许用打开防喷器的方式来泄井内压力。

⑨闸板防喷器在安装后、钻开每层套管水泥塞前、每次拆卸维修后，都需要用清水进行试压，试压到额定工作压力，稳压不少于 10min，压降不大于 0.7MPa，密封部位无渗漏。井控装置须进行低压、高压试压，低压试压完毕后泄压至零，重新升压至高压试压，不允许先试高压后泄压至低压的试压方法。所有试压资料需要存档。

2）井控管汇

①井控管汇的压力级别及组合形式，符合《井下作业安全规程》（SY 5727—2014）、《井下作业井控技术规程》（SY/T 6690—2016）等相关要求，节流管汇和压井管汇的额定工作压力应不低于防喷器组的额定工作压力，各闸门开关状态正确并有状态标识。

②放喷管线、压井管线应采用钢质管线，其通径不小于 50mm。不准使用活动弯头和高压软管，禁止使用焊制弯头。禁止现场焊接井控管汇。

③放喷管线、压井管线每隔 10～15m、转弯处等用地锚或地脚螺栓水泥基墩（长、宽、高分别为 0.8m、0.6m、0.8m）固定；放喷管线转弯处应使用不小于 90° 的锻钢制弯头，气井不使用活动弯头连接，放喷管线出口应考虑当地季节风的风向、居民区、道路、油罐区、电力线等情况。

④放喷管线控制阀门、压力表装置距井口 3～5m，控制阀门平时应处于开启状态。

⑤节流、压井管汇试压压力，节流阀前各阀应与闸板防喷器一致，节流阀后各阀应比闸板防喷器低一个压力等级，从外向内逐个试压。放喷管线试压压力不低于 10MPa，试压稳压不少于 10min，压降不超过 0.7MPa。

3）内防喷工具

起下钻前准备的 35MPa 井口内防喷工具 2 组，备齐不同扣型钻具的变扣短节。

现场使用的旋塞阀应保养清洁，灵活好用。旋塞阀专用扳手应放置在井口附近易拿到的地方。禁止使用开关口为五棱及以上的旋塞阀。每次起下管柱前应开、关活动一次，并使旋塞阀处于完全打开状态。

2. 压井液及压井方式

压井液密度应以目前生产层或拟射地层最高压力为设计基准，本井设计压井液密度为1.02g/cm³。

根据现场施工情况采用灌注或循环压井方式，不喷不漏方可动井口。

若地层压力低，无法建立循环而又不能保持井筒常满状态的，应根据所测井筒动液面情况确定灌液量。

3. 注气后完井施工井控应对方案

①作业施工期间，临近对应储层连通注气井应暂停注气。

②射孔后观察8h，期间落实液面监测、记录压力，指导下步压井。

③井口压力为0、液面稳定后方可拆采气树、装防喷器。

④起射孔管柱前灌300m³液体，起钻过程中加强液面监测（半小时监测一次，若液面变化较快则加密监测），连续灌注压井液补充油管排带量。

⑤起射孔枪身准备放喷单根，射孔队准备枪身和防喷单根之间的变扣。

⑥提前做好施工准备，起完射孔管柱后，尽快下入完井管柱，严禁空井筒等待。

⑦下完井油管前更换匹配尺寸的半封闸板，下管柱期间监测液面（半小时监测一次，若液面变化较快则加密监测），根据液面情况连续灌液。

⑧井内液体无法平衡地层压力，使用应急压井液循环脱气压井。

⑨目前无法准确预计各施工井完井日期、注气投产日期，注气后投产的井号不确定；施工前，根据储层联通情况、周边气井注气情况及地质预测地层压力情况等，在施工设计中进一步完善施工工艺及井控措施。

4. 风险识别及防控措施

（1）射孔作业可能出现的风险及防控措施见表4-27。

表4-27　射孔作业可能出现的风险及防控措施

可能出现的风险	可能的原因	防控措施
在装枪、井口连接过程中枪弹地面爆炸，对周围的人员带来伤害	1. 人员误操作 2. 环境不宜	1. 对操作人员进行培训，并制定操作规程。在操作过程中应严格按要求的步骤进行，不得走捷径 2. 射孔器组装人员应按照规定穿戴好防静电服，禁止使用手机等通信工具，禁止烟火、组装现场电力设施不应有漏电、电缆破损现象 3. 射孔器在井口对接时，不准使用液压钳，应用管钳逐根拧紧，不得使传爆管受到碰撞和挤压 4. 射孔枪的装枪、组装以及井场存放必须在指定地点进行 5. 装炮时应选择离开井口3m以外的工作区，圈闭相应的作业区域；距离爆破器材操作现场15m以内不允许有明火或产生明火的装置存在 6. 不应在大雾、雷雨、七级风以上（含七级）天气及夜间开始射孔和爆炸作业

可能出现的风险	可能的原因	防控措施
射孔枪井下提前引爆、误射非目的层、破坏井筒结构	下射孔枪时，管柱下放速度过快，造成井下压力激动	1. 射孔管柱的下放应连续、平稳，严禁猛提猛放 2. 防止井下落物
传爆中断或炸枪事故，造成枪身断裂，部分枪段掉到井底	射孔器受到强烈震动和惯性冲击	优选射孔枪及接头材料，提高射孔枪连接强度，加强纵向减震能力
射孔管柱变形断裂、射孔枪密封失效	1. 射孔管柱遇阻 2. 上提遇卡	1. 射孔前按设计要求进行井筒处理，保障射孔管柱顺利下井 2. 起下射孔管柱速度平稳，最大下放速度不大于 5m/min
射孔枪未起爆，起枪过程中误爆	1. 火工器材质量缺陷 2. 现场操作不当	1. 火工器材的选择、验收、装配等严把关 2. 严格执行操作规程
民爆物品的失控	丢失或者被盗	作业前进行风险评估，申请爆破作业许可证并审批通过；安排专人看护
起射孔管柱过程中发生溢流	压井液液面下降	计算漏失量和射孔管柱排代量，边起射孔管柱边补充射孔压井液

(2)井下作业可能出现的风险及解决方案见表 4-28。

表 4-28 井下作业可能出现的风险及解决方案

可能出现的风险	可能的原因	防控措施
动火作业时发生火灾	井口有泄漏或管线内有残余的油气等可燃物，动火作业时着火	动火前进行风险评估，申请动火作业许可证并审批通过；无泄压通道的井口在动火前采用带压打孔放压至0。经彻底吹扫、清洗、置换、通风、换气，对作业区域或动火点可燃气体浓度进行检测，合格后由专业人员按照安全措施或安全工作方案要求进行作业
地层严重漏失	地层压力负异常	及时关井，采用屏蔽暂堵建立循环，根据情况制定下步措施
作业时发生溢流和井涌	地层压力大于井底压力	一旦发现井口外溢，立即在油管上抢装内防喷工具（旋塞阀）并关闭；及时关闭防喷器，测关井压力，根据实际情况采用应急压井液压井
井筒试压时压力达不到试压值或压降超过允许值	地面管线或套管漏失	管线连接前检查由壬是否有密封垫；管线从井口往试压泵依次砸紧；若打不起压或压降过大，立即检查是否地面管线漏失，若地面管线漏失则重新连接地面管线后，试压；若地面管线无漏失，上报上级部门
井口防喷器、采气树等高压试压环节出现压力刺漏、管线崩坏伤人	试压压力高于设备额定压力、管线老化、管线未做地锚锭定、管线未连接好等	所有试压操作严格按照设备有关操作规程进行。管线连接前检查由壬是否有密封垫；管线从井口往试压泵依次砸紧；高压试压时，分阶梯逐级升压，随时观察，若发生刺漏，立即泄压至0，重新连接管线，若出现人员伤亡事故，立即送医并上报上级部门

续表

可能出现的风险	可能的原因	防控措施
起下钻过程中礅钻或卡钻	起、下管柱速度过快	起下钻过程中应平稳操作；遇阻时，悬重下降控制不应超过20～30kN，并上下平稳活动管柱、循环冲洗，严禁猛礅、硬压。提升前，应先检查地锚、钢丝绳等是否牢固，在系统允许的提升力范围内活动解卡，严禁超负荷提升
下完井管柱过程中遇阻	套管内壁脏、井内落物	上下活动管柱，若经多次活动管柱无法下入，起出完井管柱，重新通井和刮管，检查封隔器等完井工具
大尺寸工具起下时发生井涌或井漏	起下管柱速度过快，波动压力过大	应控制起下钻速度，起下速度不得超过5m/min，以减少压力波动。边起边灌射孔压井液，不得少灌不灌
封隔器中途意外坐封	可能是封隔器过防喷器时卡瓦被刮坏、坐封销钉数量设置不够、管内意外压差导致	先向上缓慢试提，在封隔器未完全胀开的情况下将封隔器取出；如果封隔器提不动，则右旋管柱将锚定密封倒开，起出上部油管串，然后下入磨铣工具磨铣封隔器
安全阀液控管线挤坏	操作不当	可以上提管柱，重新连接液控管线
安全阀无法正常开启	可能是操作压力计算错误、液控管线渗漏	关闭采气树主阀，将液控管线压力打压至预计井口关井压力，待安全阀阀板上下压力一致时，提高液控管线压力至安全阀的开启压力。井下安全阀的开启压力 = 关井井口压力 + 安全阀地面最小打开压力 + 500psi（3.5MPa）
管柱打不起压力	1. 堵塞器不能到位 2. 堵塞器不密封	钢丝作业捞起堵塞器检查结构，重新下堵塞器，然后打压验证
封隔器验封不合格	1. 可能是封隔器上部套管破损 2. 可能是封隔器不密封	重复封隔器坐封操作，分级增压至堵塞器所允许的最大压力后，停泵稳压30min，使封隔器有充分的密封过程。若再次验封不合格，起出本次管柱
完井管柱气密封失效	管柱形成漏点	完井油管的下井，由专业下油管队严格按完井油管操作规程操作，整个管柱的每个气密封扣必须按照规定的扭矩上扣

（3）膜制氮注氮气举作业可能出现的风险及解决方案见表4-29。

表4-29　氮举作业可能出现的风险及解决方案

可能出现的风险	可能的原因	防控措施
施工准备不合格	1. 操作人员劳保穿戴不规范和防护工具配备不齐全 2. 设备未按要求摆放，作业人员操作不规范	1. 按要求佩戴劳保和安全防护用具 2. 按要求摆放好设备，规范操作
施工车辆安全措施不到位	1. 没有安装防火罩 2. 现场没有设置警戒区域以及警戒标志	1. 进场车辆必须安装防火罩 2. 施工现场用警示绳围挡设立警戒区域并设置安全警示标示

续表

可能出现的风险	可能的原因	防控措施
施工人员健康受损	1. 带病上岗 2. 制氮装备运行噪音大	1. 严禁带病上岗 2. 施工人员需佩戴防噪音耳塞或耳罩
人身触电	用电线路老化和未接地	1. 定期检查用电线路，确保线路完好 2. 做好用电设备的接地连接和漏电保护器的检查
机械故障	1. 动力柴油机机油不足 2. 油气分离器、曲轴箱润滑油不足 3. 高压送气阀门及泄压阀门异常	1. 检查并补充机油至安全液位 2. 检查并补充润滑油至安全液位 3. 定期检查及早紧固和更换
循环管线压力异常、注气管线气体泄漏、高压管线爆裂	1. 循环管线连接部位有泄漏 2. 注气前未试压、注气管线有破裂 3. 高压管线老化	1. 注气前先检查连接处及管线是否良好，然后按要求进行试压 2. 加强巡回检查力度，及时处理
设备异常高压、紧急停机、报警系统异常、氮气浓度低、气体不止回	1. 安全阀未按规定校验 2. PLC 控制系统异常 3. 报警灯线路接触不良 4. 氧传感器失效 5. 注气单流阀安装错误	1. 定期校验安全阀 2. 做好 PLC 控制系统各监测点的监测和记录 3. 加强巡回检查力度，及时处理 4. 定期检查和更换氧传感器 5. 按要求正确安装
环境污染及火灾	1. 放喷管线走向不合理 2. 放喷管线连接部位泄漏	1. 放喷管线布局应考虑当地季节风的风向、居民区、道路、油罐区、电力线路等情况，合理布置管线走向 2. 放喷管线各连接处安装牢固并接入计量罐(池) 3. 施工现场及防喷周围严禁烟火 4. 井场内防喷出口应装缓冲器，接出井场外的出口与井口距离应大于 50m，并具有安全点火条件
高压管线跳动，放喷管线及出口弯头抛甩、折断	1. 高压管线未按规定固定 2. 放喷管线没按照标准安装及固定	1. 按规定用钢丝绳捆绑固定牢固 2. 放喷管线应采用钢质管线，其通径不小于 50mm，弯头角度应不小于 120° 3. 放喷管线应落地固定，每隔 8～10m 用地锚或者水泥基墩固定，出口及转弯处应用双卡卡牢，水泥基墩重量应不小于 400kg 4. 放喷流程按照施工设计要求加装节流油嘴

八、QHSSE 要求

为了确保投产施工的安全有序进行，施工队伍必须成立相应的投产施工领导机构，负责人员组织及协调工作，必须明确包括作业、井控、射孔等关键工序在内的责任负责人。施工队伍在施工前编写《投产施工作业事故应急预案》，对施工过程中可能出现的紧急情况，如在发生火灾、爆炸、自然灾害或有毒有害气体泄漏与溢出等事故时，以保护施工人员人身安全为主，兼顾井场设备财物损失最小化，建立应急处理预案，按要求进行应急演练。

1. 质量要求

1) 质量保证要求

为了保证文23储3-9井现场施工质量，建立质量控制流程单管理制度，要求每道工序实施必须有专人负责，实施完成后由甲方监督签字认可。现场施工质量控制流程单(作业准备质量控制、射孔工艺现场施工质量控制、起下管柱质量控制等现场施工、工序质量控制)统一的格式编写。施工期间，流程控制单由甲方监督负责保管并监督执行，流程控制单必须采取手工填写，并签字认可，施工完成后该流程单将作为档案进行保存。填表说明如下：

流程控制单编制表，在"施工内容"栏内中填写工序的内容，如作业设备安装情况，必须注明是否合格。

①具体工序施工情况，在"施工内容"中描述施工主要参数、异常情况的发生及处理意见。

②对于国外公司协作单位同样进行施工质量确认，对于不懂中文的国外工程师可根据实际情况由其中方代表签字。

③表格由甲方监督负责在施工前印制，施工内容由乙方填写，要求字迹工整，不得涂改。

2) 资料录取要求

文23储3-9井投产施工过程中包括通井、刮削、洗井、射孔、压井、起下管柱等作业工序的资料录取，应该严格按照《文23储3-9井地质设计》及《油气水井井下作业资料录取项目规范》的相关标准执行。

(1) 通井作业资料录取。

①通井规名称、规格(长度、壁厚、最大外径)、型号、简图。

②管柱类型、规格、单根长度、下入根数、下入深度。

③通井深度、通井速度、遇阻位置、指重表(拉力计)变化值及对应深度。

④起出通井规痕迹描述。

(2) 刮削作业资料录取。

①刮削器名称、规格(长度、壁厚、最大外径)、型号、简图。

②管柱类型、规格、单根长度、下入根数、下入深度。

③刮削深度、通井速度、遇阻位置、指重表(拉力计)变化值及对应深度。

④循环液名称、类型、密度、黏度、用量。

⑤循环时间、方式、排量、泵压、出口液量、排出液性能描述。

⑥起出刮削器痕迹描述。

(3) 洗井作业资料录取。

①洗井管柱、洗井方式、洗井深度。

②洗井液名称、黏度、相对密度、pH值、氯根、热洗温度、添加剂及杂质含量。

③洗井时间、泵压、排量、洗井总液量。

④洗井液排出时间，出口排量，排出液密度、黏度、温度、pH值、氯根、总液量，对返出物的描述。

（4）油管传输射孔（投棒式）作业资料录取。

①射孔层位、层号、层段、厚度。

②油管完成深度、封隔器坐封深度、管柱结构。

③射孔枪枪型、相位角、弹型、弹数、孔密、孔数、射开井段。

④投棒尺寸、投棒点火时间。

⑤射孔压井液名称、密度、用量。

⑥掏空方式及深度、负压值（正压值）。

⑦发射率、起出射孔枪描述。

⑧射孔后油气显示情况，油、套压值。

（5）压井作业资料录取。

①压井液名称、黏度、密度，添加剂名称、型号、生产厂家、用量。

②压井管柱结构、下入深度。

③压井方式、时间、泵压、排量，压井液用量。

④压井效果描述。

（6）起下管柱资料录取。

①起管作业。

a. 起出油管、钻杆时间、规格、根数、总长度。

b. 起出井下工具名称、规格（长度、最大外径、最小内径）、型号、数量。

c. 施工过程及原井管柱、钻柱状态描述。

②下管作业。

a. 下入油管、钻杆时间、规格、根数、完井深度。

b. 下入井下工具名称、规格（长度、最大外径、最小内径）、型号、数量、深度。

2. 健康要求

1）作业事故救护要求

现场应配备常规的、必要的医疗急救药品和设备，掌握周边的医院联系方式，对于突发的人身伤害事故，应采取紧急治疗。

施工中发生伤害人身安全的事故，应果断中断任何施工工作，并由现场领导小组组织检查、查明事故原因并排除事故隐患后方能继续施工。

2）火灾、爆炸及自然灾害事故救护要求

当施工期间发生火灾、爆炸事故时应马上关井转入抢险救援工作。

初期火灾应采取现场灭火器材和消防车结合扑救方式消除，严重火灾、爆炸事故要立即通知地方公安消防部门。

轻症烧、灼伤、机械挫伤、中毒、触电和其他轻伤人员由现场医护人员医治处理、重症人员由专车、专业医护人员陪护送就近县级以上医院医治。

发生严重自然灾害时，应关井立即开展自救，同时通知地方政府请求援助。

3. 安全要求

1）井场安全要求

井场作业设备和安全设施的布置须符合国家及行业相关标准规范，并按照井场布置的相关要求进行安装。进入井场的人员及车辆必须服从井场相关安全负责人的指挥和安排。主要安全注意事项如下：

①做好防火防爆预防工作，要求进入施工现场的车辆带防火罩，施工中要使用防爆工具，避免剧烈撞击出现火花等，作业队应配备足够数量的灭火器等器材。

②现场应提供足够的水源和消防车、消防器材。

③通信系统 24h 通畅，并在井场醒目位置张贴应急电话号码。

④井场电器设备应符合《井下作业安全规程》（SY/T 5727—2014）中 3.18 的规定。

⑤通往井场道路适合 40t 重型车辆通过，井场平整且井场面积应能停下两台制氮气举车。

⑥注氮气施工现场需 $20 \times 20m$ 开阔场地，停放的方向应方便在紧急情况下的迅速撤离，且通风良好、道路通畅。

⑦该区块不含硫化氢，二氧化碳平均含量 1.3%，作业时注意做好监测及防护。

2）井控安全要求

①作业前落实好井筒和井场周围地面情况，要求将施工设计对作业队施工人员进行技术交底，待达到油气井作业安全施工条件后方可进行施工；施工前施工单位根据作业内容，编写好《井控安全预案》。

②施工前配备满足施工要求的循环系统，并准备 1 台应急施工的 700 型水泥车。

③要求井口闸门齐全，保证两边套管闸门完好，检查防喷器是否完好灵活，若不合格及时更换；内、外防喷工具必须由专人负责，定期检查保养，确保灵活好用。

④起下管柱前必须装好井控装置，井控装置应符合《井下作业井控技术规程》（SY/T 6690—2016）的规定，现场安装并试压合格。起下钻作业过程中要由专人负责观察井口，发现溢流或溢流增大等井喷预兆时，要立即抢装并关闭油管旋塞，关闭防喷器，经观察后再决定下步措施。起下钻具或管杆不允许冒喷作业，具体要求按照《井下作业井控技术规程》（SY/T 6690—2016）中 6.4 有关内容执行。

⑤压井施工执行《油气井压井、替喷、诱喷》（SY/T 5587.3—9013）中的规定。关于井控管理应按中原油田中油工技［2016］62 号文件（制度编号 JZYYT - A01 - 23 - 001 - 2016 - 2）《中原油田分公司井控管理实施细则》规定执行。

3）作业安全要求

①作业区用警示带隔离，严格控制进入作业区的人数，井场范围内严禁吸烟，杜绝明火，作业区内禁止使用手机。

②注氮气设备进入井场前，用可燃气体报警仪检测可燃、有毒气体浓度，安全达标后方可进入施工现场。作业前测风向，临时作业车应摆放在距井口 30m 的侧风口。

③井口操作人员应明确操作程序，仔细做好各项准备工作以及需用的各类设备和工具。

④钢丝及电缆作业中须严格执行《绳索作业操作规程》及《试井作业操作规程》。

4. 公共安全要求

（1）施工场地建立警戒线或围栏，设立警戒标志，禁止无关人员进入施工场地；维护施工现场的治安秩序，检查进入油气企业内部的人员证件，登记出入的车辆和物品；严禁非施工单位及相关单位的私人车辆进入施工现场。

（2）现场指挥人员掌握周边乡政府和村干部的联系方式，以便发生突发情况及时告知。

（3）施工前应与施工现场周边村庄、学校、商场等人流密集型场所负责人结合，做好公共安全防范工作，设立应急管理负责人，确定好紧急情况联系人。

（4）熟知周边地理环境及道路交通和桥梁，确定不少于两处的人员疏散场所。

（5）现场火灾失控、有毒气体泄漏等险情发生时，联合应急管理指挥部及群众疏散队伍逐户紧急疏散周边居民，确保不遗漏1人。

（6）发生紧急状况时，应根据现场风向选择疏散场所，并通知到每个人。

（7）对于不可控的威胁到生命的重大事故，现场指挥应安排人员紧急逃生，并及时通知地方政府及应急救援队。

5. 环保要求

施工期间应加强环境保护意识，本着"谁施工谁负责，谁污染谁治理"的原则，切实落实环境保护措施。

1）液体处理要求

①施工单位密切观察污水池内污水量，根据放喷口出液量，提前做好污水处理准备，及时将废液装入废液罐进行处理，严禁污水溢出，污染农田及附近河流。

②施工中井口溢流污水、洗井液、环空保护液等不能在井场任意排放，应将返出井筒的废液排至放喷池和污水池（做防渗处理），及时用罐车清运至处理站或对污水进行无害化净化处理。

2）环境保护要求

①车辆进出、施工操作时等工序不得污染农作物或损坏庄稼。

②施工现场及值班房、材料房清洁卫生，工具材料摆放整齐，垃圾按环保要求统一处理。

③工作场地应当保持整洁、美观。施工结束后对井场（作业区域）进行全面清理，将药品包装袋、废旧胶皮、桶、塑料袋等进行分类收集、登记，并按要求统一堆放处理；做到现场整洁、无杂物，地表土无污染。

④发电房、机房、油罐区域内做挡污处理，并及时清理集油池回收废油。施工车辆废机油要用容器回收，不得随意排放。

⑤配制液体时，严禁液体外溢、滴漏对井场造成污染；在倒换液体管线时，用容器盛接，避免管线内液体洒、滴至井场地面；添加药剂后，不能将盛装药剂的桶倒放，以免残余药剂外流。

6. 其他要求

（1）所有参加文23储3-9井投产作业的施工人员、技术服务人员、现场指挥必须经过安全生产教育、井控培训，并取得合格证书。

（2）文23储3-9井投产作业前所有施工单位应制定现场作业技术书和施工中风险应急预案，建立危害识别卡等资料，并规范填写。

（3）投产作业前必须针对文23储3-9井至少进行一次井下作业井控演习、紧急逃生演练、交叉作业，并做好记录。还要进行防井喷演习。一旦发生井喷事故，施工单位应立即向有关部门和领导汇报，制定控制井喷方案，并组织制服井喷工作。

（4）井控设备在投产作业前必须进行测试、检测并合格。井控设备的测试、检测、安装、运行等应进行记录并保存。

（5）对于射孔、起下管柱等作业在施工设计和施工中必须明确负责人和关键岗位人，制定明确的岗位工作职责，各岗位操作人员必须明白自己的岗位职责。

（6）施工期间领导小组或甲方监督负责组织每日施工及安全例会，明确当日施工内容，通报安全工作落实情况，并填写作业日报和"七想七不干"卡并妥善保存。

（7）交叉作业期间，由领导小组副指挥和甲方监督负责组织各施工单位协调工作，必须明确交叉作业期间有关安全要求和施工组织要求。

第五章　监测与测试技术

　　地下储气库注采监测与测试技术是保证储气库安全平稳运行的重要手段，旨在对处于动态变化中的地层、井筒环境进行观测，并识别和评价潜在风险，制定相应对策，不断改善储气库的运行环境，降低储气库的运行风险水平。

　　地下储气库注采监测与测试方案在设计时，应充分考虑建库期的运行风险和建成后的动态分析所需资料的获取要求，同时兼顾储气库正常运行后盘库、损耗计算以及扩容等方面工作的需要，编制注采监测与测试方案。地下储气库注采监测与测试方案应遵循以下原则：

　　①根据储气库的地质特点和运行要求确定监测内容；

　　②监测方案和监测系统应充分考虑不同区块和层系的需求；

　　③监测方案中各种测试方法、测试手段要综合部署，合理安排；

　　④监测井部署要采取一般区块同重点区块典型解剖相结合的办法，重点区块内定期监测，系统观察；

　　⑤监测井在构造位置、注采制度等方面应具有代表性，在时间阶段上要有连续性、可对比性；

　　⑥监测井井口设备和井下技术状况要符合测试技术要求。

第一节　动态监测需求

　　根据文 23 储气库投产运行需要，针对气库注采停运行周期，开展气库运行流(静)压力温度、注采能力、断层封闭性、边底水变化、井筒液面及采气剖面等监测内容方案编制；同时，根据监测要求及相关标准，配套数据录取要求，确保气库安全平稳高效运行，为气库安全高效运行提供重要依据。

一、主要监测内容

　　文 23 储气库主要监测内容有：①气库运行过程压力温度监测；②注采能力监测；③边界断层封闭性、储层连通性监测；④气水界面变化，分析边底水的变化情况；⑤注采剖面监测；⑥井筒液面监测；⑦流体分析。

(一)注采井动态监测

1. 压力(温度)监测

为了解储气库运行过程中的地层压力,在每一个注采周期内,要对所有注采井开展流、静压(温)梯度及井底流、静压(温)监测。

(1)监测方案设计。

①静压监测:在气库运行过程中,在停气期,注气前测试一次井底静压(温),停注15d后测试一次井底静压(温),使用精度0.05%以上的压力计测量,特殊情况可加密监测。

②流压监测:配合注气期、采气期,每个注采周期内,对所有注采井开展流压监测。

(2)监测工艺:采用钢丝悬挂压力计进行监测。

2. 压力恢复测试

在气库高、中、低部位,每个井台优选1~2口井开展压力恢复测试(图5-1),可求取储层表皮系数、渗透率、波及半径、气藏边界等信息。

(1)监测方案设计:关井前下入压力计到设计深度,进行关井实施压力恢复测试,可配合停气期开展。

(2)监测工艺:以永置式测试工艺、钢丝脱卡压力计为主,采用存储测试、高精度、高分辨率压力计。

(3)监测目的:求取储层表皮系数、渗透率、波及半径、气藏边界等参数。

3. 注入能力监测

为实现文23储气库注采气目标,每个井台优选2口井开展注入能力测试,同时,通过两年同井次测试对比评价,分析注入能力变化,为合理配注方案调整提供依据。

1)监测方式

(1)测试方法:采用升压法,保证启动压力测试的准确性。

(2)工作制度:可采用四个制度等时距,便于最大产能及注气指示曲线分析,如图5-1所示。

(3)试注后开展压力降落测试,获取地层压力、渗透率、表皮系数及探测体积等参数。

(4)测试时间:根据不同储层物性,设计等时距12~24h,关井测压降5~10d。

(5)现场测试中,若注气量低于$5 \times 10^4 \mathrm{m}^3/\mathrm{d}$,采用一点法测试,如图5-2所示。

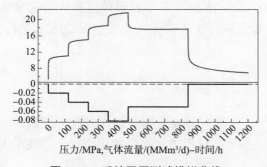

图5-1 系统回压测试模拟曲线

压力/MPa,气体流量/(MMm³/d)-时间/h

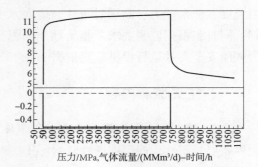

图5-2 一点法模拟曲线(一点法)

压力/MPa,气体流量/(MMm³/d)-时间/h

注:(1)考虑管柱冲蚀,最高试注气量不超过$100 \times 10^4 \mathrm{m}^3/\mathrm{d}$。(2)测试每个工作制度要达到稳定,井口压力波动小于0.5MPa,产量波动小于5%。

2) 监测工艺及方案部署

配套注采运行方案，8 个井台每年优选 16 口井开展试注，试注均采用钢丝下带压力计方式监测。获得真实吸气能力，建立注气注入能力方程。

3) 监测目的

评价储层物性参数、地层压力动态变化及动态库容；指导气库运行过程参数合理调配。

4. 采出能力监测

文 23 储气库在满足垫气要求后，注入井达到基本稳定后，每个井台优选 1 口井开展采出能力测试，求取产能方程及无阻流量。同时，通过两年同井次测试对比评价，分析采出能力变化。

1) 监测方案设计

采用降压法系统测试，四个工作制度 + 压力恢复测试 (图 5 - 3)，获取单井无阻流量、地层压力、渗透率、表皮系数及探测体积等参数。现场测试中，若注气量低于 $5 \times 10^4 \mathrm{m}^3 / \mathrm{d}$，采用一点法测试。

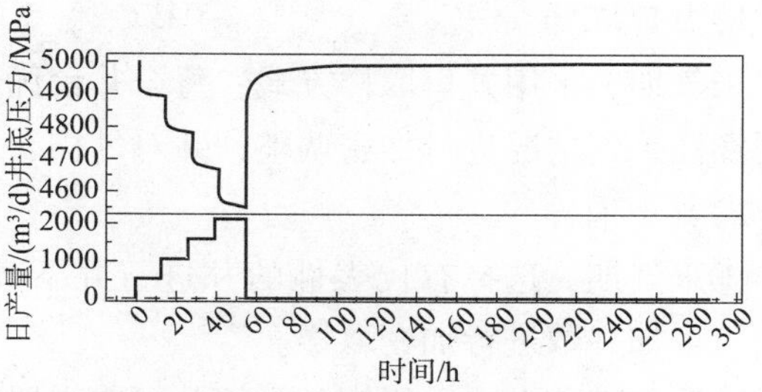

图 5 - 3 采出能力监测模拟曲线 (四个制度)

注：(1) 考虑管柱冲蚀，最高试注气量不超过 $100 \times 10^4 \mathrm{m}^3 / \mathrm{d}$。

(2) 测试每个工作制度要达到稳定，井口压力波动小于 0.5MPa，产量波动小于 5%。

测试时间，根据不同储层物性，设计等时距 12 ~ 24h，关井测压降 5 ~ 10d。

2) 监测工艺及方案部署

配套注采运行方案，8 个井台每年优选 8 口井开展采出能力评价。监测工艺采用钢丝下带压力计方式监测。

通过采出能力监测，获得单井储层参数、污染状况、无阻流量以及采出过程中动态压力分布，建立单井产能方程，评价区块采出状况。

5. 封闭性监测

配套地质方案，边界断层封闭性监测井由可行性研究方案的 4 口增加到 8 口井，重点加大文 68、文 104、文 105 主断层封闭性监测与评价。

(1) 监测方案设计：①考虑 8 口观察井均未下永置式压力计，为更好分析断层封闭性，采用钢丝投放压力计脱卡工艺，每月起下一次压力计，持续监测井下压力变化，定性分析断层封闭性。②为进一步评价断层情况，注采过程中，每年开展一次干扰探边测试，开展断层封闭性识别。其中观察井为文 69 - 2、文 108 - 7，干扰井为文 4 - 7、文 8 - 3。

(2) 监测工艺：以钢丝悬挂压力计或钢丝脱卡压力计为主，采用存储测试、高精度、高分辨率压力计。

根据地质方案要求，为评价文 23 - 31、文 23 - 9、文 103、文 23 - 34、文 31、文 23 - 2、文 23 - 35、文 22、文 23、文 64 内部断层连通状况，针对注采井，每年在断层两边分别部署 1 个井组进行断层封闭性监测，监测方式利用干扰测试开展内部小断层封闭性评价，测试工艺采用钢丝投放压力计脱卡工艺。

6. 采气剖面监测

为了解气井各层的注采状况及产量的比例关系，掌握分层注采状况，提供层间调整依据，每个井台优选 2 口气井进行采气剖面测试。

(1)根据运行方案要求，每年同井次分别开展产气剖面监测，并进行对比分析。

(2)监测工艺上，注采气剖面均采用电缆下带多参数组合测井仪，在射孔井段进行连续上测方式监测。

7. 流体监测

为及时掌握采气过程中气样、水样的变化。每年部署安排 1 口井的高压 PVT 物性分析，8 口(每个井台优选 1 口井)具有代表性注采井开展井口取样。

1)井口取样

采气期，采用井口取样方式，每个井台优选 1 口具有代表性的注采井取样，井号可根据现场注采气情况进行加密调整，并对气样、水样进行全分析。

2)井下取样

①采气期，选择有代表性的井进行井下高压物性取样。后续注采周期中，特殊情况下，可增加井数进行加密取样。

②监测工艺上，采用钢丝悬挂井下取样器进行井下流体取样。

8. 气水界面

为评价文 23 储气库注采运行中边部气水界面变化规律，在区块边部部署了 3 口重点井开展气水界面监测。

(1)方案设计：针对边部 3 口(文 23 - 13、文 23 - 34、文 23 - 36)观察井，在注期期末利用中子寿命测井方式监测剩余气饱和度，了解气水界面变化情况。

(2)监测工艺：采用电缆下带中子寿命仪测试。

9. 环空液面监测

(1)方案设计：针对 46 口封堵井、8 个井台注采井，每半年开展 1 次液面深度监测，对环空带压井根据现场情况进行加密监测，并分析漏失原因，为封堵保护液补注提供依据。

(2)监测工艺：采用环空液面自动监测仪。

二、数据录取要求

配套气库运行过程动态监测方案，根据《枯竭砂岩气藏型储气库动态监测资料录取规范》(Q/SH 10250979—2015)、《油气藏流体取样方法》(SY/T 5154—2014)、《天然气试井技术规范》(SY/T 5440—2009)相关标准，在资料、数据录取过程满足以下要求。

1. 流量监测

气体量监测以单井计量为基础，实施即时监测，每 2h 记录一次；采气期液体量监测采用轮流进分离器的方式进行计量，连续计量时间不小于 24h。

2. 压力监测

(1)井口压力监测。

井口油压、套压即时监测，每 2h 记录一次油压、套压，开、关井前应录取油压、套压。

(2)井口控制系统压力监测。

井口有控制系统的注采井一天记录两次井下安全阀、地面安全阀压力。

(3)注采站管汇压力监测。

注采站管网来气压力、注气汇管压力、单井进站压力、采气汇管压力即时监测，要求 2h 记录一次。

(4)井底压力监测。

①每三个月至少录取一次井底流动压力(含井筒流动压力梯度)，使用精度 0.05% 以上的压力计测量，特殊情况可加密监测。

②测量井底压力时，压力计下至油气层中部，如果井内为联作管柱等，压力下至最大允许通过深度以上 20m，按设计测流压。

③梯度测试，从井口至测试点深度，每个停点时间 5～10min，最深测点测试时间不少于 30min。

3. 温度监测

(1)管汇温度监测：注(采)气汇管温度、井口温度，每 2h 记录一次。

(2)地层温度监测：地层温度及井筒温度梯度录取，原则上和井底压力录取同时进行。

4. 流体性质监测

(1)井口取样。

①采气期选择有代表性的注采井取天然气样、凝析油样和水样全分析一次，特殊情况(流体量或性质突变)可加密监测。

②注气期每天监测一次水露点，每月取天然气样全分析一次。

③天然气全分析样品，每次不少于 3 支，每支不少于 800mL。

④气样品：从取样结束时刻至送到化验室的时间不应超过 24h，水样品，从取样结束时刻至送到化验室的时间不应超过 72h。

(2)高压物性监测。

①采气初期选择有代表性的注采井进行高压物性取样分析。

②根据井下压力、温度梯度确定井下取样深度，测试时，压力计应至少停留 20min。

③每次不少于 3 支，每支不少于 400mL，至少有两支样分析结果相符。

其他具体要求按 SY/T 5542—2009 规定的执行。

5. 注(采)气能力测试

(1)注气期应安排 10% 的注采井进行注气能力测试，求取注气能力方程。

(2)采气期应安排 10% 的注采井进行产能试井，求取产能方程及无阻流量。

(3)稳定试井、修正等时试井采用的压力计精度不低于 0.5%。

(4)要求注采气期间，测试 3～5 个工作制度，测量各工作制度下稳定的井口压力、井底压力及井口气量，测点气量要求由小产量到大产量，产量变化幅度不超过 5% 即认为合格，参见 SY/T 5440—2009。

6. 关井压力恢复（压降）

（1）选投有代表性的注采井开展压力降落（恢复）测试，求取储层表皮系数、渗透率、波及半径、气藏边界等参数。

（2）要求在注气期末（采气期末），关井前实施压力恢复（降落）测试。

（3）气井关井测试前应连续保持产量稳定，产量变化幅度不超过 5%。

（4）测试从关井时刻开始，记录关井时间以及关井前流动状态和关井后的压力、温度变化数据。

（5）井口测试或井下直读测试时，根据试井设计和试井数据实时诊断分析图，判定是否结束压力恢复（降落）测试。

7. 干扰试井

（1）设计激动井合理产量，根据激动井与观测井的距离、地层渗透率等参数，计算激动在观测井处产生的压力变化，判断其是否被仪器准确识别，论证干扰井方案的可行性。

（2）观测井测压应选高精度、高灵敏度压力计，一般采用井底测压方式。

（3）试井前激动井与观测井都要关井至平稳状态。

（4）测试期间激动井保持连续稳定生产，产量变化不超过 5%。

（5）根据试井设计方案或依据观测井压力变化数据实时诊断判定是否结束干扰试井。

8. 含气饱和度监测

（1）选择储气库气水界面区附近的注采井 1 ~ 2 口，注采气期末各测一次含气饱和度，判断气水界面的变化情况。

（2）测井前测量、统计起伏曲线，测量时间应大于 5min，统计起伏相对误差应小于 10%。

（3）重复测井与测井形态基本一致，重复测量值相对误差应小于 10%。

9. 液面监测

（1）正常注采井每半年测试动液面一次，对环空带压井加密监测。

（2）在不改变注采参数的情况下，若两次所测动液面值之差超过 ±100m 时，应复测，校正液面值。

（3）记录动液面深度值取整数，第一位小数四舍五入。

第二节　主要动态监测工艺技术

在文 23 储气库生产运行阶段，配套动态监测方案，利用永置式监测设备实现监测井生产过程中井底压力与温度的连续监测；利用钢丝作业实现流（静）压、关井恢复（压降）、干扰探边监测，利用电缆直读式测试技术实现产吸剖面监测，并配套环空液面、井下微地震、示踪剂以及腐蚀监测等。

一、永置式压力温度监测技术

为连续监测井底压力、温度，分析储气库运行状况，文23储气库6口新井注采井采用永置式测试工艺，即井下压力温度计安装在井下压力计托筒上，通过井下压力计托筒（带井下压力计）传压孔时时监测油管内压力温度变化，电缆穿越井下安全阀、油管悬挂器和油管四通后，将实时监测的数据传输到地面采集系统。该监测系统主要包括：地面采集系统、地面通信电缆、井下电缆、井下压力计托筒、井下压力温度计、井下电缆保护器以及井口（四通）穿越装置，如图5－4所示。

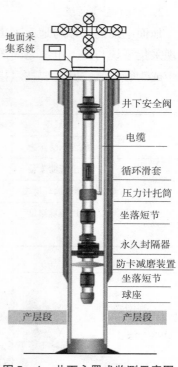

图5－4　井下永置式监测示意图

（一）测试系统组成

1. 地面采集系统

主要包括地面控制、显示面板及各种数据输出接口，如图5－5所示。为井下仪器供电、采集、储存来自井下传感器的数据信号；安全等级为 Class I Zone II，可适用于野外露天安装使用；硬盘内存20G以上，在每分钟读一组数据（温度、压力）的条件下，可以储存2年以上所有温度、压力数据；供电电源采用交流电220V，内配变压器；具备 RS－485、USB 和 RJ－45网线接口（带数据采集线）及无线传输功能，可采用多种通信方式与现场仪表及井场 SCADA 控制系统连接（表5－1）。

图5－5　地面采集系统示意图

表5－1　地面采集系统主要技术指标

最小数据采样频率	1s
计量单位	psi/℃
通信方式	RS－485、USB 和 RJ－45 网线接口（带数据采集线）和 SD 读卡器
供电	110～240VAC
工作环境温度	－20～55℃
储存、运输环境温度	－20～55℃

2. 地面通信电缆

地面电缆的一端与地面采集系统连接，另一端在井口穿越密封总成与井下电缆连接，实现采集系统与井下电缆之间的连接。电缆要易布线、盘绕，外层为绝缘保护层，内层为钢带或钢管铠装，其主要技术指标见表5-2。

表5-2　地面通信电缆主要技术指标

衰减率	≤0.7db/km
最大承受张力	500N
最小弯曲半径	56mm
储存、运输环境温度	-20~55℃
使用环境温度	-20~55℃
符合 CSA 质量、环保要求	

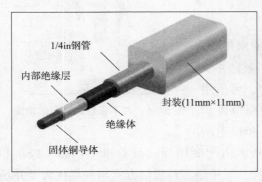

图5-6　井下电缆示意图

3. 井下电缆

井下电缆(图5-6)主要用于长期在井下传输地层压力、温度数据信号，要适应文23储气库井下工况环境，具有一定耐腐蚀性。主要有三层保护，通信绝缘层由绝缘聚丙烯材料组成，在绝缘层外采用抗腐蚀合金管(具体材质选择需要满足文23储气库工程条件及储气库10年运行时间的要求)钢管铠装，最外层是由聚丙烯弹性绝缘材料包装。可以承受一定的电缆拉伸(由于油管的伸缩)和小半径弯曲，满足井口穿越时盘入油管四通内腔的弯曲要求，其主要技术指标见表5-3。

表5-3　井下电缆主要技术指标

外层封装	尺寸：11mm×11mm
电缆钢管铠装层	材质：井下电缆采用抗腐蚀合金管钢管铠装。 电缆钢管直径，0.25inOD(6.35mm)
工作压力	70MPa
工作温度	-20~150℃
数量	3000m(根据具体井下深可进行调整)

4. 井下压力计托筒

井下压力温度计托筒(图5-7)为外挂式，用于井下支撑和保护井下压力温度计，建立井下压力温度计与油管探测通道(监测油管内压力、温度等数据)并密封油管内流体(满足气密封要求)；材质为13CrS，耐压级别10000psi(70MPa)与井下工具相同；与外径3½in(88.9mm)油管短节连接。井下压力计托筒与井下压力计连接完成，现场进行试压合格后，才可以进行下步工序，其主要技术指标见表5-4。

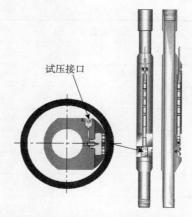

图 5-7　井下压力计托筒示意图

表 5-4　井下压力计托筒主要技术指标

对应油管尺寸	$\Phi88.9mm(3\frac{1}{2}in)$
最大外径／最小内径	适用 7in 套管／$\Phi76mm$
连接扣型	Vam Top 扣，与油管短节连接，实现井下气体密封要求
要求材质	13CrS
耐压级别	10000psi（70MPa）
工作温度	150℃
磅级	9.2Ib/ft

5. 井下压力温度计

　　井下压力温度计（图 5-8）安装在 13CrS 的井下压力计托筒内，压力计适应文 23 储气库工况条件，要满足耐腐蚀、抗高温、长期井下工作（平稳工作 10 年）的要求。井下压力温度计上端通过电缆头与井下电缆连接，下端与井下压力计托筒的测量通道孔相连，实时监测井下压力、温度变化，其主要技术指标见表 5-5。

图 5-8　井下压力温度计示意图

表 5-5　井下压力温度计主要技术指标

技术参数	
最小采样频率	1s
材质	镍基合金 718
最大承压	70MPa
传感器类型	石英

续表

压力	
压力量程	0～70 MPa
精确度	≤±0.02％全量程
零点漂移	≤全量程0.02％/y
分辨率	≤每秒0.006 psi
温度	
温度量程	0～150℃
精确度	±0.5℃
分辨率	≤每秒0.02 ℃
漂移	每年<0.1 ℃

6. 井下电缆保护器

井下电缆保护器(图5-9)用于油管接箍处保护11mm×11mm电缆和¼in液控管线,有效地分段固定电缆和液控管线,防止井下电缆和液控管线在井内压缩、磨损,其主要技术指标见表5-6。

图5-9 井下电缆保护器示意图

表5-6 井下电缆保护器主要技术指标

适用油管	Φ88.9mm(3½in)
长度	根据油管接箍尺寸变更
最大外径	根据油管接箍尺寸变更
通道	11mm×11mm电缆及¼in管线

7. 油管悬挂器、油管四通密封

井下电缆在穿越油管悬挂器时(油管悬挂器本体上提供一个¼in的穿越孔,如图5-10所示),在油管悬挂器处形成两级金属密封,可达到气密封要求,耐压级别为34.5MPa(5000Psi),其主要技术指标见表5-7。

图5-10 钢管电缆连接密封装置

表5-7 油管悬挂器、油管四通主要密封指标

耐压级别	34.5MPa(5000psi)
防爆要求	CSA防爆
密封要求	气密封

井下电缆的井口穿越装置，在对井内环境进行密封的同时，将井下电缆转换为地面电缆。井口密封要求在采油树油管头本体上提供一个½in 的穿越孔；对穿越电缆采用金属对金属（Swagelok 扣密封）密封，耐压级别为34.5MPa（5000psi），并在安装完成后进行试压。

（二）现场安装、调试技术要求

1. 压力计托筒试压

为了保护完井工具的丝扣，同时考虑到现场施工安全、作业方便和节约现场施工占用时间，供货方在库房对压力温度计托筒进行试压，将压力温度计托筒传压孔封堵，按操作规程连接上下短节进行试压，由需方确定测压压力及时间。严格记录压力图表或用数字记录仪记录压力测试数据。

2. 地面采集系统调试

由制造商专业技术人员按照操作规程，对地面采集系统进行测试，确保地面采集系统工作正常，并提供相关证明。

3. 井下压力计托筒与油管短节连接及测试

按要求井下压力计托筒与油管短节连接完成后，将连接好的总成进行试压测试，由需方确定测压压力及时间。严格记录压力图表或用数字记录仪记录压力测试数据。

注：以上工序主要在制造商库房完成。

4. 井下压力温度计与电缆连接

把检测好的井下压力温度计与电缆密封之间配接（满足气密封要求），然后采用专用设备监测通信是否正常。

5. 井下压力温度计与压力计托筒连接

将连接合格的压力计与托筒总成进行连接（满足气密封要求），把托筒总成两端用丝堵接好，进行现场试压，由需方确定测压压力及时间。

6. 下入仪器电缆及安装跨接箍电缆保护器

下入过程每小时控制200m 速度施工，做到不挤压电缆，以免电缆在油管与套管之间碰撞损毁电缆。每30 根油管停止作业一次，停留时间为5min，检测通信正常后继续施工。在安装跨接箍电缆保护器时，确认仪器电缆放置在电缆保护器的线槽中，并且没有被卡或碰坏的危险。

7. 井口穿越安装

在下完管柱串后，要穿越油管悬挂器、油管四通密封。在油管悬挂器处形成两级金属密封，可达到气密封要求，耐压级别为34.5MPa（5000psi）。油管四通穿越也是采用金属对金属密封，耐压级别为34.5MPa（5000psi），并在安装完成后进行试压。

8. 地面电缆连接

用地面电缆连接地面采集系统，启动采集程序，记录安装后至少30min 的初始数据。

（三）永置式测试系统应用

在文23 储气库高、中、低部位选取了6 口新注采井应用电缆永置式测试工艺，实时监测注采周期内井下底压力、温度，可分析气库压力分布特征，掌控气库生产运行动态，优化合理注采制度。同时通过实测的井底压力、温度数据与根据井口压力、温度折算的井底压力、温度数据进行对比，对井底压力、温度折算方法进行校正，利用校正后的折算方法对气库其他注采井井底压力、温度进行折算，满足了文23储气库运行过程中动态分析的需要。

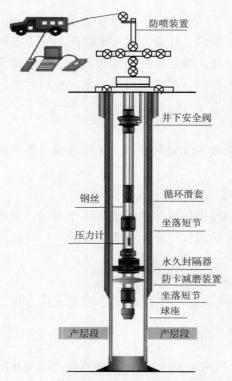

图5-11　钢丝测试作业示意图

二、钢丝作业压力温度监测技术

钢丝存储式测试工艺是利用钢丝操作井下存储式工具，对目的层的压力、温度、流量等进行监测录取，进而分析气藏开发动态的一种工艺。钢丝存储式测试具有成本低、质量轻、设备简单、操作简单、适用范围广和易于下井等特点，在各种作业中应用广泛。针对文23储气库监测要求，该工艺技术主要用于流（静）压、产能测试、关井恢复（压降）、探边测试及干扰测试等。钢丝测试作业示意图如图5-11所示。

（一）钢丝测试装备组成

针对文23气库工程环境，钢丝存储式配套了车载绞车、井口防喷装置、钢丝、井下压力计以及配重装备。

1. 车载绞车

车载绞车在现场应用中运输方便，不仅可以实现井下压力、温度等监测，还可满足储气库开关滑套、投捞堵塞器等钢丝作业的要求，还能进行地面直读测试作业或数据传输作业。拉力应满足试井要求。井深记录装置具有机械计数和电子计数记录方式。针对文23储气库工况条件、注采量以及地层压力，选用最大拉力9.6kN，滚筒容量：Φ2.4mm钢丝，容量6000m³，滚筒线速度≤1200m/h的试井绞车。

2. 钢丝材质及外径

钢丝主要采用直径Φ2.4mm的API 9A低碳钢钢丝，长度6000m，最小破裂拉力6.88kN，塑性极限4.17kN，最小伸长79mm/100m/100kg。

3. 防喷装置

防喷装置（图5-12）是进行钢丝作业时进行井口密封的装置，自上而下主要包括天滑轮、

图5-12　井口防喷装置实物图

防喷盒、防喷管、井口连接法兰及地滑轮等部件。设计采用70MPa液压防喷装置。井口采用丝扣连接，扣型ZG 2⅞in。防喷装置参数见表5-8。

表5-8　防喷装置参数表

防喷管长度	2.8+0.5m	最高工作压力	70MPa
防喷管通径	56mm	防喷管总高	3.3m
防喷管连接	T68×8	与井口连接螺纹	ZG 2⅞in 丝扣

4. 井下电子压力计系统

电子压力计是一种高精密的电子仪器，主要用于油气井的测试工作。它的核心是一只采用特殊材料制成的高精度压力传感器和一只高精度温度传感器。用于监测井下压力、温度等数据，其主要参数见表5-9。

表5-9　压力计参数表

压力量程	15000psi	压力精度	0.02% FS
温度量程	177℃	温度精度	±1℃
直径	32mm	长度	26cm

5. 仪器配重

文23气库注采气量高，为保证测试仪器串能够顺利下入，需要配备足够重量的加重杆。下井加重杆的选择要考虑钢丝及钢丝绳直径、密封系统的摩擦力、工具串浮力和生产时流体向上的携带力。除钢丝或钢丝绳受井口压力作用产生的力可精确计算外，其他因素产生的力比较复杂。为了平衡其他因素产生的力，一般钢丝作业可增加配重15kg，钢丝绳作业增加配重40kg。如果井为斜井，需要将算出的平衡质量乘以测量点处斜度的余弦（$\cos\alpha$，α为井的斜度）才是实际质量。

（二）钢丝测试技术要求

1. 井口条件

油管主控阀和清蜡闸阀开关应灵活可靠，井口处能正常安装、拆卸试井设备，作业空间内无遮挡物件。

2. 井场施工条件

井口附近30m范围内应有足够的作业空间，具有正常出入、移动试井作业设备的通道，确保试井作业不受影响。储气库气井应具备完善的地面放空设施和相应的安全措施。

3. 试井设备准备

1）试井绞车

试井绞车拉力应满足试井要求，井深记录装置具有机械计数和电子计数记录方式。作业前应对绞车刹车机构、动力机构、计量机构等进行检校。

2）井口防喷装置

井口防喷装置的额定工作压力应不小于作业井目前最高关井压力。作业前应检查各丝扣、由壬、密封盘根、柱状盘根无损伤。每半年进行一次静水密封试验，试验压力等于防喷管额定工作压力。每年进行一次气密封试验和探伤试验。

3）压力计选择

试井测试时应选择两只压力计串接。压力量程应不小于测试井最大测试压力，压力计密封盘根应完好、无损伤、有弹性能复原，丝扣无损伤，传压部分通畅，电池电压满足测试要求。

三、电缆直读式测试工艺

电缆直读式测试工艺是利用电缆输送井下测试仪器，当测试仪器下放至目的层后，通

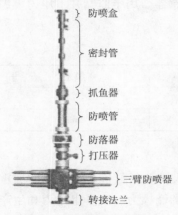

过电缆直接传输测试数据来分析油气藏动态及井下管柱状况的一种测试工艺。根据文23储气库运行的需要，电缆直读式测试主要针对产出剖面进行监测。

防喷盒
密封管
抓鱼器
防喷管
防落器
打压器
三臂防喷器
转接法兰

图5-13 电缆直读式测试
井口防喷设备示意图

（一）产出剖面测试

1. 产出剖面测试原理

产出剖面测试，是在注采过程中配套特殊的井口防喷设备（组成及技术指标见图5-13、表5-10、表5-11），采用电缆将仪器串（组成及技术指标见图5-14、表5-12）下放至目的层位，实时读取或存储产气层流量、持水率、温度、静压、流压、自然伽马、磁定位等参数，来监测油气井投产后各产层产出状况、含水率等，为评价各类油气层开发效果、制定油气田开发调整方案提供可靠的依据。

表5-10 电缆直读式测试井口防喷设备技术指标

设备名称	压力上限/MPa	内径/mm
井口法兰	57	76
井口防喷器	57	76
井口防落器	57	76
井口打压器	57	76
防喷管	57	76
井口抓鱼器	57	/
井口注脂器	57	8.12
井口刮泥器	57	8.12

表5-11 测试电缆技术参数表

平均外径/mm	空气中质量/(kg/km)	清水中质量/(kg/km)	长度/m	温度下限/℃	温度上限/℃	最大安全拉力/kg
8.1	302	260	7500	-51	204	2406

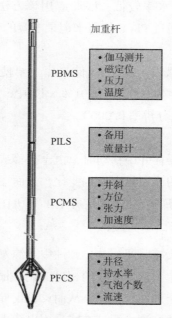

图5-14　产出剖面测试井下仪器示意图

表5-12　测产出剖面井下工具串技术指标

设备名称及用途	外径/mm	长度/mm	温度上限/℃	压力上限/MPa
MH22(接头)	34	0.31	204	137
MSH-A(旋转接头)	43	0.65	204	137
ERS(电子弱点)	43	0.42	175	137
EQF-54(加重杆)	54	1.83	260	172
PBMS(测压力温度等)	43	2.52	150	103
PCMS(井斜、方位等)	43	0.95	150	103
PILS(线性流量计)	43	0.77	175	124
PFCS(扇形流量计)	43	1.57	150	103

2. 产出剖面测试组成

1)产气量测量

气井在同一工作制度下各层的产出量不同，分层产出量表示一口井不同层位产出能力的大小。采用涡轮流量计测产气量，流体的流量超过某一数值后，转子的转速同流速成线性关系，通过记录测量仪的转子转速即可计算分层产出量。仪器在井下所测试的流量是其所在位置与其下各层段的流量之和。技术指标如下：单相误差0.5%~0.2%，最高流速与最低流速比约为10:1，耐高温高压，耐酸碱腐蚀。

2)持水率测量

持水率主要利用气水介电常数差异测定。不同含水率的流体，其电介质不同，电容量也不同，而在实际应用过程中水的含量多少也影响着测量精度，含水率高则测试精度低，鉴于文 23 储气库注采过程中含水率较低，因此应用该方法及相应的仪器测试比较稳定，测试结果比较精确，目前主要通过 PFCS 仪器来记录电容的变化来确定含水率。

3）压力、温度测量

为了准确测试地层压力和温度，在文 23 储气库主要使用 PBMS 仪器测量，该仪器压力量程为 0.1～103MPa，准确度为 0.007＋0.01%×读值，分辨率为 0.00006MPa；温度量程为 0～150℃，准确度 ±1℃，分辨率 0.006℃。

4）磁定位测量

根据电磁感应原理，当仪器在井中移动时，由于接箍或其他工具的存在使得仪器周围的磁介质发生改变，通过线圈的磁通量也发生变化，进而在线圈中产生感应电动势。因此通过仪器 PBMS 记录感应电动势的变化来确定井下工具所在的位置。

（二）中子寿命测井

中子寿命测井也称热中子衰减时间测井，脉冲中子源发射高能中子被俘获放出伽马射线，伽马射线探测仪记录介质中的热中子数的相对变化，根据计数率随时间的衰减，计算热中子的寿命和地层热中子的宏观俘获截面，从而计算出储集层气、水饱和度，评价储层水淹状况，适合裸眼井、套管井监测。测试方式采用电缆下带测试仪器，在射孔井段采用连续上测方式监测。中子寿命测井仪器参数如下：外径 45mm，长度 7448mm，耐温 135℃，耐压 100MPa。

四、其他监测工艺技术

（一）环空液面监测技术

将液面监测仪与井口相连，通过在环空与储气仓之间制造一定压差，然后瞬间开启控制阀产生一种声波脉冲信号，微音器接收液面反射波信号，经处理和滤波后，直观判断动液面位置。

液面监测仪主要由数据接收器、液面反射波处理解释软件、余气吹扫装置等组成。

针对文 23 储气库压力、井深条件，可选择低压液面自动监测仪和高压液面监测仪，当环空压力高过 8MPa 时，液面深度高过 2000m 时，选择高压液面监测仪，见表 5－13。

表 5－13　液面自动监测仪指标

参数	高压液面监测仪	低压液面监测仪
工作压力/MPa	40	8
可测液面深度/m	6000	2000
精度	3‰	5‰

（二）井间微地震技术

注气井注入过程中气驱前沿微破裂或气体流动微震动信息，这种信息被看作"微震事件"，这种"事件"被放置在周围井中紧贴套管壁的高精度仪器接收，再通过电缆传到地面进行解释，获取高质量的高频信息，大幅度提高了分辨率(图5-15)。从而得到不同时间、不同空间位置注入气的运移四维参数。

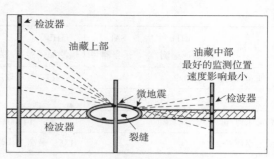

图5-15　微地震监测原理示意图

1. 微地震技术主体设备和仪器

微地震技术主体设备和仪器主要包括数据采集设备和仪器、检波器系统、地震波采集器以及测井车-液压绞车一体化系统、电缆防喷系统等辅助设备。

无震源微地震气库监测系统监测内容：

(1)气库封闭性监测。

监测到断层外或气库边界外有与注入相关"事件"时，认为气库不密封；"事件"仅在气库内部发生，外部无显示，则认为密封性良好。

(2)注入气流向及分布规律监测。

"事件"位置的动态变化，反映了某一时间段或整个注气过程流体流向及分布规律。

检波器技术指标见表5-14，采集系统技术指标见表5-15。

表5-14　SERCEL检波器芯特性表

检波器型号	Omni-2400-15Hz
检波器类型	高温检波器
自然频率/Hz	15，±5%
DC电阻/Ω	2400
工作范围	垂直至水平，最大斜度180°
阻尼	0.57，±15%
灵敏度/[V/(cm/s)]	0.520，±5%
畸变/%	<0.2
悬重/g	7.8
温度/℃	-40~200
外形高/mm	23.6
直径/mm	22.2
质量/g	44

表5-15　系统尺寸和环境特性

特性	SHTU 高速遥测	SAU 采集器	SHBU 遥测加强器	SJC 联接缆线	SIC 级间电缆	SWU 加重	WaveLab 地面系统
长度/m	1.02	1.11	0.69	取决于用户		9.7	长564mm 深830mm 高540mm
外径/mm	43	43	43	43	43	43	

续表

特性	SHTU 高速遥测	SAU 采集器	SHBU 遥测加强器	SJC 联接缆线	SIC 级间电缆	SWU 加重	WaveLab 地面系统
质量/kg	3.9	6.4	3.1	取决于用户	46.5	45	
材质	钛和不锈钢		钛		钛和不锈钢		
额定压力/psi	14500						—
额定温度/℃	135；最高工作峰值150						0 + 50
供电电压/V	100	80	—	—	—	—	85 ~ 164V AC
供电电流/mA	50	40	—	—	—	—	1500VA

2. 微地震监测应用

以利用微地震法监测文 23 气田文 68 断层的封闭性为例，注气井：文 23 - 32；监测井：文 69 - 8 和 新文 106h。其中在文 23 - 32 井用主动震源进行激发；在文 69 - 8 井下入 12 级检波器，等间距 10m 排列，0.5ms 采样率，不间断记录；在新文 106h 井下入 8 级检波器，等间距 30m 排列，0.5ms 采样率，不间断记录。通过监测发现，发生的微震事件都在文 68 断层与文 106 断层之间，表明文 68 断层与文 108 断层是封闭的。破裂微裂缝产生的微震事件，表明注气前缘扩散方向。储气库井下微地震监测示意图如 5 - 16 所示。

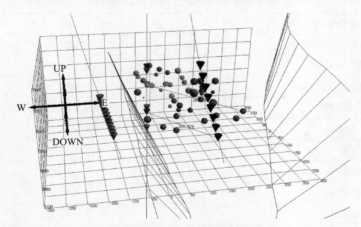

图 5 - 16　气库井下微地震监测示意图

（三）井间示踪监测

按照示踪监测方案，选择、制备合适的示踪剂，在注气井中注入气体示踪剂，按照制定的取样制度，在周围生产气井中取样，在现场或特定实验室进行分析，检测样品中的示踪剂含量，同时绘制出生产井的示踪剂采出曲线，通过综合分析监测井组的示踪剂采出曲线和动静态等相关资料，了解注采井间储层大孔道特征，注入气体各方向的推进速度，确认连通关系（图 5 - 17）。

气体示踪剂的筛选应满足下列条件：

（1）地层中背景浓度低。

(2)在地层表面吸附量少，弥散系数很小。

(3)与地层矿物不反应。

(4)化学稳定、热稳定性、生物稳定性好，与地层流体配伍。

(5)易检出，灵敏度高，操作简便。

(6)无毒、无放射性、安全，不污染环境，对测井无影响。

检测方法：选用气相色谱法，电子捕获检测器检测。

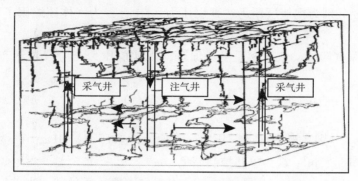

图5－17　井间示踪测试过程

(四)腐蚀监测

通过对井下管柱腐蚀状况监测和注采气的腐蚀气体含量分析，选择合适的防腐方法和缓蚀剂，确保储气库安全生产。

选取合适监测井点，制作与油管和工具同样材质挂片，依靠钢丝作业将挂片悬挂于井下，定期利用钢丝作业工艺由专业人员进行腐蚀挂片的取放和处理工作，根据挂片质量损失计算腐蚀速率。

监测位置：尽量靠近储层段。

监测周期：气库投运开始的一年内的监测周期为两个月，两年后监测周期为三个月，根据需要可调整监测周期。

第三节　注采运行评价与预测

采用气藏工程方法，对储气库注采运行动态进行评价，明确单井注采能力，为储气库注采井制订工作计划提供依据。同时，采用数值模拟方法，对储气库整体运行动态进行预测分析，计算合理运行压力范围下的最大库容量、垫底气量，从而评价储气库工作气量，预测满库运营时间，预测不同制度、不同注采周期、不同层位的地层压力分布规律。

一、单井注采能力预测方法

(一)类比法

对于注采初期的新钻注采井，可选取构造位置、储层条件、完井参数相似的老井进行对比，以老井在开发阶段确定的单井控制储量为基数，考虑地层系数、运行压力的差异等比例折算阶段最大注气量和阶段最大产气量。

(二)物质平衡法

定义视地层压力：

$$p_{pr}(t) = \frac{p(t)}{z} \tag{5-1}$$

式中，p_{pr}、p 分别为视地层压力、地层压力，MPa；z 为气体压缩因子，无因次；t 为时间，d。

对于注采井采气阶段，依据物质平衡原理，视地层压力与阶段累计产气量存在如下关系：

$$\bar{p}_{pr}(t) = \bar{p}_{pri}\Big[1 - \frac{N_p(t)}{G}\Big] \tag{5-2}$$

式中，$\bar{p}_{pr}$、$\bar{p}_{pri}$ 分别为视平均地层压力、视原始地层压力，MPa；N_p 为该井在当前采气周期的累积产气量，m^3；G 为单井控制储量，m^3。

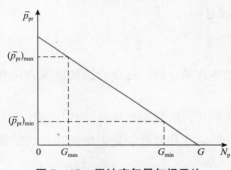

图 5-18　累计产气量与视平均
地层压力之间的关系

在采气阶段，通过回归当前采气周期视平均地层压力 $\bar{p}_{pr}$ 与周期累积产气量 N_p 之间的线性关系（图 5-18），该直线与横轴的交点为单井控制储量 G，利用单井控制储量减去视运行压力下限 $(\bar{p}_{pr})_{min}$ 对应的累积产气量 $(G - G_{min})$ 即为该井垫气量，单井控制储量减去视运行压力上限 $(\bar{p}_{pr})_{max}$ 对对应的累积产气量 $(G - G_{max})$ 即为该井最大注气量。

同理，对于注采井注气阶段，依据物质平衡原理（图 5-19），视地层压力与阶段累计注气量存在如下关系：

$$\bar{p}_{pr}(t) = \bar{p}_{pri}\Big[1 + \frac{N_p(t)}{G}\Big] \tag{5-3}$$

式中，$\bar{p}_{pr}$、$\bar{p}_{pri}$ 分别为视平均地层压力、视原始地层压力，MPa；N_p 为该井在当前采气周期的累积产气量，m^3；G 为单井控制储量，m^3。

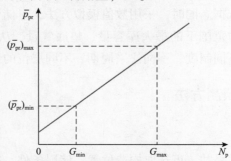

图 5-19　累计注气量与视平均地层压力之间的关系

通过回归视平均地层压力与当前注入周期累计注气量之间的线性关系，运行压力下限对应的累积注气量G_{min}即为该井垫气量，运行压力上限对应的累积注气量G_{max}即为该井最大注气量。

(三)弹性二相法

在注采井单个采气或注气期间，如生产制度能较长时间保持平稳(需出现图5-20或图5-21所示的直线段)，可通过回归井底流压的平方与时间的关系，利用直线段斜率和该井压力运行区间，获得该井最大注气量和最大产气量。

对于注采井采气阶段，选取工作制度能较长时间保持平稳阶段，如图5-20所示，通过回归井底流压的平方与时间的关系获得直线段斜率b:

$$p_{wf}^2(t) = a - b \cdot t \tag{5-4}$$

式中，p_{wf}为井底流压，MPa；t为该周期注气或采气时间，d。

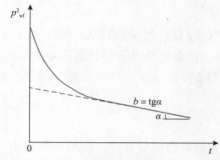

图5-20　采气阶段井底流压的平方与
时间之间的关系

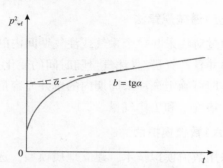

图5-21　注气阶段井底流压的平方与
时间之间的关系

对于注采井注气阶段，如图5-21所示，累计注气量与时间同样存在上述关系:

$$p_{wf}^2(t) = a + b \cdot t \tag{5-5}$$

利用直线段斜率b和该井压力运行区间$p_{max} - p_{min}$，计算该井工作气量G_w:

$$G_w = \frac{2 \times 10^{-4}(p_{max} - p_{min})q_g}{b \cdot c_t} \tag{5-6}$$

其中，q_g为该采气/注气周期工作制度能较长时间保持平稳阶段的平均日注气/产气量，m^3/d；c_t为气藏综合压缩系数，1/MPa。

(四)产量累计法

在注采井单个采气或注气期间内，统计累积产气/累积注气量随时间的变化规律，在直角坐标中绘制累积产气/累积注气量与时间的乘积与时间的关系，如图5-22所示，拟合得到的后期直线段斜率即为单井库容量。利用单井运行压力区间及该井控制储量，计算单井垫气量和工作气量。

在注采井单个采气或注气期间内，累积产气/

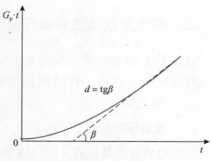

图5-22　$G_p \cdot t$与t之间的关系

累积注气量随时间的变化存在如下规律：

$$G_p = c - \frac{d}{t} \tag{5-7}$$

当 t 趋于无穷时，累积产气/累积注气量接近库容量，此时，$G_p = d$，即 d 代表注气井库容量 G_{max}。

如图 5-22 所示，通过回归累积产气/累积注气量和时间的乘积 $G_p \cdot t$ 与时间 t 的线性关系，其斜率 d 即为单井库容量 G_{max}。

利用单井运行压力区间及控制储量，计算单井垫气量：

$$G_{min} = \frac{(p_{prmax} - p_{prmin})G + p_{prmin}G_{max}}{p_{prmax}} \tag{5-8}$$

即单井工作气量 G_w：

$$G_w = G_{max} - G_{min} \tag{5-9}$$

（五）递减规律法

通过对注采井单个采气或注气期间内的日产气量/日注气量进行 Arps 递减分析，拟合得到单井日产气量/日注气量随时间的变化关系后，依据储气库运行计划确定的采气/注气天数，即可确定该注采周期内的单井库容量；利用单井运行压力区间及该井控制储量，计算单井垫气量和工作气量。

（六）数值模拟法

采用数值模拟技术，建立地质模型，选择适宜的数值模拟软件，在拟合气藏生产历史的基础上，模拟各井在运行压力区间的注采情况，即可作为各井的工作气量。

（七）方法评价及推荐

类比法适用于注采早期，所需参数较少、方法简便，但结果偏高，是储气库运行早期的重要方法。物质平衡法是一种最基础的方法，特别对于井距较大或连通性较差的注气井，适用于注采平稳期、递减期，结果可靠；弹性二相法适用于储渗条件好、连通条件好、控制储量较高的注采井，需要维持相对稳定的工作制度确保出线直线段，适用于注采平稳期、递减期，结果可靠；产量累计法适用于注采平稳期、递减期，结果较为可靠；递减规律法适用于注采递减期，结果可靠。数值模拟法适用于各开发阶段，资料要求高、工作量大，结果可靠。

二、储气库整体注采运行预测

建立了文 23 储气库三维精细地质模型和数值模拟模型，开展了生产历史拟合研究及注气井吸气能力评价，利用数值模拟方法，预测文 23 储气库 2025 年达到最大库容量 $91.21 \times 10^8 m^3$。

（一）地质模型构建

精细地质建模是在前人研究成果的基础上，利用新的三维地震资料，根据地震约束储层地质建模方法理论，采用两步法建模策略建立三维精细地质模型。以构造资料和断层资料为基础，构建了文 23 气藏地层骨架模型，以 34 口井测井资料为基础，构建了文 23 气藏属性模型。文 23 气藏三维精细地质模型平面尺寸为 20m×20m，纵向上分 8 个砂层组 35 个小层，总网格数 114.12 万。主块地质模型储量为 $111.29×10^8 m^3$，原核实地质储量为 $116.1×10^8 m^3$，相对误差为 4.08%，且主力层位的吻合度较高。

（二）数值模拟模型建立

对地质模型进行了粗化，结合流体参数及生产动态资料，建立了数值模拟模型，网格尺寸 40m×40m×13m，网格数 28.29 万。开展了数值模拟生产历史拟合研究，主块整体累产气符合率 98.4%、平均地层压力符合率 95.6%，如图 5-23 所示。52 口老井产气量、油压符合率 92.3%；至 2015 年底，平均地层压力降至 3.4MPa 左右。

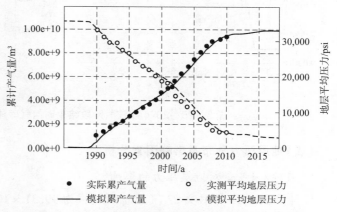

图 5-23 文 23 气藏产气量及地层压力拟合效果

（三）注采动态预测

利用所建立的数值模拟模型，至 2019 年 10 月 31 日，总注气量 $29.05×10^8 m^3$，地层压力 11.94MPa，如图 5-24 所示。

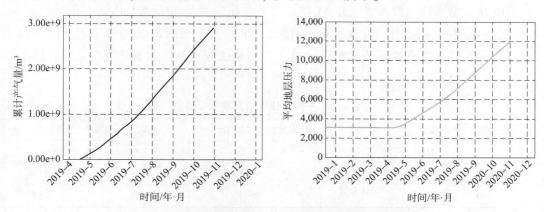

图 5-24 2019 年注气阶段结束时储气库注气量及地层压力

注气井 56 口（新井 45 口，老井 11 口），限定井口压力 35MPa 注气。注气周期为每年 4 月 16 日~10 月 31 日，井口注气压力上限为 35MPa，10 个注气周期，总注气量为 $250.384×10^8 m^3$，2029 年 10 月 31 日地层压力为 32.12MPa。

采气井 56 口（新井 45 口，老井 11 口），限定井底压力下限 15MPa 采气，采气周期为每年 11 月 1 日~3 月 31 日，井底采气压力下限 15MPa，10 个采气周期，累积采气量为 $173.76×10^8 m^3$，2030 年 3 月 31 日地层压力为 25.84MPa。

以井口注气压力上限 35MPa，井底采气压力下限 15MPa，模拟运行储气库注采动态，预测至 2024 年 10 月 31 日，可实现最大库容 $80.07 \times 10^8 m^3$，地层压力 33.31MPa。其后，以井口注气压力上限 35MPa，井底采气压力下限 15MPa 运行，每年可实现注采平衡，工作气量 $32.67 \times 10^8 m^3$，如图 5-25 所示。

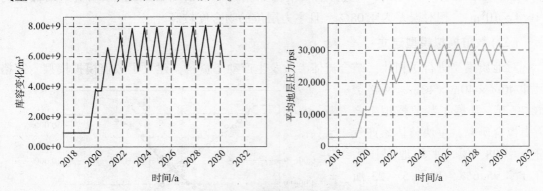

图 5-25 2024 年注气阶段结束时储气库注气量及地层压力

（四）地层压力分布及影响因素分析

1. 日注/采气量对地层压力的影响

经计算至 2015 年底文 23 气田总产气量为 $99.31 \times 10^8 m^3$，地层压力为 3MPa，单井最大采出量为 $42.89 \times 10^4 m^3$。

（1）日注气量对地层压力的影响。

2019 年，全区计划投入注气井 54 口，定单井注气量为 $10 \times 10^4 m^3/d$、$30 \times 10^4 m^3/d$、$50 \times 10^4 m^3/d$，同时设置井口注气压力上限为 35MPa，注气时间为 2019 年 1 月 1 日~10 月 31 日，不同日注气量方案下的累积注气量、平均地层压力和库容利用率如表 5-16 和图 5-26~图 5-28 所示。

表 5-16 不同日注气量方案指标预测

单井日注气量/($10^4 m^3/d$)	注气时间	累积注气量/$10^8 m^3$	平均地层压力/MPa	库容利用率/%
10	2019 年 1 月 1 日 ~ 10 月 31 日	16.06	7.92	18
30		48.27	17.57	51
50		79.78	27.24	85

由图 5-26 可知，构造北部压力较高，西北部压力在 9MPa 左右，东北部压力在 11MPa 左右，这是由于这两部分断层为封闭断层，不与外界连通，因此压力较其他部位高；构造东部位孔隙度渗透率较高，连通性较好，且注气井分布较多，地层压力在 9MPa 左右，构造中部压力为 6~9MPa；构造东南部由于没有注气井分布，但由于中部储层物性较好，连通性较强，因此地层压力有一定的变化，变化幅度较小，地层压力在 5MPa；构造南部压力低，由于该断层封闭，不与外部连通，且没有注气井分布，因此压力几乎没有变化，地层压力在 3MPa 以下。

由图 5-27 可知，构造北部位压力较高，西北部压力在 16MPa 左右，东北部压力在

23MPa 左右，这是由于这两部分断层为封闭断层，不与外界连通，且有一定的注气井分布，因此压力较其他部位高；构造东部位孔隙度渗透率较高，连通性较好，且注气井分布较多，地层压力在 21MPa 左右，构造中部压力为 11 ~ 20MPa；构造东南部位由于没有注气井分布，但由于中部储层物性较好，连通性较强，因此地层压力有一定的变化，变化幅度较小，地层压力为 10MPa；构造南部位压力低，由于该断层封闭，不与外部连通，且没有注气井分布，因此压力几乎没有变化，地层压力在 3MPa 以下。

　　由图 5 - 28 可知，构造北部位压力较高，西北部位压力在 20MPa 左右，东北部位压力在 35MPa 以上，由于这两部分断层为封闭断层，不与外界连通，因此压力较其他部位高；构造东部位孔隙度渗透率较高，连通性较好，且注气井分布较多，地层压力在 32MPa 左右，构造中部压力为 28 ~ 31MPa；构造东南部位由于没有注气井分布，但由于中部储层物性较好，连通性较强，因此地层压力有一定的变化，变化幅度较小，地层压力为 17MPa；构造南部位压力低，由于该断层封闭，不与外部连通，且没有注气井分布，因此压力几乎没有变化，地层压力在 3MPa 以下。

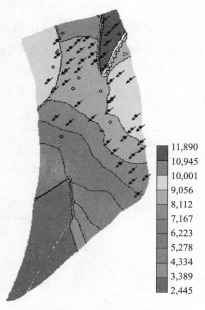

图 5 - 26　单井日注气量
10 × 10⁴m³/d 压力分布图

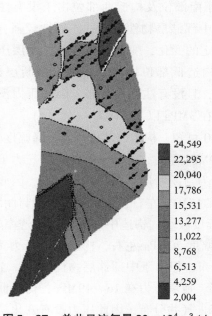

图 5 - 27　单井日注气量 30 × 10⁴m³/d
压力分布图

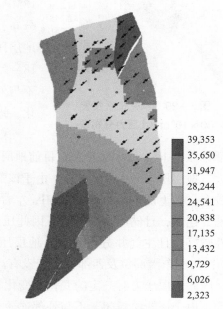

图 5 - 28　单井日注气量 50 × 10⁴m³/d
压力分布图

（2）日产气量对地层压力的影响。

在单井注气制度为 $50 \times 10^4 m^3/d$ 的基础上安排部署 2019～2020 年采气计划，安排采气井 61 口（54 口新井，7 口老井），预测采气期 2019.11.1～2020.3.31，模拟单井日采气量分别为 $30 \times 10^4 m^3/d$、$50 \times 10^4 m^3/d$、$100 \times 10^4 m^3/d$ 下的累积产气量和地层平均压力等指标，同时设置井口最低油压为 15MPa，生产指标预测如表 5－17 所示。

表 5－17　不同单井日采气量下生产指标预测

单井日采气量/$(10^4 m^3/d)$	采气时间	累积采气量/$10^8 m^3$	平均地层压力/MPa
30	2019 年 11 月 1 日 ～ 2020 年 3 月 31 日	33.75	16.61
50		48.4	12.24
100		75	5.15

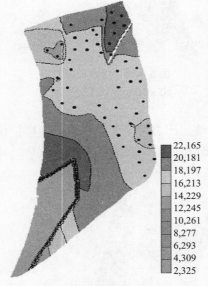

图 5－29　单井日采气量
$30 \times 10^4 m^3/d$ 压力分布图

由图 5－29 可知，构造北部位压力变化幅度较大，地层压力下降 10MPa 左右，左上部位地层压力为 16～18MPa，有采气井的位置压力下降幅度较大，地层压力为 12MPa 左右，由于该部位断层为封闭断层，不与外界连通，因此压力下降较多；东北部位压力在 21MPa 左右，该区域断层为封闭断层，不与外界连通，且储层物性较差，因此压力下降幅度较小；构造中部孔隙度渗透率较高，连通性较好，且注气井分布较多，地层压力下降 13MPa 左右，构造中部压力为 16～18MPa；构造东南部位及构造西部位由于没有注气井分布，但由于中部储层物性较好，连通性较强，因此地层压力有一定的变化，变化幅度较小，地层压力在 18～22MPa；构造低部位压力低，由于该断层封闭，不与外部连通，且没有注气井分布，因此压力没有变化，地层压力在 3MPa 以下。

由图 5－30 可知，构造北部位压力下降幅度较大，左上部位压力下降 12MPa 左右，目前地层压力在 9MPa 左右，有采气井的位置压力下降幅度较大，地层压力为 7MPa 左右，由于该部位断层为封闭断层，不与外界连通，因此压力下降较多；右上部位压力下降 20MPa 左右，压力在 15MPa 左右，该区域断层为封闭断层，不与外界连通，且储层物性较差，因此压力下降幅度较小；构造中部孔隙度渗透率较高，连通性较好，且注气井分布较多，地层压力下降幅度 20MPa 左右，构造中部压力为 9～12MPa；构造东南部位及西部位由于没有注气井分布，但由于中部储层物性较好，连通性较强，因此地层压力有一定的变化，变化幅度较小，地层压力在 16～19MPa；构造低部位压力低，由于该断层封闭，不与外部连通，且没有采气井分布，因此压力没有变化，地层压力在 3MPa 以下。

由图 5－31 可知，构造北部位压力下降幅度较大，西北部位压力下降 20MPa 左右，目前地层压力在 5MPa 左右，且有采气井的位置压力下降幅度较大，地层压力为 2.5MPa 左右，采气井分布较多，储层物性较好，因此压力下降较多；构造中部孔隙度渗透率较高，连通性较好，且注气井分布较多，地层压力下降幅度 27MPa 左右，构造中部压力为 3～6MPa；构造东南部位及西部位由于没有注气井分布，但由于储层物性较好，连通性较强，因此地层压力有一定的变化，变化幅度较小，地层压力在 10～15MPa；构造低部位压力低，由于该断层封闭，不与外部连通，且没有注气井分布，因此压力没有变化，地层压力在 3MPa 以下。

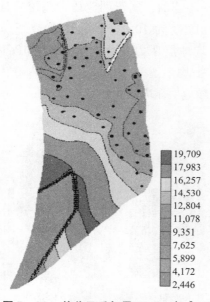

图 5-30　单井日采气量 50×10⁴m³/d
压力分布图

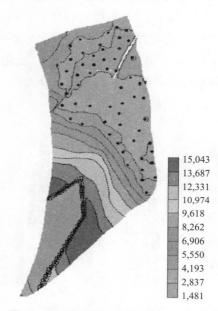

图 5-31　单井日采气量 100×10⁴m³/d
压力分布图

2. 地层非均质性对地层压力的影响

（1）层内非均质性对地层压力的影响。

按照现场工作制度，注气时间为 2019 年 1 月 8 日～10 月 31 日，区块总注气量为 26.65×10⁸m³。根据数模结果显示，区块平均地层压力为 11.08MPa。

由图 5-32 可知，构造东部位压力较高，平均地层压力在 16～19MPa 之间，主要是该区域储层物性较好，渗透率及孔隙度较大，有较多且注气量较大的注气井分布，因此该区域注气量大，地层压力较高；构造南部压力几乎没有变化，平均地层压力为 3MPa 左右，该区域储层物性较差，且断层封闭，与其他部位不连通，没有注气井分布，无外部气体注入，因此压力没有变化；构造北部压力为 7～10MPa，构造东北部及西北部的断层为封闭断层，不与外部连通，且有少量的注气井分布，因此注气量较少，压力变化较小。

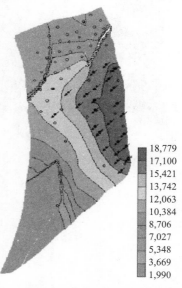

图 5-32　2019 年注气结束时全库
平均地层压力分布图

（2）层间非均质性对地层压力的影响。

对比各层位注气量和压力分布，分析层间非均质性的影响。2019 年注气结束时 S_4^{1-8} 砂组地层压力分布如图 5 – 33 所示，主力注气层位 S_4^{3-6} 砂组总注气量为 $31.45 \times 10^8 m^3$，占比 91.3%，S_4^{3-6} 砂组储层发育，储集单元岩性粒度较粗，且 S_4^{3-6} 砂组孔隙度及渗透率较大，孔隙度 10.6% ~13.6%，渗透率$(3.0 ~5.9) \times 10^{-3} \mu m^2$，储层物性接近，层间连通性好，储气能力强，因此地层压力变化幅度较大，平均地层压力变化幅度在 8MPa 左右；S_4^{1-2} 砂组组与 S_4^{3-8} 砂组中间有泥岩相隔，层间几乎不连通，属于两个压力系统，且层内膏质及云灰质胶结物发育，储层较致密，平均孔隙度为 10.4%，平均渗透率为 $2 \times 10^{-3} \mu m^2$，因此储气能力较差，压力变化较小，平均地层压力变化幅度在 6.5MPa 左右；S_4^{7-8} 砂组物性较差，平均孔隙度 9.4% ~11.4%，平均渗透率为$(0.8 ~1.2) \times 10^{-3} \mu m^2$，连通性较差，储气能力差，地层压力变化较小，平均地层压力变化幅度在 6MPa。

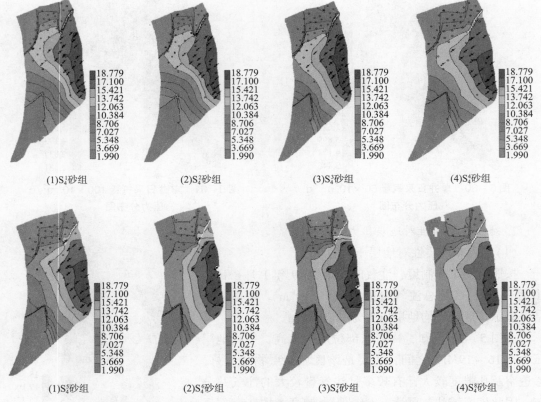

图 5 – 33　2019 年注气结束时 S_4^{1-8} 砂组地层压力分布图

第六章　储层保护

第一节　概述

储层保护是文 23 储气库建设和运行过程中的一项关键技术。文 23 气藏已达枯竭状态，地层压力极低，改建储气库后投产层段长、层间渗透率差异大，易受到外来流体的污染伤害。因此，需要结合文 23 储气库储层压力系数低、温度高、水敏、速敏等物性特征，确定压井（射孔）液设计原则、技术指标以及压井方式、用量等技术参数。同时，围绕射孔生产一体化、分步压井作业等不同完井方式，针对性地研发低伤害压井液、防滤失压井液等系列压井液，为储气库的安全投产提供技术保障。环空保护液是充填于油管和油层套管之间的流体，具有缓蚀、杀菌和阻垢功能，同时可以减轻套管头或封隔器承受的油藏压力，降低油管和环空之间的压差，保护环空内套管、油管、井下工具、井口装置等。在选择环空保护液时需根据油基、水基等环空保护液的性能特点，明确适用于文 23 储气库的环空保护液类型，确定环空保护液设计原则和技术参数，以达到延长油管、套管使用寿命的效果。

文 23 储气库由文 23 枯竭气藏改建而成，文 23 气田属于典型的低孔低渗高压砂岩气田，地层水具有高矿化度、高盐的特点。气田开发中后期，由于地层压力下降，气井含水升高，地层温度降低，导致气井结盐现象严重。前期的研究结果表明，结盐的主要原因是地层压力下降，特别是降低到 7MPa 以后，使高矿化度的地层水在井下快速蒸发形成盐垢。文 23 气田改建为储气库以后，地层平均压力仅为 4.4MPa，因此，存在极大的结盐风险，对储气库的安全、平稳运行构成一定的威胁。低孔低渗储层还易造成水锁，地层水锁不仅会堵塞气体赋存和运移通道，减小储气库有效库容，而且在注采运行过程中还会增大注气压力，降低回采效率，增加作业成本。文 23 储气库建库过程中使用的钻完井用液以及地层边底水，都是造成水锁的潜在风险。储气库多频次、短周期注采的运行特点，也进一步增加了地层水锁形成机理的复杂性。为保障储气库注采通道流动的安全性，降低或者消除结盐、水锁对储气库运行的影响，提高储气库的有效工作气量。需采取必要的监测和防治手段，以延缓和抑制结盐的发生。

第二节 入井液

一、压井(射孔)液技术现状

压井(射孔)液对油气层的损害，主要是由于外来流体的侵入。外来液体与储层内黏土及其他物质发生物理化学作用，从而引起黏土水化膨胀、微粒运移和化学沉淀。固相颗粒进入储层后，会聚集在近井地带。外来流体或者固体的侵入导致油层孔道堵塞，井眼周围储层渗透降低，形成低渗透带，增加流体流动阻力，降低油气产量。

通过技术调研，国内外压井液主要包括无固相体系、固相暂堵体系、泡沫体系、酸基体系等。无固相体系因其固相含量低、密度调节范围广等优点，成为主要应用方向，其中具有代表性的无固相清洁盐水压井液，其密度调节剂常用 NaCl、$CaCl_2$、$MgCl_2$ 等无机盐，当要求高密度时，使用溴盐($ZnBr_2$ 和 $CaBr_2$)，如密度为 1.30 ~ 1.81g/cm³ 的 $CaBr_2$、$ZnBr_2$溶液，1.81 ~ 2.30g/cm³ 的 $ZnBr_2 - CaBr_2 - CaCl_2$ 复合体系，同时可溶性盐具有很好的防膨效果，可有效防止黏土颗粒的膨胀、运移，储层保护性能好。盐水体系矿化度高，能有效地抑制泥页岩水化，抗盐侵能力强，适用于泥页岩地层、含岩盐地层或含盐膏地层，可在深井和超深井中使用。

但随着低压储层的开发需要，无固相盐水体系呈现的滤失量大、易与地层水产生 $CaCO_3$、ZnS 沉淀等问题也日益突出，不利于低压储层的保护。而无固相聚合物体系因其降滤失性能好、不易沉淀等优势，业已成为研究热点。聚合物体系的基本组分是烃基类聚合物、改性羧纤维素、阳离子聚电解质、非离子表面活性剂等。由于聚合物在高温条件下易降解，使用该体系的油气井的井温不能太高，聚合物的包被作用有利于防止泥页岩矿物颗粒的膨胀、分散和运移，适用于泥页岩地层。

根据不同的储层特征和投产地质要求，不同油气藏采用不同的压井(射孔)液体系，基于国内外各类压井液性能及文 23 储气库储层物性特点，明确了以无固相体系为应用方向，并结合文 23 储气库完井管柱方式确定压井液类型，具体分析见表 6 - 1。

表 6 - 1 国内外常用压井(射孔)液对比分析

类型	主要组分	性能特点	适用文23完井管柱方式	评价
无固相射孔保护液	表面活性剂、防膨剂和无机盐	无固相、无聚合物；漏失量偏大	射孔生产一体化	首选
无固相聚合物体系	聚合物、表面活性剂等	无固相、有聚合物；滤失较少	分步压井作业	
固相暂堵体系	膨润土、超细碳酸钙等	有固相、有聚合物；滤失少		应急备用
泡沫体系	活性剂、起泡剂、稳泡剂	有聚合物，液体密度低，滤失较少		待完善
酸基体系	5% ~ 20% 盐酸、酸化缓蚀剂	强酸性，可解堵		文23酸敏不适宜

二、设计原则

压井(射孔)液主要用于完井作业工序，入井液用量、化学性能及在生产层段滞留时间等因素是影响储层污染伤害的重要因素，对文 23 气田超低压、长井段和不同的完井方式，入井液设计主要考虑以下因素：

(1)首选无固相液体体系，避免固相堵塞，减少储层伤害。

(2)优选环保、可降解生物制剂材料。

(3)具有良好的储层配伍性和高温稳定性。

(4)优化液体性能指标，满足不同完井方式需要。

(5)液体配制简单方便，现场施工操作安全可行。

文 23 储气库入井液配方体系设计时，参考如下资料：

(1)文 23 储层矿物及流体基本地质资料(包括黏土矿物组成、含量、孔隙度、渗透率和储层流体类型、矿化度等)。

(2)文 23 储层岩心、储层流体与各种入井液配伍性动/静态实验。

(3)文 23 气藏储层层间压力分布资料。

(4)通过气层段泥浆组成、理化性能，浸泡时间、地层漏失及处理措施。

入井液设计、配制和入井液现场施工应参考相应技术标准，保证设计科学规范，满足现场要求。

射孔液设计参考《射孔优化设计规范》(SY/T 5911—1994)、《射孔施工及质量控制规范》(SY/T 5325—2005)以及《枯竭砂岩油气藏地下储气库注采井射孔完井工程设计编写规范》(SY/T 6645—2006)，保证射孔施工安全；射孔液性能指标参照《油气层保护液技术条件》(Q/SH 1025 0596—2009)和《碎屑岩注水水质推荐指标和分析方法》(SY/T 5329—1994)。

压井液设计参考《常规修井作业规程 第 3 部分：油气井压井、替喷、诱喷》(SY/T 5587.3—2004)和《枯竭砂岩油气藏地下储气库注采井射孔完井工程设计编写规范》(SY/T 6645—2006)，压井液性能指标参考《油气层保护液技术条件》(Q/SH 1025 0596—2009)和《低固相压井液性能测定方法及评价指标》(SY/T 5834—1993)。

综上所述，文 23 储气库压井(射孔)液设计应遵循以下原则：

(1)在保证井控安全的条件下，应首选无固相体系并尽量减少入井液用量，避免固相颗粒侵入造成的储层伤害。

(2)保证入井液流体具有良好的储层配伍性和热稳定性，满足储层保护和储气库长期安全生产需要。

(3)入井液组分应尽可能选取绿色环保与环境友好型化学生物制剂，入井液液体配制简单方便，现场施工操作安全可行。

三、技术参数设计

按照设计原则，结合文23储气库储层特点，压井（射孔）液添加剂的选择考虑了固相颗粒堵塞、滤液侵入、低压储层不易返排以及储层矿物的水敏、盐敏性等因素，具体要求主要有：

（1）对低孔低渗储层应添加表面活性剂，防止水锁造成的损害。

（2）加入黏土稳定剂，防止压井液滤液侵入储层引起水敏伤害。

（3）添加溶解性好、抗高温、抗剪切、耐盐、稳定性好的增黏降失水剂，防止压井液大量漏失。

（4）各添加剂与其他入井液体、储层配伍性好，不产生二次沉淀、无腐蚀、环境友好，易于现场操作配制。

1. 表面活性剂

对于高渗透层，由于孔喉大，液相侵入后极易排出，因此渗透率的变化不明显。文23储气库属于低孔低渗储层，由于孔喉小，侵入的入井液滤液受毛管阻力的影响会产生滞留，从而增加地层水的饱和度，降低气相渗透率，形成水锁。因此，压井液中应加入表面活性剂来降低体系的表、界面张力，解除水锁。

表面活性剂具有亲水基团和亲油基团，能显著降低表面张力，因而这种助剂通过吸附在气液两相界面来降低水的表面张力，也可吸附在液体界面间来降低油水界面张力。

表面活性剂按照基团结构特征可分为阴离子、阳离子、非离子、两性离子以及双子表面活性剂。

阴离子表面活性剂接结构不同可分为羧酸盐、磺酸盐、硫酸酯盐和磷酸酯盐等4大类。按其亲水基团的结构分为：磺酸盐和硫酸酯盐，如十二烷基苯磺酸钠等。

阳离子表面活性剂主要是含氮的有机胺衍生物。由于其分子中的氮原子含有孤对电子，故能以氢键与酸分子中的氢结合，使氨基带上正电荷。因此，它们在酸性介质中才具有良好的表面活性，而在碱性介质中容易析出而失去表面活性。除含氮阳离子表面活性剂外，还有一小部分含硫、磷、砷等元素的阳离子表面活性剂。

非离子型表面活性剂其亲水基是由醚基、羟基和酰胺基等含氧基团构成，可分为烷基醇酰胺、烷基酚聚氧化乙烯醚、脂肪醇聚氧化乙烯醚、多元醇多元酸及其聚氧化乙烯醚、烷基多苷及其衍生物等。因其在溶液中不是离子状态，所以稳定性高，不易受强电解质无机盐类存在的影响，也不易受pH值的影响，与其他类型表面活性剂相容性好，因而综合性能更为优越。

双子表面活性剂通常是用化学键将两个或两个以上的亲水端基或其附近可连接部位连接在同一作用点上，用于增强表面活性剂的作用效率。该类表面活性剂有阴离子型、非离子型、阳离子型、两性离子型及阴—非离子型、阳—非离子型等。

两性离子型和非离子型表面活性剂因其基团结构的特殊性在入井液领域具有广阔的应用前景。

文 23 储气库压井（射孔）液采用醚类非离子表面活性剂，具有高表面活性、高热稳定性及高化学稳定性等特点，浓度使用范围应在 0.5% ~ 1% 之间，表面张力 ≤28mN/m。

2. 黏土稳定剂

文 23 储气库储层为中等水敏，水的侵入对储层具有一定的伤害。而黏土矿物的含量及分布是影响石油储层岩心发生水化膨胀的重要因素。如果岩石孔道表面分布了大量的黏土矿物，当注入水与储层不配伍时，水分子楔入晶层内部，与岩石发生相互作用，造成晶层膨胀，致使岩石的力学性能发生变化，甚至导致黏土颗粒脱落运移，引起孔道堵塞，造成注水压力大幅上升。为减少黏土膨胀、运移伤害，压井液中应通过添加各种黏土稳定剂或缩膨剂来抑制或降低黏土的水化膨胀。抑制黏土膨胀的原理是通过离子交换、静电效应等作用，预防水分子进入晶间或使水分子从晶间脱离，降低黏土颗粒晶间距离，达到防膨的目的。

最先使用的是无机类黏土稳定剂如氯化钠、氯化钾、氯化铵、氯化镁等，后来又开发了羟基铝、羟基铁、羟基锆等无机阳离子聚合物黏土稳定剂，其中钾盐的防膨效果最好，应用最多。无机盐是非永久性黏土稳定剂，当其浓度减少到一定程度时，稳定黏土的作用就会消失。而且它只能起到暂时抑制水化的作用，不能有效地防止微粒运移。无机阳离子聚合物稳定黏土的有效期比无机盐长，但不耐酸，不能用于碳酸盐含量高的砂岩地层。目前使用较多的是有机聚合物包括非离子、阴离子、阳离子型有机聚合物，使用最多效果较好的是阳离子聚合物，多为聚季铵盐、聚季磷酸盐、聚季硫酸盐等，此类黏土稳定剂既能抑制黏土的表面渗透水化作用，也能抑制黏土粒子的膨胀、分散运移，是效果较好的一类黏土稳定剂，但成本较高。文 23 储气库压井（射孔）液采用小相对分子质量阳离子黏土稳定剂，性能稳定，浓度使用范围应在 1% ~ 2% 之间，防膨率 ≥80%。

3. 增黏降失水剂

压井液密度远高于天然气的密度，两者界面不稳定，容易形成重力置换性漏失；同时储层孔隙类型多、形态多样、尺寸差异度大，渗透率变化范围大，入井液进入储层，容易造成水锁伤害。因此，要求入井液具有较高黏度、较低滤失量，从而达到控制滤失、保护储层的目的。

降失水剂多是天然高聚物改性或人工合成高聚物。随着其在压井液中量的增加，压井液黏度增加，而降失水的作用更加明显。但研究表明，黏度增加并不能有效降低滤失，而且增黏会引起流动性变差，泵压增大，排量减小，不利于压井施工。作为降失水剂的大分子聚合物通常带有阴离子基团如—COO—和—SO₃—或带有孤对电子的原子如氧、氮、硫原子。它们能通过静电吸引或氢键吸附在颗粒之上。而吸附基的数量和吸附基在固体表面吸附的牢固程度是影响大分子链在颗粒上的吸附稳定性的两个重要因素。大分子降失水剂在颗粒表面的吸附作用包括分子间力、氢键、静电力和化学键力。由化学键力所决定的化学吸附比静电力、氢键力和分子间力更牢靠。当外加剂分子中有两个以上极性基并且这些极性基有络合能力时，则该外加剂的亲固力增强。降失水剂与微粒形成的网架结构是减小瞬时失水和形成致密滤饼的重要因素。

常用的降失水剂可分为两类：颗粒类材料和水溶性高分子材料。前者有膨润土、沥青粉、硅藻土、碳酸盐细粉、石英粉、火山灰、热塑性树脂等，它们往往与水溶性高分子复配使用。水溶性高分子材料又分为天然高分子及其改性产物和人工合成水溶性聚合物两大类。天然高分子材料及其改性产物主要有纤维素、木质素、褐煤、淀粉、单宁等，对这些材料的研究方向主要是对其改性，避免其本身作为降失水剂的缺陷，改善其耐温、耐盐等性能。对于人工合成水溶性聚合物类降失水剂的研究，进入21世纪以来发展很快，由于它拥有的品类繁多、功能齐全、性能理想等优势已经成为发展最迅速、前景最广阔的一类。

文23储气库压井（射孔）液采用纤维素醚类衍生物，有良好的耐热稳定性、耐盐性和抗菌性，使用范围在1%~3%之间，表观黏度≤50mPa·s，API滤失量≤25mL/30min。

经过文23储气库前期实践，通过不断优化改良添加剂的种类及加量，形成了性能优良、成本低廉的压井射孔液配方，具体技术指标见表6-2。

表6-2　文23储气库压井（射孔液）技术指标

检测项目	性能指标
防膨率/%	≥80
地面密度/(g/cm³)	1.02±0.05
表观黏度/mPa·s	≤50
API滤失量/(mL/30min)	≤25
表面张力/(mN/m)	≤28
配伍性	与其他入井液及地层配伍性好

压井液密度应以目前生产层或拟射孔地层最高压力为设计基准，但由于储气库属于枯竭气藏，压力系数普遍偏低，一般设计压井液密度为1.02g/cm³，压井液储备量不低于1.5倍井筒容积。

根据现场施工情况采用灌注或循环压井方式，不喷不漏方可动井口作业。

若地层压力低，无法建立循环而又不能保持井筒常满状态的，应根据所测井筒动液面情况确定灌液量。

四、文23储气库压井（射孔）液分类

根据完井方式和完井管柱特点，文23储气库压井（射孔）液可分为无固相压井（射孔）液体系和分步压井作业压井（射孔）液体系两类。

（一）无固相压井（射孔）液体系

无固相压井（射孔）液主要组分有无机盐、防膨剂和表面活性剂等，体系具有黏度低、黏土防膨效果好（防膨率≥80%）、无固相堵塞伤害、无聚合物伤害等特点，与储层及流体有较好的配伍性。

射孔生产一体化完井管柱采用完井管柱到位后再射孔的投产方式，现场施工中仅需要考虑射孔作业安全，不存在因射孔液大量漏失造成的井控风险，应选取对储层伤害最小的

射孔保护液体系作为射孔液,实现最大程度的油气藏保护。且在保证射孔作业安全条件下,射孔液用量应采用最少量设计原则。

从最大程度保护储层的角度看,射孔完井一体化完井管柱配合无固相低粘压井(射孔)液体系具有显著的储层保护技术优势和液体成本优势,应作为文23超低压储气库投产的首选射孔(压井)液体系。

(二)分步压井作业射孔(压井液)体系

对于需要采取分步压井作业工序的注采井,由于需要起下井下作业(射孔)管柱作业,存在压井液漏失而造成安全井控风险,因此压井(射孔)液配方体系设计要同时兼顾井控安全和储层保护两方面,应采用滤失控制型压井(射孔)液体系。

滤失控制型压井(射孔)液体系主要有泡沫暂堵体系、无固相聚合物体系和固相暂堵体系等。从储层保护角度,分步压井作业完井管柱配合控制滤失型压井(射孔)液体系均存在不同程度储层污染伤害,应谨慎采用。

1. 泡沫压井液体系

泡沫体系对低密度调整和低温滤失控制具有一定的优势,但目前的泡沫体系存在井下高温条件下泡沫稳定性差(90℃,泡沫半衰期≤4h)的问题,难以满足完井作业时间(预测完井作业时间约3~5d)的要求,另一方面大量泡沫返出会造成井场环境污染问题。需要开展泡沫性能和返排工艺研究,丰富和完善文23储气库压井液体系类型,满足现场施工要求。

2. 无固相聚合物体系

无固相聚合物压井液体系具有较好的控制压井液滤失和现场施工简单的特点,降滤失剂和稠化剂选取在储层条件下能自然降解的绿色生物制剂及其衍生物,在一定程度上减少储层污染伤害,可作为文23枯竭气藏储气库分步压井作业完井管柱配合压井(射孔)液体系使用。

3. 固相暂堵体系

对于使用无固相聚合物压井液体系后,漏失量仍无法有效控制的个别作业井,应启用备用应急压井液体系,即采用固相屏蔽暂堵工艺技术保证井控安全,保证完井作业安全。

第三节 环空保护液

一、环空保护液技术现状

根据流体的连续相,目前常用的环空保护液分为水基和油基两类。水基环空保护液应用最广泛,可分为改性钻井液环空保护液、低固相环空保护液和清洁盐水环空保护液。其中改性钻井液环空保护液,是将钻井完井的钻井液进行改性,并清除钻井液中的固相颗粒,使其作为环空保护液直接留在井筒内。具有经济方便的优点,但腐蚀性强,此外钻井液在长期作用下会固化,增加修井费用,故不宜推广应用;低固相环空保护液通常由聚合物增黏剂、缓蚀剂以及可溶性盐类加重剂组成，体系简单，相比高固相的钻井液改性环空保护液更方便应用。但除黄原胶外，聚合物对颗粒的悬浮能力都较差，固相会逐渐沉积下来，在井底温度下聚合物会降解，使固相的沉积速度加快。清洁盐水环空保护液体系无固相，防腐蚀性能好，但易结垢。为了防止腐蚀，需要在盐水中加入缓蚀剂，增加成本，而且有些抑制剂（如胺类、硫氰酸盐类）可能会造成环境污染。油基环空保护液具有非腐蚀性，热稳定性比水基好的特点。但钻井液改性成环空保护液，其中的盐水矿化度和固相的沉积变又将成为另一凸显的问题。同时，其单位成本高和环境污染严重也限制其推广应用。

考虑到投入成本，文23储气库环空保护液以水基为研究方向开展研究和深化。

二、设计原则

文23储气库作为国家天然气应急调峰的重要战略基地，其安全高效运行十分重要。而井下管柱一旦损坏，较长的修复周期及较大的修复成本则不利于储气库的效益开发。国内仅大庆、胜利、中原和长庆油田就有套损井20000多口，因套损而被迫关井停产，并且还以每年2000口井的速度增加。经研究发现，套管损坏井中大部分是腐蚀损坏，环境介质中含有 CO_2、Cl^-、SO_4^{2-}、SRB（硫酸盐还原菌）等可以造成严重腐蚀破坏的成分，故而环空保护液应具备腐蚀防护的性能。同时，作为修井过程中的入井液，应具备流动性好、储层保护能力强、与其他入井液配伍性好等特点，以达到安全施工、保护储层的目的。

环空保护液设计参考《油田采出水用缓蚀剂性能评价方法》（SY/T 5273—2000）以及《枯竭砂岩油气藏地下储气库注采井射孔完井工程设计编写规范》（SY/T 6645—2006）对环空保护液进行设计。环空保护液技术指标参考《文96储气库可行性研究报告》中6.2.1.2和《碎屑岩注水水质推荐指标和分析方法》（SY/T 5329—1994）。

综上所述，文23储气库环空保护液设计应遵循以下原则：

（1）在修井或投产时不会损害储层，保护油气层能力强；

（2）流动性好，不产生固相沉淀、稳定性好；

（3）与其他入井液配伍性好；

（4）防腐性能好。

三、技术参数设计

按照设计原则，结合文23储气库储层特点，环空保护液添加剂的选择考虑了防腐、杀菌、控氧、配伍性等因素，有针对性抑制无机盐、细菌滋生、氧浓度差等系列问题导致的腐蚀问题，有效延长管柱使用寿命，为文23储气库的高效安全运行提供技术保障。

1. 缓蚀剂

腐蚀是指金属与环境之间的物理化学相互作用。其结果使金属的性能发生变化，并可导致金属、环境或由它们组成的体系功能受到损伤。文23储气库井下封隔器以上的油套环形空间没有高温高压气体，只有相对稳定的液体，分析认为注采井井下温度和压力情况下可能发生的 3 种腐蚀类型有: 溶解盐腐蚀、溶解氧腐蚀和微生物腐蚀。因此, 在环空保护液设计中, 腐蚀防护是核心指标。

环空保护液通过添加缓蚀剂达到控制腐蚀的目的。缓蚀剂有多种分类方法。大部分缓蚀剂的缓蚀机理是与腐蚀介质接触的金属表面形成一层保护膜, 这种保护膜将金属和介质隔离, 以达到缓蚀目的。根据缓蚀剂形成的保护膜类型, 缓蚀剂可分为氧化膜型、沉积膜型和吸附膜型等几类。

氧化膜型缓蚀剂: 铬酸盐、亚硝酸盐、钼酸盐、钨酸盐、钒酸盐、正磷酸盐、硼酸盐等均被看作氧化膜型缓蚀剂。铬酸盐和亚硝酸盐都是强氧化剂, 无须氧的帮助即能与金属反应, 在金属表面阳极区形成一层致密的氧化膜。其余的几种或因本身氧化能力弱, 或因本身并非氧化剂, 都需要氧的帮助才能在金属表面形成氧化膜。氧化膜型缓蚀剂通过阻抑腐蚀反应的阳极过程达到缓蚀目的, 能在阳极与金属离子作用形成氧化物或氢氧化物, 沉积覆盖在阳极上形成保护膜, 因此有时又被称作阳极型缓蚀剂。该类缓蚀剂一旦剂量不足就会造成点蚀, 反而加重局部腐蚀。Cl^-、高温及流速较快都会破坏氧化膜, 故在应用时需根据工艺条件适当改变缓蚀剂的浓度。

沉积膜型缓蚀剂: 锌的碳酸盐、磷酸盐和氢氧化物以及钙的碳酸盐和磷酸盐是最常见的沉积膜型缓蚀剂。由于它们是由 Zn^{2+}、Ca^{2+} 与 CO_3^{2-}、PO_4^{3-} 和 OH^- 在金属表面的阴极区反应而沉积成膜, 所以又被称作阴极型缓蚀剂。沉积型缓蚀膜不和金属表面直接结合, 而且是多孔的, 往往出现金属表面附着不好的现象, 缓蚀效果不如氧化膜型缓蚀剂。

吸附膜型缓蚀剂: 吸附膜型缓蚀剂多为有机缓蚀剂, 具有极性基团, 可被金属的表面电荷吸附, 在整个阳极和阴极区域形成一层单分子膜, 从而阻止或减缓相应电化学的反应。如某些含氮、含硫或含羟基的、具有表面活性的有机化合物, 其分子中有两种性质相反的基团: 亲水基和亲油基。这些化合物的分子以亲水基(如氨基)吸附于金属表面上, 形成一层致密的憎水膜, 保护金属表面不受腐蚀。牛脂胺、十六烷胺和十八烷胺等这些被称作"膜胺"的胺类, 就是常见的吸附膜型缓蚀剂。当金属表面为清洁或活性状态时, 此类缓蚀剂成膜效果较好。但如果金属表面有腐蚀产物或有垢沉积时, 就很难形成效果良好的缓蚀剂膜, 此时可适当加入少量表面活性剂, 以帮助此类缓蚀剂成膜。

缓蚀剂的吸附类型有静电吸附、化学吸附。静电吸附剂有苯胺及其取代物、吡啶、丁胺、苯甲酸及其取代物如苯磺酸等, 化学吸附剂有氮和硫杂环化合物。有些化合物同时具有静电和化学吸附作用。此外, 有些螯合剂能在金属表面生成一薄层金属有机化合物。近年来, 有机缓蚀剂发展很快, 应用广泛, 但也存在一定缺陷, 如可能污染产品或对生产流程产生不利影响等。

文 23 储气库环空保护液以吸附膜型缓蚀为主要组分, 具有良好的缓蚀效果和热稳定性, 可作为文 23 储气库环空保护液使用, 其浓度控制在 3% ~ 5%, 腐蚀速率控制在 0.0254mm/a。

2. 杀菌剂

气井环空介质中微生物的生长、代谢和繁殖, 可造成油、套管等金属材料的腐蚀和损坏。在完井作业和某些特殊情况下(如套管刺漏和封隔器失效等), 含菌环空保护液进入地层，细菌的结垢结斑将堵塞孔道；降解其他添加剂并降低药剂的使用效率。因此，环空保护液必须对细菌加以控制，通常采用添加杀菌剂的化学处理方法控制细菌生长。

油田用杀菌剂分为氧化性和非氧化性。氧化性杀菌剂主要通过与细菌体内的代谢酶产生氧化反应，将细菌分解为 CO_2 和 H_2O 以达到杀死细菌的目的。目前常用的氧化性杀菌剂主要有 Cl_2、O_3、含溴类杀菌剂等。Cl_2 杀菌剂价格低廉、效果好，可清除管壁附着的菌落、防止垢下腐蚀。但其稳定性差，大量使用易造成环境污染，所以逐步被溴类杀菌剂、三氯异三聚氰酸等安全无污染的杀菌剂替代。非氧化性杀菌剂种类繁多，主要包括季铵盐型、季磷盐型、杂环化合物、有机醛类、含氰类化合物等，油田常用的为季铵盐类杀菌剂，该类杀菌剂毒性小、具有一定缓蚀作用，是一种具有抗菌能力的表面活性剂。其杀菌机理是通过杀菌剂的阳离子吸附在带负电的细菌表面，改变细菌细胞壁的通透性，影响细菌正常代谢而杀菌，可以同时杀死粘泥下的硫酸盐还原菌。

文23储气库以双季铵盐型杀菌剂为主要组分，环境友好、杀菌效果佳，浓度控制在1% ~ 2%，硫酸盐还原菌（SRB）、腐生菌（TGB）等细菌浓度为0mg/L。

3. 除氧剂

金属浸入含有溶解氧的中性溶液中形成氧电极，其阴极反应过程为：

$$O_2 + 2H_2O + 4e^- \longrightarrow 4OH^- \qquad (6-1)$$

根据能斯特方程式原理，氧的分压越高，其电极电位就越高，因此，如果介质中溶解氧含量不同，就会因氧浓度的差别产生电位差。介质中溶解氧浓度越大，氧电极电位越高，而在氧浓度较小处则电极电位较低，成为腐蚀电池的阳极，这部分金属将受到腐蚀。为避免氧的腐蚀，常采用除氧剂降低溶解氧造成的危害程度。

除氧剂分为无机除氧剂和有机除氧剂。无机除氧剂以亚硫酸钠、联胺（肼）为代表。其中亚硫酸钠除氧速度快、操作容易、无危险，残余氧低，但由于亚硫酸钠会发生分解，只能用在对水质要求比较严的低、中压锅炉中进行除氧。联胺与氧的反应是一个复杂的过程，它受水的 pH 值、水温、催化剂等影响很大。联胺在碱性溶液中才会显现出强还原性，它可以直接把水中的溶解氧还原。温度越高，反应速度越快，水温在100℃以下时，此反应速度很慢，水温高于150℃时反应快，在除氧效率上低于亚硫酸钠，水温低的时候除氧速度慢，只可以在温度较高的情况下才可以有效地和氧发生反应从而达到除氧的目的。联胺的蒸气有毒，与皮肤接触会造成皮炎。过剩的联胺会分解成氨，温度低于350℃时与氧气反应很慢，高浓度时有可燃性，不易运输、储存。有机除氧剂主要分为肟类化合物、异抗血酸及其钠盐、胺类，目前以肟类化合物为主流产品，主要包括甲基乙基酮肟、二甲基酮肟、乙醛肟等，它们即使在高温时也具备优良的除氧效果，同时能够把高价的铜、铁氧化物还原为低价的氧化物。

文23储气库以肟类化合物为主要组分，见效快、维持时间长，其浓度控制在1% ~ 2%，控制溶解氧含量为0.15mg/L。

经过文23储气库前期实践，通过不断优化改良添加剂的种类及浓度，形成了性能优良、低成本的环空保护液配方，具体技术指标见表6-3。

表6-3 文23储气库环空保护液技术指标

检测项目	性能指标
pH 值	8 ~ 10
密度/(g/cm³)	1.02 ± 0.07
硫酸盐还原菌(SRB)、腐生菌(TGB)含量	细菌含量为零(体系溶液)
P110 腐蚀速率/(mm/a)	≤0.0254(100℃)
有机氯含量/%	0

环空保护液具有平衡井下管柱受力的作用，但文23储气库地层压力较低，无须额外调节液体密度，因此设计环空保护液密度为 $1.02g/cm^3$，压井液储备量不低于1.2倍油套环空体积。

管柱下到位后，采用反替方式替入环空保护液，坐封后灌入环空保护液以保证液面到达井口。

第四节 防结盐技术

一、储气库结盐机理

(一)机理分析

储气库在注采运行过程中的结盐机理与气田开发阶段的结盐机理有着本质的区别。总体上来说，储气库结盐是注气阶段结盐和采气阶段结盐相互影响、共同作用，并不断累积的过程，相比气田结盐机理更加复杂。

注气阶段：注入天然气为干气，干气吸收水分子，提高了井底积液的含盐浓度，当积液达到过饱和时在地层中形成结盐。

采气阶段：天然气在向地面的运移过程中，压力、温度逐渐降低，气体携带地层水的盐浓度沿运移方向逐渐增大，当达到饱和浓度时开始发生盐结晶沉淀。

气井结盐机理主要分为两种，一种是"盐晶颗粒沉积结盐"机理，另一种是"地层水蒸发结盐"机理。分析认为，文23储气库注气阶段结盐适用"地层水蒸发结盐"机理；采气阶段结盐是两种机理共同作用的结果。储气库多轮次注采后，将使地层水达到过饱和状态，注气过程中在地层中形成的盐晶颗粒，将在下一轮采气过程沿运移方向形成沉积，加剧近井地带及井筒的结盐情况。

通过机理分析认为，含高矿化度地层水枯竭气藏型储气库在低压运行过程中更容易结盐。注气阶段地层压力处于升高的过程，天然气含水饱和度会逐渐降低，但注入的干气仍然会对地层水中的水分子起到一定的吸收作用，导致地层水的含盐饱和程度进一步升高，加剧了在采气期发生结盐的风险，也使得储气库运行阶段的临界结盐压力一般会高于同气藏在开发阶段的临界结盐压力。

(二) 机理实验

为了深入研究枯竭气藏型储气库运行过程中的结盐机理，掌握储气库结盐动态规律，可通过物理实验的方法，进一步认识储气库多周期注采结盐机理和特点。基于文 23 储气库真实地层和注采运行环境条件，将实验温度设置为 120℃，压力设置为 4 ~ 38.6MPa，初始地层水与天然气体积比假定为 1 : 15。高温高压流体固相沉积仪 (图 6 - 1) 是物理模拟实验采用的主要设备。该设备运行最高温度可达 200℃，压力可达 70MPa，完全满足实验测试的温度压力条件。同时该设备还具有可承受高压的蓝宝石观察窗，可实现天然气多周期注采条件下的地层水蒸发结盐可视化模拟。

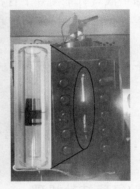

(a)DBR-PVT仪实验系统　　　　　　　　(b)蓝宝石观察窗

图 6 - 1　高温高压流体固相沉积仪 (DBR - PVT)

注入枯竭气藏型储气库的天然气为甲烷含量极高并经过脱水处理的干气，因此实验一般采用甲烷含量超过 95% 的干燥天然气，天然气组成如表 6 - 4 所示。实验所用地层水为按照实际地层水离子组成配制的模拟地层水，地层水矿化度分别为 30×10^4 ppm、26×10^4 ppm，地层水中可溶盐质量组成如表 6 - 5 所示。

表 6 - 4　实验用天然气组分表

组分	N_2	C_1	C_2	C_3	iC_4	nC_4	iC_5	nC_5	C_6	Total
摩尔分数/mol%	0.47	95.29	3.13	0.73	0.15	0.13	0.05	0.04	0.01	100.00

表 6 - 5　1L 模拟地层水各类可溶盐质量组成　　　　　　　　单位：g/L

NaCl	Na_2SO_4	$NaHCO_3$	$GaCl_2$	$MgCl_2 \cdot 6H_2O$	KCl
210	4	0.1	53	25	18

从不同注采周期的地层水体积变化情况 (图 6 - 2 和图 6 - 3) 来看，对于特定的运行压力区间和恒定量的地层水情况，在天然气注采过程中，蓝宝石观察窗中的地层水不断被天然气蒸发并伴随降压生产而被排出蓝宝石观察窗，致使地层水体积随着注采周期的增加而逐渐减少，从而导致地层水矿化度逐渐增加直至地层水过饱和，并在地层水中发生盐析 (图 6 - 2 周期六)。地层水中析出的盐结晶堆积后，在重力作用下逐渐沉降到地层水底部

聚集生长(图6-2周期七)。此外,地层水蒸发结盐后,只要地层水还存在,天然气对地层水的蒸发就会持续发生下去,导致地层水结盐程度不断增加(图6-2周期八),直至地层水在天然气的蒸发作用下彻底干化。

图6-2 蓝宝石观察窗中地层水体积变化与
结盐动态(38.6→20MPa,水气比1:15)

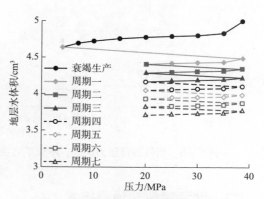

图6-3 不同注采周期地层水体积变化规律
(38.6→20MPa,水气比1:15)

从不同运行压力区间,地层水结盐时的累计注气量(图6-4)来看,运行的压力区间下限压力越低,地层水结盐时的累计注气量越少,即地层水发生盐析结盐前的工作运行气量越少。在原始含水为6.25%的情况下,当运行压力为38.6~10MPa时,不结盐运行气量为3.63PV;当运行压力为38.6~30MPa时,不结盐运行气量为4.43PV。因此,提高储气库的运行压力区间下限,可延缓地层水发生盐析结盐。

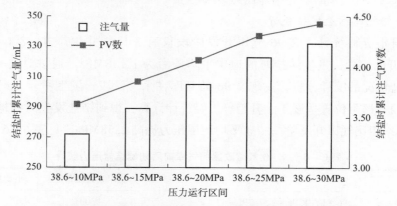

图6-4 不同运行压力区间,地层水结盐时的累计注气量(水气比1:15)

从相同运行压力区间,不同矿化度地层水结盐时的累计注气量(图6-5)来看,地层水原始矿化度越高,即原始地层水中清水含量越低,地层水结盐时的累计注气量越少。在原始含水为6.25%的情况下,当地层水原始矿化度降低至26×10^4ppm时,不结盐运行气量为4.79PV,相对于原始矿化度为30×10^4ppm的地层水,不结盐运行气量增加了1.16PV。因此,向地层中注入清水,降低地层水矿化度有利于增加储气库不结盐运行气量。

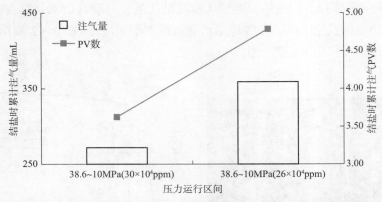

图 6 - 5　相同运行压力区间，不同矿化度地层水结盐时的累计注气量（水气比 1 : 15）

二、储气库结盐预测技术

(一)结盐风险分析

对文 23 储气库开发阶段结盐情况以及文 96 气藏改建储气库前后的结盐情况进行了深入的调研。共统计分析了文 23 气田开发阶段 26 口生产井的生产日报及清防盐作业记录，对比分析了文 96 气田开发阶段 3 口生产井及改建储气库后 12 口注采井的结盐历史情况，对照井底流压及静压测试结果，借鉴文 96 气田改建储气库前后临界结盐压力变化趋势，初步估算了文 23 储气库的临界结盐压力。

1. 文 96 储气库结盐规律分析

据生产日报资料统计，文 96 气田开发阶段仅有 3 口气井生产井，3 口生产井均于 2003 年前后开始结盐，发生结盐时的地层平均压力为 12.18MPa。通过对文 96 储气库 14 口注采井结盐情况的统计分析，发现文 96 储气库在采气阶段，发生了较为严重的结盐问题，且注采通井遇阻位置呈逐年上升趋势。经统计计算，得到结盐发生时的地层平均压力为 14.76MPa，相比气田开发阶段结盐平均地层压力提高 2.58MPa。见表 6 - 6。

表 6 - 6　文 96 气藏改建储气库前后初始结盐压力统计

阶段	井号	最早发现结盐时间	平均地层压力/MPa
改建储气库前	文 96 - 1、文 96 - 2、文 92 - 47	2003	12.18
改建储气库后	文 96 - 储1、文 96 - 储2、文 96 - 储3、文 96 - 储4、文 96 - 储5、文 96 - 储6、文 96 - 储7、文 96 - 储8、文 96 - 储9、文 96 - 储10、文 96 - 储11、文 96 - 储12、文 96 - 储13、文 96 - 储14	2017	14.76

分析认为，造成临界结盐压力升高的原因是气藏含高矿化度地层水，储气库注气期间连续注入干气，使地层水中的水分子被注入气所吸收，达到临界饱和或过饱和状态。采气时，已经形成的盐晶颗粒随生产气流被携带到近井地带或井筒形成结盐；地层中的临界饱和地层水在地层压力下降后，水分子进一步蒸发，从而形成结盐。

对比文96气藏开发阶段和储气库运行阶段临界结盐压力变化情况，可以预测文23气田改建储气库后，将具有更高的结盐风险，且其采气阶段的临界结盐压力会高于气田开发阶段的临界结盐压力。

2. 文23气田结盐规律分析

文23气田1978年12月开始投入开发，气田主块共57口井，2001年根据市场要求加大了文23气田的采气速度，随着地层压力的降低，天然气累计产量的增加，逐渐暴露出了气井结盐给生产带来的严重影响。

2003年，文108-1出现盐堵并且开始采取套管注入清水进行解堵。2005年，发现文23气田主块存在大规模井筒结盐现象。2006年，结盐井数增加至26口且需要定期洗盐维护的气井数量增多。2007年11月，文23气田经证实结盐井井数为32口，未经证实但需要定期洗盐维护的井有15口，遍布各个区块，此时结盐气井的总日产气量为$120 \times 10^4 m^3$，约占文23气田正常生产气井日产气量的84%。2008年，当地层压力下降至7.38MPa时，57口生产井全部出现结盐堵塞现象。2010年，井底流压下降至2.5MPa以下，因气量减小，部分井恢复正常生产，但仍有34口存在严重结盐问题。

对文23气田开发阶段40余口生产井的历史资料进行了统计分析，发现文23气田发生大面积结盐情况的时间均为2004年前后，其中最早发生严重结盐的气井是位于9#断块单元的文108-1井，2003年10月6日文108-1井出现盐堵造成气量大幅下滑。如表6-7所示。

表6-7　文23气藏重点断块开发阶段结盐情况统计

断块单元	井号	最早发现结盐时间	地层压力/MPa
4#	W23-28、XW103C、W23-43	2005	13.83
6#	W23-6、W23-11、W23-26、W23-15、W23-2	2004	14.52
9#	W23-3、W23-8、W23-23、W23-34、W61、W108-1	2003	15.26
10#	WC105、W23-35、XW23-7、W23-38	2004	12.89

3. 文23储气库结盐临界压力估算

结盐临界压力的确定对于预测和评估储气库结盐风险具有重要的意义，以文96气藏开发阶段和储气库阶段临界结盐压力变化规律为参考，利用等比计算方法，粗略估算得到文23储气库的临界结盐压力为18.49MPa（图6-6）。

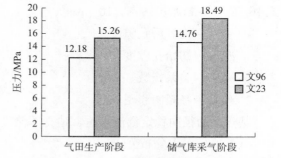

图6-6　利用等比预测方法估算文23储气库临界结盐压力

（二）结盐预测模型

1. 临界结盐压力计算模型

结合高温高压岩心驱替结盐模拟实验结果，建立了文23储气库结盐临界压力计算模型。

当水中NaCl浓度超过其溶解度时，溶解的NaCl从水中析出沉淀；当水中NaCl浓度低于其溶解度时，固体NaCl发生溶解。NaCl析出和固体盐溶解动力学模型为：

$$v = \kappa e^{-\frac{E_a}{T_0 R}} S_w \rho_w c_s \tag{6-2}$$

$$c_s = x_s - x_{equ} \tag{6-3}$$

式中　v——单位体积水中 NaCl 沉淀速率，$mol/(s \cdot m^3)$；

　　　κ——常数，与具体反应相关；

　　　R——通用气体常数，$J/(mol \cdot K)$；

　　　E_a——活化能，与具体反应相关，J/mol；

　　　S_w——含水饱和度，%；

　　　T_0——参考温度，℃；

　　　ρ_w——地层水物质的量浓度，mol/m^3；

　　　c_s——单位孔隙体积中析出的盐量，mol/m^3；

　　x_{equ}——NaCl 在水中溶解度，%；

　　　x_c——NaCl 在水中的实际浓度，%。

盐析时固体盐颗粒沉积在孔道壁面，会增加孔隙度，盐析对储层孔隙度的关系为：

$$\phi = \left[\phi_0 - \left(\frac{C_s}{\rho_s} - \frac{C_{s0}}{\rho_s} \right) \right] [1 + C(p - p_0)] \tag{6-4}$$

式中　C_{s0}——初始时刻单位孔隙体积中析出的盐量，mol/m^3；

　　　ρ_s——析出盐物质的量浓度，mol/m^3；

　　　p——储集层当前压力，kPa；

　　　p_0——储集层初始压力，kPa。

当盐颗粒沉积或捕集在狭窄的孔道处时，会影响储层渗透率性能，孔隙度与渗透率的关系采用 Kozeny – Carman 方程描述：

$$K = K_0 \left(\frac{\phi}{\phi_0} \right)^b \left(\frac{1 - \phi_0}{1 - \phi} \right)^2 \tag{6-5}$$

式中　K_0——初始渗透率，$10^{-3} \mu m^2$；

　　　ϕ——伤害后孔隙度，%；

　　　ϕ_0——初始孔隙度，%；

　　　b——关系指数。

2. 结盐半径预测模型

基于平面径向稳定渗流理论，建立了储气库地层结盐半径预测模型。

近井地带压力分布公式：

$$p = p_w + (p_e - p_w) \frac{\ln(r/R_w)}{\ln(R_e/R_w)} \tag{6-6}$$

式中　p_w——井底压力，MPa；

　　　p_e——边界压力，MPa；

　　　R_e——地层半径，m；

　　　R_w——井筒半径，m。

结合储气库地层、流体及运行参数，将公式改写为：

$$p(r,\ t) = p_i - \frac{q_{sc}p_{sc}T\mu_i Z_i}{4\pi kh T_{sc}Z_{sc}p_i}\ln\frac{4\eta t}{\gamma r^2} \qquad (6-7)$$

式中　p_i——外边界压力，MPa；

　　　p_{sc}——参考压力，0.1MPa；

　　　q_{sc}——日产气量，m^3/ks；

　　　μ_i——天然气地下黏度，mPa·s；

　　　Z_i——天然气地下偏差系数；

　　　T——气藏温度，K；

　　　T_{sc}——参考温度，273.1K；

　　　Z_{sc}——参考压力和温度条件下偏差系数；

　　　η——导压系数，m^2/ks；

　　　t——采气时间，ks；

　　　γ——天然气相对密度；

　　　r——结盐半径，m。

结盐半径计算基本参数如表6-8和图6-7所示。

表6-8　结盐半径计算基本参数

参数	值
天然气相对密度	0.6264
气藏温度/℃	115
气藏压力(上限)/MPa	25
气藏压力(下限)/MPa	15
地层水矿化度/%	29.6923
平均渗透率/mD	1.5
平均孔隙度/%	12.5
气藏厚度/m	150
油管半径/m	0.038
井控半径/m	250
气井产量/$10^4 m^3$	30

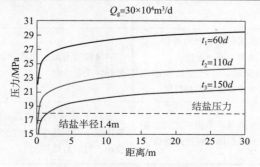

图6-7　结盐半径预测曲线

3. 生产压差控制计算方法

为了防止地层出砂和气体流速过快导致地层结盐，采气生产时需对生产压差进行控制。计算气井出砂临界生产压差公式如下：

$$\Delta P_1 = \frac{1}{2}\left[\sigma_c - \frac{2v(10^{-6}\rho_f gH - P_p)}{1-v}\right] \tag{6-8}$$

式中　ΔP_1——出砂临界压差，MPa；

　　　σ_c——单轴抗压强度，MPa；

　　　v——泊松比，无量纲；

　　　ρ_f——上覆岩石平均密度，g/cm^3；

　　　g——重力加速度，m/s^2；

　　　H——气层中深，m；

　　　P_p——地层压力，MPa。

生产压差过大会导致近井地带形成局部低压区，并使其处于临界结盐压力以下。因此，在满足日采气量的基础上，应尽可能控制生产压差，使生产压差长期处于较低的水平。

三、储气库结盐防治工艺

（一）防治工艺优选

文23气田开发阶段防治结盐问题所采用的工艺方式，主要以清水洗盐和抑盐剂防盐为主，防治效果较好，成本较低。下面对目前主要采用的几种结盐防治工艺进行了评价，总结了各种工艺的优缺点。见表6-9。

表6-9　目前主要清防盐工艺的优缺点

项目	原理	优点	缺点
机械法除盐	①泵下安装机械洗井阀，配套井下洗井阀管柱工艺，进行盐垢的清除；②采用过桥泵进一步加深尾管，缩短"流速缓冲区"，减缓井筒底部或生产层段结盐；③用刮、钻、铣洗、射流等工艺进行盐垢的清除	清除盐垢效果好，有效期长	作业工作量大，对于已建成的井，进行清防盐垢工艺需要动管柱
物理法清防盐	①利用超声波震碎较松散的垢物，然后由流体带出地面或流出管道；②利用永磁除垢器，改变盐垢的电势，破坏垢的生成和促使垢的溶解	对集输管道疏松盐垢的效果好，安装方便	对于井筒及地层中致密而且坚硬盐垢的除防效果不好
定期泵车清水洗井	定期补加清水降低产出液矿化度，防止盐粒析出，对已析出盐粒进行清洗	管柱下普通封隔器即可，费用低，可与化学防盐配合应用，延长有效期	有效期短，工作量大，对不溶垢效果差

续表

项目	原理	优点	缺点
加药车定期加药	加注化学药剂进行化学清防盐	较清水定期洗井清防盐有效期长，可同时预防结垢	工作量大
固体防盐配合洗井	加注固体药剂，改变盐垢结晶形态，增大成垢离子溶解度，溶解盐垢并防止盐垢析出，配合洗井带出溶解物	随检泵一起施工，效果比较好	现有固体药剂在高温下分解速度快，释放周期短
地层挤注抑盐剂防盐	向地层挤注抑盐剂，改变盐垢结晶形态，增大成垢离子溶解度，长效抑制地层析出盐垢	随检泵施工，效果比较好，有效期长	工作量大，费用高
压裂化学解堵防盐	压开地层挤入化学药剂，溶解盐垢，改变盐垢结晶形态，增大成垢离子溶解度，长效清防盐垢	效果好、增长、有效期长	工作量大，费用高
集中连续补水防盐	地面建立补水流程，正常生产情况下连续少量的从套管或采用毛细管从套管补水进入井底部，降低产出液的矿化度，避免盐粒析出	工人劳动强度低、但管理方便，效果好。可投加化学药剂减轻补水强度，提高防盐垢效果	需建补水流程，投资高
井口连续加药防盐	单井井口连续加注化学药剂，改变盐垢结晶形态，增大成垢离子溶解度，防止盐垢析出	管理方便，工人劳动强度低、效果好	需加药装置，投资高

通过对现有油气田清防盐工艺技术调研及工艺效果综合评价分析，结合文23储气库实际情况，从储层保护、工艺效果、措施可行性、施工效率、施工成本考虑，优先选用复合抑盐剂防盐及清水洗盐的工艺措施进行结盐防治。

（二）配套监测工艺优选

调研了国内外油气井结盐监测技术，同时结合文23储气库建设现状，对目前主要采用的几种结盐监测工艺进行了评价，总结了各种工艺的优缺点和对文23储气库的适用性（表6－10）。

表6－10　目前主要结盐监测工艺的优缺点

结盐监测工艺	优点	缺点
气样氯根监测法	可进行连续监测，早期发现结盐现象	氯根含量较低，仪器精度要求较高
深井可视探测仪	直观，清晰观察结盐部位	井底环境复杂时不适用，无法连续监测
水样氯根监测法	可进行连续监测，早期发现结盐现象	单井需有分离器
取样监测法	准确分析井底结盐情况	无法连续监测，下取样器存在遇卡风险
压力变化监测法	可以进行连续监测，作业成本低	井筒发生结盐后才会导致压力明显变化，无法监测初期结盐情况

通过现有油气田结盐监测工艺技术调研及工艺效果综合评价分析，结合文23储气库

建设现状，从工艺效果、实施可行性等方面考虑，在不同注采气期间选用不同的方式进行结盐监测。

图6-8　高精度离子色谱仪

1. 采气期结盐监测方法

采气期采用取气样分析气体中氯离子含量变化的方法进行监测，采用的主要设备为高精度离子色谱仪(图6-8)。

由于气样中的氯离子含量较低，且无法直接对其浓度进行测量，因此采用将气体中的氯离子溶入去离子水中，再用离子色谱仪进行化验的方法监测氯离子浓度变化。气样处理步骤为：

(1)将气罐先用适当的溶剂清洗，再用去离子水清洗，然后干燥；

(2)将气罐抽真空后，从气罐下部阀门吸取100mL去离子水；

(3)气罐上部阀门连接放置气样容器，用气表将300mL体积气体样品抽入气罐中，关闭阀门；

(4)充分混合气样与去离子水，等待1h；

(5)将瓶中的水通过离子色谱仪进行分析以测量氯离子浓度。

2. 注气期结盐监测方法

注气期储气库结盐现象主要发生在近井地层及炮眼附近，由于注气过程井底可视条件较好，可下入深井可视探测仪进行直接观察，观察内容为生产段油层套管内壁、炮眼周围及炮眼深部盐结晶情况，如发现在上述部位出现盐结晶，立即使用取样器进行取样，并对盐样进行化学分析。

直接观察监测法作业过程复杂，施工难度大，作业成本高，而且需要进行关井作业，影响储气库正常运行。因此，在注气阶段除进行试验性监测外，一般不采用此方法。现场主要通过观察注气压力变化，对结盐进行间接监测，即在注气速度基本不变的情况下，监测到注气压力出现明显的升高(升高幅度超过30%)，即认为发生结盐(表6-11)。

表6-11　注气压力升高幅度与地层结盐概率对应关系表

注气压力升幅	地层结盐概率	监测方式
10%	结盐概率极低	循环监测
20%	结盐概率低	循环监测
30%	结盐概率高	循环监测
50%	确定发生结盐	单井监测
>70%	地层盐堵	单井加密监测

(三)抑盐剂体系优选

油气田以无机药剂为主的常规抑盐剂主要针对井筒清防盐，用于文23储气库近井地层清防盐时易造成储层伤害，且耐高温性较差。因此，需优选开发适用于文 23 储气库的储层低伤害抑盐剂。新型抑盐剂研发需考虑以下 3 方面内容：一是基于改变盐的结晶类型和增大盐的溶解度原则选择有效药剂；二是通过添加其他药剂复配提高抑盐效果；三是抑盐剂可满足耐高温、降低溶液表面张力要求。

1. 抑盐性能评价方法

（1）抑盐率分析方法。

配制溶液 A：在 250mL 洁净干燥锥形瓶中分别加入 100mL 蒸馏水，40.0g 氯化钠，在电炉上加热搅拌，至微沸 5min，放入 100℃ ±2 ℃的恒温水浴中恒温备用。

配制溶液 B：移取 10.0mL 样品于 100mL 容量瓶中，用蒸馏水溶解，稀释至刻线，摇匀备用。

在两只 105℃ ±2℃烘干恒质的培养皿中各移入配制的溶液 A 5.0mL，在其中一只培养皿中再移入配制的溶液 B 1.0mL，摇动均匀，放入恒温干燥箱中，在 105℃ ±2℃干燥 3h，取出培养皿放入干燥器中冷却至室温，用软毛刷轻刷加入样品的培养皿至松散粉末状物质不再脱落为止，分别称量两只培养皿的质量（精确至 0.1mg）。同时做平行试验。

抑盐率按式（6-9）计算：

$$P = \frac{m_0 - m_1}{m_0} \times 100 \qquad (6-9)$$

式中　P——抑盐率，%；

　　m_0——空白实验固体黏附物的质量，g；

　　m_1——加样实验固体黏附物的质量，g。

两次结果之差不大于 2%，取两次测定结果的算术平均值作为测定结果。

（2）盐溶解增加率分析方法。

在两个 250mL 烧杯中各加入 100mL 蒸馏水，其中一个烧杯中用移液管加入一定量抑盐剂，在两个烧杯中各加入 40g 干燥氯化钠，在电炉上慢慢加热至沸，用移液管分别在两烧杯中各吸取上层精液 0.5mL 至洁净锥形瓶中，加入适量蒸馏水，加 1~3 滴 5% 铬酸钾指示剂，引用标准硝酸银溶液滴定至红色。按式（6-10）计算盐溶解增加率。

$$H = \frac{V_2 - V_1}{V_1} \times 100 \qquad (6-10)$$

式中　H——盐溶解增加率，%；

　　V_1——未加抑盐剂时硝酸银溶液耗量，mL；

　　V_2——加有抑盐剂时硝酸银溶液耗量，mL。

2. 抑盐剂配方筛选复配

（1）抑盐剂筛选。

选取表面活性剂、胺类化合物、无机盐、抑盐剂样品在静态条件下进行了初步筛选实验。静置自然冷却到室温，观察结晶形状，并分析溶液中氯离子浓度。实验结果见表 6-12。

表6-12　各种试剂抑盐实验结果

材料名称	加入量	100℃下溶解状况	结晶形状	抑盐率/%
聚丙烯酰胺	0.1	几乎完全溶解，稍微混浊	大块刺状结晶	0.03
氯化镉	0.1	完全溶解	颗粒结晶（小）	18.23
硝酸钾	0.1	完全溶解	颗粒结晶	50.03
铁氰化钾	0.1	完全溶解	颗粒结晶	75.21
三聚氰胺	0.1	完全溶解	疏松颗粒	5.43
N，N-二甲基甲酰胺	0.1	全溶，有沉淀	疏松颗粒	7.34
四乙烯五胺	0.1	全溶，有沉淀	疏松颗粒（小）	13.61
钼酸铵	0.1	完全溶解	中等颗粒结晶	37.33
十二烷基苯磺酸钠	0.1	白色混浊，絮状沉淀	大量沉淀加少量晶体	27.84
十二烷基磺酸钠	0.1	白色混浊，絮状沉淀	大量沉淀加少量晶体	67.33
聚马来酸（PMA）	0.1	少量不溶	颗粒结晶	8.31
水解聚马来酸酐	0.1	全部溶解	颗粒结晶	5.21
聚丙烯酸（PAA）	0.1	未全溶	小颗粒结晶	2.31
氨基三甲叉膦酸	0.1	少量不溶	颗粒结晶	25.33
膦基聚马来酸	0.1	全部溶解	颗粒结晶（小）	20.14
羟基乙叉二磷脂	0.1	全溶	颗粒结晶	6.45
羧甲基纤维素钠	0.1	完全溶解，溶液澄清	中等大小颗粒	7.52
三聚磷酸钠	0.1	全溶	结晶颗粒（小）	13.21
六偏磷酸钠	0.1	完全溶解，溶液稍微混浊	大颗粒结晶	6.21
聚丙烯酸钠	0.1	絮状悬浮物	小颗粒结晶	8.36
表面活性剂AES	0.1	未全溶	小颗粒结晶	11.32
表面活性剂OP-10	0.1	完全溶解，溶液混浊	疏松颗粒结晶	8.59
亚铁氰化钾	0.1	完全溶解	疏松颗粒结晶	80.31

从表6-12中可以看出抑盐效果较好的是亚铁氰化钾、铁氰化钾、氨基三甲叉膦酸、膦基聚马来酸、十二烷基苯磺酸钠、十二烷基磺酸钠、钼酸铵、硝酸钾等，其中亚铁氰化钾、铁氰化钾效果最佳。

（2）抑盐剂复配。

将初步评价效果较好的试剂，在115℃下进行进一步评价，主要评价指标为抑盐率、盐溶解增加率、表面形貌，进一步优选出效果较好的试剂，具体结果见表6-13。

表6-13　各种试剂进一步优化评价结果表

序号	浓度0.5%	增溶率/%	抑盐率/%	表面状态
无机盐	硝酸钾	3.36	52.37	上部细小松散颗粒状易刷掉，下部不易刷掉
	钼酸铵	4.13	38.32	上部细小松散颗粒状易刷掉，下部不易刷掉
	铁氰化钾	7.63	78.21	结晶呈松散粉末状，毛刷轻易刷掉
	亚铁氰化钾	8.92	82.17	结晶呈松散粉末状，毛刷轻易刷掉

续表

序号	浓度0.5%	增溶率/%	抑盐率/%	表面状态
磺酸盐	十二烷基苯磺酸钠	2.7	23.13	结晶部分呈薄膜片状易刷掉，部分呈小颗粒状不易刷掉
	十二烷基磺酸钠	6.76	67.81	结晶呈松散薄片状，毛刷轻易刷掉
磷酸盐	乙二胺四甲叉膦酸钠	5.41	2.07	结晶呈薄片状大粒，黏附在表面皿上，毛刷刷不动
	三聚磷酸钠	2.13	12.34	结晶呈薄片状大粒，黏附在表面皿上，毛刷刷不动
	氨基三甲叉膦酸	3.48	23.83	结晶呈薄片状大粒，黏附在表面皿上，毛刷刷不动
胺类	聚丙烯酰胺	4.05	10.06	结晶呈薄片状大粒，黏附在表面皿上，毛刷刷不动
	四乙烯五胺	1.35	12.83	结晶呈薄片状大粒，黏附在表面皿上，少部分能刷掉
分散剂	水解聚马来酸酐	6.76	4.86	结晶呈薄片状大粒，黏附在表面皿上，毛刷刷不动
	羟基乙叉二膦酸	7.11	8.00	结晶呈薄片状大粒，黏附在表面皿上，毛刷刷不动
	亚甲基双甲基萘磺酸钠	6.76	38.47	结晶呈薄片状大粒，黏附在表面皿上，毛刷刷不动
乳化剂	聚氧乙烯辛基苯酚醚	4.37	24.21	结晶呈薄片状大粒，黏附在表面皿上，毛刷刷不动
	辛烷基苯酚聚氧乙烯醚	6.76	30.12	结晶呈薄片状大粒，黏附在表面皿上，毛刷刷不动
	月桂醇聚氧乙烯醚硫酸钠	3.63	18.53	结晶呈薄片状大粒，黏附在表面皿上，毛刷刷不动

根据优选结果，对无机盐、磺酸盐、磷酸盐、胺类等不同类型试剂同时与乳化剂、分散剂等进行进一步复配性能对比评价，对盐结晶状态进行分析，最终优化出了一种耐高温、抑盐、增溶效果均较好的体系，形成了适合文23储气库的耐高温、储层低伤害型高效清防盐配方体系。

以盐溶解增加率、抑盐率、表面张力为指标，对新配方体系进行评价，评价结果见表6-14。

表6-14　不同抑盐剂体系评价结果表

序号	温度	100℃	115℃	25℃
	成分	增溶率/%	抑盐率/%	表面张力/（mN/m）
1	无机盐/磺酸盐/分散剂	8.33	90.32	49.34

序号	温度	100℃	115℃	25℃
	成分	增溶率/%	抑盐率/%	表面张力/(mN/m)
2	无机盐/磷酸盐/分散剂	7.31	85.34	62.34
3	无机盐/胺类/分散剂	8.94	81.27	57.63
4	无机盐/磺酸盐/乳化剂	9.17	76.33	43.31
5	无机盐/磷酸盐/乳化剂	7.21	81.25	46.52
6	无机盐/胺类/乳化剂	9.21	73.34	44.67
7	无机盐/磺酸盐/分散剂/乳化剂	12.50	98.21	34.01

通过优化7#配方的抑盐剂可以满足文23储气库的要求(抑盐率达到98.21%,氯离子增溶率为12.5%,表面张力为34),将其命名为FCY-1。

3. 抑盐剂性能评价

对开发的FCY-1抑盐剂与常规抑盐剂效果进行评价,与目前常规抑盐剂对比,在模拟地层水和饱和氯化钠条件下的抑盐效果,可以看出FCY-1具有明显优势,同时,表面张力比常规的无机抑盐剂降低了30.7%,减少了对地层的伤害。如图6-9、表6-15所示。

图6-9　FCY-1抑盐剂抑盐效果直观图

表6-15　两种抑盐剂效果对比表

115℃	浓度	抑盐率/%	Cl⁻增溶率/%	表面张力/(mN/m)
FCY-1	1.0%	73.49	11.18	
	1.5%	97.8	11.84	33.71
	2.0%	98.2	12.5	
常规抑盐剂1	1.0%	86.4	8.02	
	1.5%	87.32	8.57	48.63
	2.0%	89.13	9.31	

将新开发的抑盐剂置于115℃高压釜内，每月用配置地层水测试一次抑盐效果。结果发现，在115℃条件下，新开发抑盐剂耐热稳定性良好，其抑盐效率在高温下能持续4个月(表6－16)。

表6－16　抑盐剂热稳定性测试表

组号	浓度1.5%	m_1	m_3	m_2	m_4	抑盐率/%	Cl^-增溶率/%
				饱和盐水			
1	空白	33.4918	35.0876				
	FCY－1			36.8141	36.8509	97.69	11.79
	常规抑盐剂1			34.7474	34.7661	98.83	8.59
	常规抑盐剂2			32.8398	32.8477	99.50	11.11
2	空白	32.8187	34.3824				
	FCY－1			36.8104	36.8546	97.18	11.79
	常规抑盐剂1			34.7439	34.8391	93.91	8.23
	常规抑盐剂2			32.8365	32.9101	95.29	10.72
3	空白	32.8515	34.4168				
	FCY－1			36.0742	36.1175	97.23	11.81
	常规抑盐剂1			34.7439	34.8740	91.69	8.05
	常规抑盐剂2			32.8365	32.9430	93.20	10.13
4	空白	33.1800	34.7332				
	FCY－1			36.0454	36.0922	96.98	11.56
	常规抑盐剂1			34.6884	34.8530	89.40	8.00
	常规抑盐剂2			32.7840	32.9232	91.04	10.05
5	空白	33.1833	34.7366				
	防腐所－1			35.2962	35.3456	96.82	11.61
	常规抑盐剂1			33.3341	33.4990	89.38	7.96
	常规抑盐剂2			32.1604	32.3002	91.00	10.10
				配置地层水			
6	空白	38.9856	40.5805				
	FCY－1			32.7550	32.808	96.68	
	常规抑盐剂1			33.5516	34.0846	66.58	
	常规抑盐剂2			31.2170	31.5128	81.45	
7	空白	38.2021	39.7649				
	FCY－1			32.7517	32.81128	96.19	
	常规抑盐剂1			33.5482	34.11868	63.50	
	常规抑盐剂2			31.2139	31.54431	78.86	

	饱和盐水						
组号	浓度1.5%	m_1	m_3	m_2	m_4	抑盐率/%	Cl⁻增溶率/%
8	空白	38.2403	39.8047				
	FCY－1			32.0967	32.15827	96.06	
	常规抑盐剂1			33.4811	34.05385	63.39	
	常规抑盐剂2			31.1515	31.48437	78.72	
9	空白	38.6227	40.1706				
	FCY－1			32.0710	32.13576	95.82	
	常规抑盐剂1			33.4276	34.03339	60.86	
	常规抑盐剂2			31.1016	31.46545	76.50	
10	空白	38.6265	40.1746				
	FCY－1			30.8190	30.88427	95.78	
	常规抑盐剂1			32.0648	32.64918	62.25	
	常规抑盐剂2			30.7287	31.09126	76.58	

四、储气库结盐防治方案设计

(一)储气库运行关键参数设定

1. 临界结盐压力确定

应用结盐预测模型,采用真实地层数据参数及注采参数进行计算,得到文23储气库的地层临界结盐压力为17～20MPa,结合模拟实验结果可以确定各断块单元的临界结盐压力。

2. 生产压差控制

表6－17　文23储气库气井出砂临界压差计算

序号	出砂临界压差/MPa	产层深度/m	上覆岩石平均密度/(g/cm³)	泊松比	重力加速度/(m/s²)	单轴抗压强度/MPa	地层压力/MPa
1	12.87	2950	2	0.21	9.8	4.5	40
2	11.54	2950	2	0.21	9.8	4.5	35
3	10.21	2950	2	0.21	9.8	4.5	30
4	8.88	2950	2	0.21	9.8	4.5	25
5	7.55	2950	2	0.21	9.8	4.5	20
6	6.22	2950	2	0.21	9.8	4.5	15

由表6－17可知,储气库地层压力在17～20MPa时气井出砂临界地层压差为5.5～7.5MPa,即生产压差控制在6～7MPa可以有效控制气井出砂风险,计算气井井底流压为12～13MPa,依据垂直管流公式计算井口回压控制在11MPa左右。

通过监测储气库运行阶段的实际地层压力，结合预测得到的地层临界结盐压力值，确定最大生产压差。从结盐防治的角度考虑，在满足日注/采气量的基础上，应尽可能控制生产压差，使生产压差长期处于较低的水平。

3. 采气运行参数优化

（1）工作气量。

根据各断块单元的弹性产率值，计算断块平均地层压力降至临界结盐压力时的可采气量。按照采气计划安排，合理确定各断块单元配产量。

（2）日产气量范围的确定。

为控制生产压差，防止发生结盐，单井日产气量应控制在 $20 \times 10^4 m^3/d$ 以下。

（3）采气运行安排优化。

根据采气计划安排，结合防结盐采气方案，计算各采气断块单元在采气期末的剩余库存和地层压力，以此为依据确定开井数量，开井井号。在保证日产气量的基础上，可通过增加开井数的方式，降低单口井的日采气量，从而控制生产压差，防止结盐发生。当出现用气需求量大于最大应急采气量的情况时，按地层压力高低顺序选择断块开井应急，日采气量可控制在 $30 \times 10^4 m^3/d$ 以下（表6-18）。

表6-18　各断块单元弹性产率表

断块编号	断块库容/$10^8 m^3$	弹性产率/($10^4 m^3$/MPa)
1	3.6471	1218
2	28.203	6593
3	13.429	3919
4	5.2838	1184
5	5.2139	2696
6	14.4623	3866
7	2.9094	1073
8	7.3388	1596
9	9.5896	3097
10	14.1366	3887

（二）结盐防治方案设计

结盐防治方案编制的主要指导方针是"以防为主，防治结合"。分为按计划采气结盐防治和应急采气结盐防治两个部分。按计划采气结盐防治方案以预防储气库结盐为主要目标，应急采气结盐防治以延缓结盐时间和快速除盐为主要目标。

1. 结盐预防方案设计

（1）结盐预防措施。

储气库结盐预防是指在储气库发生严重结盐问题之前，对结盐的趋势进行预测、对流体参数和运行参数进行监测，采取相应的措施，抑制或延缓结盐现象的发生。按照结盐的先后顺序和结盐对储气库运行的影响程度，可将储气库结盐预防划分为地层结盐预防和井筒结盐预防两个阶段。

地层结盐预防主要基于结盐趋势预测及地层水组分变化监测，通过提前调整单井累产量、产气速度、生产压差等工作制度或在注气末期挤入液体抑盐剂来延缓结盐时间，降低结盐程度。

井筒结盐预防主要是通过压力及气量波动判断是否有结盐的可能，然后通过油管通井监测的方式进一步验证。如果出现井筒缩径，提前采取溶盐剂（清水）洗盐＋投放固体抑盐剂至钻井口袋的方式，防止结盐情况进一步加重，避免造成井筒堵塞。

（2）结盐预防设计。

采气期的结盐预防工作，主要以对地层水组分变化的监测为主。

①地层水组分变化监测方法。采气期开始后，每天在采气的断块单元内选择一口采气井进行取样，并对气样中的氯离子浓度变化情况进行监测。如氯离子浓度未发生明显变化，采取循环选井取样分析的方法进行多井监测；当气样中氯离子浓度发生明显变化时，对单口井进行连续监测，必要情况下可增加取样分析频率（表6－19）。

表6－19　氯离子浓度变化幅度与结盐发生概率对应关系表

氯离子浓度降幅	对应结盐概率	监测方式
10%	结盐概率较低	循环监测
20%	结盐概率较高	循环监测
30%	结盐概率极高	单井监测
50%	确定发生结盐	单井加密监测
>80%	井筒发生结盐	单井加密监测

②结盐预防方法。按照表6－19，当氯离子浓度降幅达到30%时，需采取预防措施。先期措施以调整生产压差为主。当氯离子浓度降幅大于30%时，判断为地层结盐，并处于结盐初始期。此时立即以 $5 \times 10^4 m^3$ 的降幅下调该井日产气量，同时根据结盐井方位和断块，选取相对较远、未出现结盐现象的备用井进行采气投产，确保当日总采气量不受影响。重点监测调整后结盐井氯离子浓度变化，若结盐现象未得到有效缓解，则继续降低该井日产量并保持观察。

当采气井日产气量降低至 $10 \times 10^4 m^3$ 后结盐现象依然没有得到有效缓解时，判断为井周及炮眼附近结盐，并处于结盐稳定期。此时，开始进行定期清水洗盐，洗盐周期依据氯离子浓度变化情况而定，具体参照表6－20。

表6－20　氯离子浓度变化情况及洗盐周期对照表

氯离子浓度降幅/%	洗盐周期/d	开关井
10	15	开井
20	10	开井
30	5	开井
50	2	开井
>80	/	关井

如果采气井日产气量降低至 $10 \times 10^4 m^3$，且采取清水定期洗盐措施后，氯离子浓度仍继续下降。那么，当氯离子浓度降幅超过80%以后，判断为井筒结盐，并处于结盐加剧期。此时，为防止井筒盐堵，采取关井停产措施。关停井阶段，由于井筒内环境潮湿，附着在井壁上的地层水易发生蒸浓反应，为防止井筒结盐，可在井底投加清防盐垢剂进行防治，投加量按各井气层下界到井底容积计算。

图6-10为防结盐采气计划流程图。对出现结盐现象采气井的断块和其相邻采气井加强监测，一旦出现结盐情况，采用同样方式进行处理。若同一断块多口采气井出现结盐趋势，则开启备用断块单元进行采气。

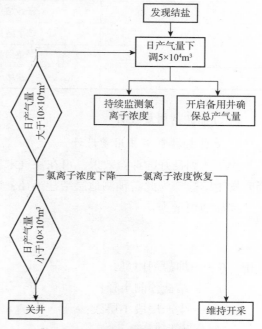

图6-10　防结盐采气计划流程图

2. 结盐治理方案设计

（1）结盐治理措施。

①轻微结盐，采用"小气量生产 + 清水浸泡"法。

向结盐井中注入清水，控制气井产量，让清水在井筒内停留 1~3h，既避免清水进入炮眼和井周，又可通过气流反复搅动，加快管壁溶盐速度。适用于结盐初期、气量高、套管结盐的气井。

②较重结盐，采用"溶盐剂浸泡"法。

将溶盐剂泵入井筒，关井后使溶盐剂留在井底，使之与管壁、井周及炮眼附近的盐结晶进行充分接触，溶解结盐，浸泡一定时间后，开井携出入井溶盐剂。

③严重结盐，采用"抑盐剂浸泡 + 回注"法。

泵入抑盐剂后，通过高压气进行回注，一方面通过高压气推动液柱下移冲刷盐面，另一方面把抑盐剂推入井周远处，起到后期预防结盐的作用。

④盐堵，采用"机械除盐"法。

采用连续油管进行冲刷洗井，进行机械式除盐。盐堵解除后，向钻井口袋投加固体抑盐剂，延缓后期结盐。

（2）结盐治理设计。

结合地层水组分变化监测方法，对出现结盐的注采井，采取相应的治理措施。具体方法见表6-21。

表 6 - 21　结盐程度及其对应处理方式

氯离子浓度降幅/%	结盐程度	处理方式
10	轻微结盐	调整采气参数
20	轻微结盐	小气量生产 + 清水浸泡
30	较重结盐	溶盐剂浸泡
50	严重结盐	抑盐剂浸泡 + 回注
>80	盐堵	机械除盐

(三)抑盐剂用量设计

1. 液体抑盐剂单井用量设计

为了达到良好的抑盐效果，可在注气末期向地层中挤入液体抑盐剂，预防地层压力下降时发生结盐。为此需预测地层结盐半径，以计算抑盐剂的用量。

抑盐剂用量为：

$$Q = \pi r^2 \sum_{i=1}^{n} h_i \varphi_i \qquad (6-11)$$

式中　Q——抑盐剂用量；

$\quad r$——结盐预测半径；

$\quad n$——生产层段小层数；

$\quad h_i$——小层厚度；

$\quad \varphi_i$——孔隙度。

2. 固体抑盐剂单井用量设计

为了达到延缓储气库结盐时间，在采气阶段的结盐井中可加入固体抑盐剂，通过抑盐剂的蒸发，清除井筒及炮眼附近的结盐，并起到一定的抑制作用。固体抑盐剂主要投放在钻井口袋中，因此，可按照钻井口袋容积，计算固体抑盐剂用量。

抑盐剂用量计算公式为：

$$V = \frac{L\pi R^2}{4} \qquad (6-12)$$

式中　V——抑盐剂体积；

$\quad L$——口袋深度；

$\quad R$——井眼内径。

(四)结盐防治应急预案

当用气需求量超过计划产气量时，进入应急采气阶段。根据用气量具体需求情况，制定相应的防治方案。

1. 计划产气量 < 用气需求量 < 最大应急采气量

按实际用气需求量，优先开启采气断块单元内剩余未开启井，按照 $20 \times 10^4 \mathrm{m}^3$ 的日产气量进行采气，对缺口需求气量进行补充；如采气断块单元内所有注采井开启后仍不能满足需求气量，则在备用采气断块单元开启备用井进行应急；如采气断块单元内所有注采井全部开启，仍不能满足供气需求，则适当上调日产气量，但最大日产气量不可超过 $30 \times 10^4 \mathrm{m}^3$。

参照采气结盐防治方法，应加强结盐监测强度，当地层压力下降至接近临界结盐压力时，根据监测结果，采取定期清水洗盐及投放固体抑盐剂至钻井口袋的方法预防结盐，具体参照结盐预防方法。

2. 用气需求量 > 最大应急采气量

此种情况存在极大的结盐风险，而且无法通过调参的方式预防结盐，因此，此阶段主要以结盐治理为主，力求达到快速除盐和长效抑盐的效果。

当发生井筒缩径或盐堵等紧急状况时，立即采取清水或溶盐剂洗盐的方式解除盐堵，如除盐效果不理想或除盐速度较慢可采取机械除盐的方式解除盐堵，盐堵解除后，向地层中挤入液体抑盐剂，并向钻井口袋投放固体抑盐剂，以延缓结盐时间，关井 3h 进行深度溶盐。开井后先以 $30 \times 10^4 \mathrm{m}^3/\mathrm{d}$ 的速度采气，当井底积液完全排出后，将日产气量逐渐调低至 $10 \times 10^4 \mathrm{m}^3/\mathrm{d}$ 生产，并对结盐井进行重点监测。

第五节 防水锁技术

一、储气库水锁机理

水锁的概念最早是由 Holditch 于 1979 年提出。在水–气弯曲界面上毛细管力的作用下，外来液体进入储层，在气驱水到一定程度后无法再驱除水，仍滞留在孔喉中的水相就会形成段塞，堵塞碳水化合物流动通道，即为水锁。关于对水锁形成机理的研究，目前普遍认为主要是毛细管力自吸效应和液相滞流效应的作用。

（一）毛细管自吸效应

毛细管自吸效应是指当外来液体侵入储层时，在毛细管力作用下易被吸入孔隙内部。毛细管中弯页面两侧润湿相和非润湿相之间的压力差即为毛细管压力。通常情况下，表面张力越大，孔隙半径越小，毛细管力越大，Laplace 公式表示毛细管力大小：

$$P_c = \frac{2\sigma\cos\theta}{r} \tag{6-13}$$

式中　P_c——毛细管压力；

　　　σ——液体表面张力；

　　　θ——液体的接触角；

　　　r——孔喉半径。

由式（6–13）可知，钻完井用液的渗吸动力来自毛细管力，而毛细管力又与孔喉半径、液体的表面张力和储层的润湿性有关。

低孔低渗是造成文 23 储气库水锁伤害的首要原因，图 6–11 为实验岩心孔隙度–渗透率关系图，从图中可以看出，渗透率与孔隙度呈正相关分布，渗透率的变化主要受孔隙

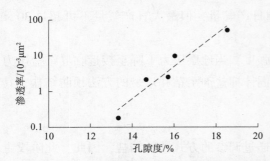

图6-11 实验岩心孔隙度-渗透率关系图

发育程度的控制。文23储气库有效储层孔隙度在10.4%~21.0%之间，平均孔隙度14.8%，有效储层渗透率在$(2.55~55.51)×10^{-3}\mu m^2$之间，平均渗透率为$15.11×10^{-3}\mu m^2$，属于低孔低渗储层。根据毛细管力方程，对于水湿性储层，孔喉半径越小，毛细管阻力越大，返排外来流体所需的时间越长，因而水锁伤害的程度越大，平均孔喉半径r和孔隙度ϕ，渗透率K的关系如公式：

$$K = \frac{\phi \times r^2}{8\tau^2} \tag{6-14}$$

式中 K——渗透率，μm^2；

ϕ——孔隙度，%；

r——平均孔喉半径，μm；

τ——迂曲度，无量纲。

Bennion等在2000年的一项研究中发现，渗透率越低的岩心，其需要克服的毛细管力也越大。从储层物性的研究中我们已知，由于新钻注采井射孔层位均在200m左右，非均质性强，孔喉比相差较大，容易产生过剩毛细管力，其钻完井用液的渗吸动力较强。

（二）液相滞留效应

液相滞留效应是造成水锁伤害的又一重要机理，即外来液体侵入地层后滞留于孔隙内部且难以排出，引起严重的水锁伤害现象。根据Poiseuille定律，毛细管排出液柱的体积Q如式（6-15）：

$$Q = \frac{\pi r^4 \left(P - \frac{2\sigma\cos\theta}{r}\right)}{8\mu L} \tag{6-15}$$

可得到从半径为r的毛细管柱中排出长为L的液柱所需要的时间t的表达式：

$$t = \frac{4\mu L^2}{P_r^2 - 2\sigma\cos\theta} \tag{6-16}$$

由式（6-16）可知，半径越小的孔隙，其排液时间越长，液体逐渐从由大到小的毛细管排出，排液速度随之减小。由于储气库泡沫压井液用量多，黏度大、施工周期长，对储层造成的污染相对较重，且注气初期地层压力较低，地层能力不足，返排能力较弱，故液相滞留效应严重。

二、储气库水锁伤害评价

利用高温高压多功能驱替系统，采用天然气驱替不同含水饱和度岩心方法，对储气库水锁伤害进行评价。以测试不同物性岩心在不同含水饱和度状态下气相渗透率，计算岩心渗透率损失程度，研究不同程度的水锁伤害对不同物性岩心渗透率损失的影响以及水锁对储层渗流能力的影响规律。

岩心含水饱和度计算公式：

$$S_w = \frac{(m_w - m_0)/\rho_w}{V_p} \qquad (6-17)$$

式中 m_w——岩心湿重，g；

m_0——岩心干重，g；

ρ_w——岩心中的 KCl 溶液密度，g/cm^3；

V_p——岩心孔隙体积，cm^3。

岩心渗透率水锁伤害损失率计算公式：

$$\alpha = \frac{k_0 - k}{k_0} \times 100\% \qquad (6-18)$$

式中 k_0——岩心初始渗透率，$10^{-3}\mu m^2$；

k——岩心伤害渗透率，$10^{-3}\mu m^2$。

不同物性岩心水锁伤害实验结果如图 6-12 所示。从实验结果来看，当岩心中含水饱和度约为 0.2 时，除岩心 1017-4 外(渗透率最低的)，岩心气相有效渗透率仅略微下降，

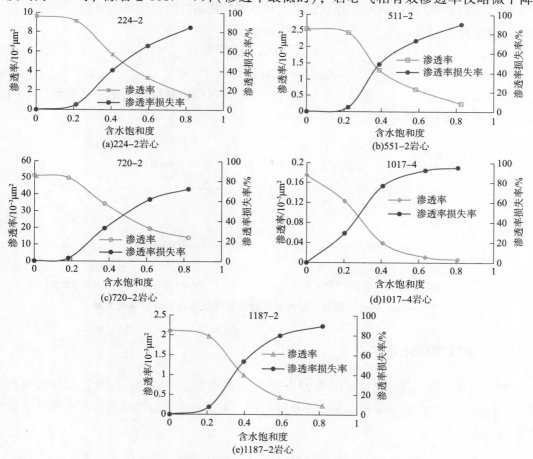

图 6-12 不同物性岩心水锁伤害实验结果

此时水锁对岩心渗透率的伤害影响较小，基本可以忽略。当岩心中含水饱和度大于0.2时，岩心有效渗透率随含水饱和度增加呈指数递减。特别是当含水饱和度达到0.8时，渗透率损失率超过60%。从不同物性岩心水锁损失伤害程度来看，岩心物性越差、渗透率越低，气相有效渗透率的水锁损失越严重。

针对岩心含水饱和度大于0.2后，气相有效随含水饱和度增加呈指数递减的特征，通过回归分析建立岩心水锁伤害渗透率经验预测模型：

$$k(S_w) = a \times e^{b \times S_w} \quad (S_w < 0.2) \tag{6-19}$$

根据指数回归模型，回归分析得到上述5块岩心有效渗透率与含水饱和度关系式分别为：

$$岩心224-2：k(S_w) = 18.273e^{-2.994S_w} \quad (R^2 = 0.9921) \tag{6-20}$$

$$岩心511-2：k(S_w) = 5.6908e^{-3.747S_w} \quad (R^2 = 0.9972) \tag{6-21}$$

$$岩心720-2：k(S_w) = 71.587e^{-2.004S_w} \quad (R^2 = 0.9945) \tag{6-22}$$

$$岩心1017-4：k(S_w) = 0.3155e^{-4.979S_w} \quad (R^2 = 0.9893) \tag{6-23}$$

$$岩心1187-2：k(S_w) = 4.1021e^{-3.635S_w} \quad (R^2 = 0.9940) \tag{6-24}$$

通过回归分析（图6-13），建立岩心水锁伤害渗透率经验预测模型系数a和指数b与岩心渗透率间关系式：

$$a = 1.9176 \times k_0^{0.9597} \tag{6-25}$$

$$b = 0.5198 \times \ln(k_0) - 4.1128 \tag{6-26}$$

综合联立式（6-19）、式（6-25）和式（6-26）即可根据储层岩石的渗透率预测不同水锁程度下的岩心有效渗透率。

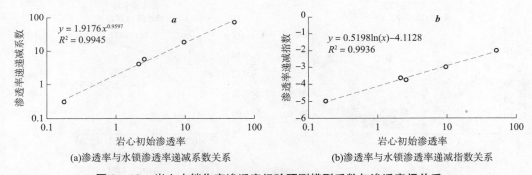

(a)渗透率与水锁渗透率递减系数关系　　　(b)渗透率与水锁渗透率递减指数关系

图6-13　岩心水锁伤害渗透率经验预测模型系数与渗透率间关系

三、储气库防水锁工艺

前面的研究中，我们已经得出文23储气库水锁伤害形成机理，因此，如何根据伤害机理突出针对性的水锁解除措施是一个重要问题。本节将重点论述储气库抗水锁体系的配方优选及注入工艺。

（一）储气库抗水锁体系配方优选

1. 表面活性剂耐温抗盐性能评价

用蒸馏水配制矿化度为 28×10^4 ppm 的模拟地层水 5000mL，用此盐水配制成浓度为 0.5% 的各种阳离子、阴离子、两性、非离子型表活剂溶液各 100mL，观察溶液有无浑浊、分层、沉淀物产生等现象，将溶液倒入高温玻璃管中密封置于 120℃ 恒温烘箱中，静置老化 24h，观察溶液有无浑浊、分层、沉淀物产生等现象。通过实验优选出 9 种具有较好耐温抗盐性能的表面活性剂，分别为：1227、杂双子表活剂、XH207D、BSA－102、纳米乳液 2、十二烷基三甲基氯化铵、CTAB、BS－12 甜菜碱、LAB35 表活剂。

2. 表面活性剂改变润湿性测定

润湿角测试实验按照行业标准《油藏岩石润湿性测定方法》（SY/T 5153—2017）执行。

将上述具有较好耐温抗盐性能的表面活性剂用矿化度为 28×10^4 ppm 的模拟地层水配制成 0.5% 浓度的溶液，采用 DSA－25 光学润湿角测试仪测定水滴在文 23－33 井岩心薄片上的润湿角。将岩心薄片放入表面活性剂溶液中浸泡 24h，然后将装有岩心薄片的表面活性剂溶液放入 120℃ 恒温烘箱中 48h，取出岩心片烘干后测定水滴在岩心片上的润湿角。如图 6－14 所示。

 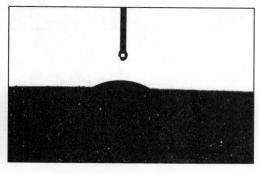

液滴在岩心片上的润湿角初始值　　　　　　　　1227浸泡后液滴在岩心片上的润湿角

图 6－14　1227 表活剂对岩心润湿角改善程度示意图

一般情况下，根据油滴在固体物质表面接触角的大小来定义的润湿性如下：$\theta < 75°$ 时，油润湿；$75° < \theta < 105°$ 时，中性润湿；$\theta > 105°$ 时，水润湿。

实验结果表明，BS－12 甜菜碱、杂双子表活剂、纳米乳液 2、CTAB、十二烷基三甲基氯化铵能够较好地将岩心片润湿性由亲水向中性润湿方向改变，降低储层岩石的吸水性，达到降低毛细管力的束缚，减轻水锁伤害程度目的。

3. 与抑盐剂配伍性

将上述筛选出的 5 种表面活性剂分别配制成浓度为 0.2%、0.5%、1.0%、2%、5% 的表面活性剂溶液各 100mL，加入抑盐剂，观察溶液有无浑浊、分层、沉淀物产生等现象，分别将常温下合格的溶液依次倒入高温玻璃管中置于 120℃ 恒温烘箱中高温老化 24h，取出后观察溶液有无浑浊、分层、沉淀物产生等现象。进一步优选出与抑盐剂具有良好配伍性的 3 种表面活性剂：BS－12 甜菜碱、杂双子表活剂、十二烷基三甲基氯化铵。

4. 表面活性剂性能评价

将上述筛选出的3种表面活性剂用模拟地层水配制成浓度为0.5%的溶液各3份，置于高温玻璃管中120℃老化30d。启动DSA-25光学润湿角测试设备，分别测试室温及120℃老化后的表面张力与在岩心片上的润湿角实验。实验结果显示，BS-12甜菜碱与十二烷基三甲基氯化铵在常温下的表面张力较高，且热稳定性能不好，在高温下表面张力升高至40mN/m以上，杂双子表活剂在常温下表面张力能达到23.28mN/m左右，且具有较好的热稳定性，在120℃下表面张力仍能保持在25mN/m左右；BS-12甜菜碱与十二烷基三甲基氯化铵在岩心片上的润湿角高温下的热稳定性较差，杂双子表活剂在岩心片上的润湿角高温下的热稳定性较好，仍能将岩心片由亲水改变至中性润湿。因此，确定杂双子表活剂作为防水锁剂。

表面活性剂能够使储层岩石表面发生润湿性改变的前提是能够吸附在岩石表面，以达到改变其表面性质的作用，因此可以说表面活性剂在岩石表面的吸附是其发挥作用的根本。采用质量法测定表面活性剂的吸附量，测定结果见表6-22。

表6-22　不同浓度表面活性剂静态吸附量

表活剂名称	不同浓度静态吸附量/(mg/g)						
	0.05	0.1	0.15	0.2	0.3	0.4	0.5
杂双子表活剂	3.47	7.43	12.55	17.89	18.56	19.21	19.39

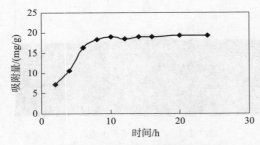

图6-15　不同吸附时间的静态吸附量

由图6-15、表6-22可以看出，杂双子表面活性剂在浓度达到0.3%时即达到饱和吸附，达到饱和吸附的时间为6~8h，现场应用时较为经济有效。

(二) 抗水锁剂注入工艺

1. 抗水锁剂注入浓度优化

将烘干的岩心装入岩心饱和装置，在10MPa的压力下用8%KCl盐水饱和70h，称重计算孔隙度与孔隙体积，用标准盐水将优选出的解水锁剂配出0.3%、0.5%、1%的水溶液，设定工作温度为120℃，按照氮气-标准盐水-氮气-解水锁剂-氮气的驱替程序，测定注入压力P与渗透率K的变化情况。具体实验步骤如下：

①将岩心在60℃条件下烘干48h，称重。

②使用标准盐水将优选出的解水锁剂配出0.3%、0.5%、1%的水溶液。

③将岩心放入岩心夹持器中，设定工作温度为120℃。

④采用N2正向驱替至稳定，记录下各阶段驱替压力及气相渗透率。

⑤正驱标准盐水，记录下各阶段驱替压力及水相渗透率。

⑥采用N2正向驱替至稳定，记录下各阶段驱替压力及气相渗透率。

⑦用解水锁剂溶液以0.1mL/min的流速连续正向注入岩心1.0PV，关闭进出口阀门，反应24h。

⑧采用 N2 正向驱替至稳定，记录下终点驱替压力及气相渗透率。

⑨替换岩心，重复步骤④~⑧，记录不同浓度解水锁剂的驱替压力及渗透率。

实验结果如表 6-23 和图 6-16 所示。可以看出，连续注入 0.3% 浓度解水锁剂的渗透率恢复率偏低，为 78.89%，浓度为 0.5% 时的渗透率恢复率为 85.54%，浓度增加至 1% 时，渗透率恢复率趋于稳定。因此，确定解水锁剂的注入浓度为 0.5%。

表 6-23　不同浓度解水锁剂的渗透率恢复率

表面活性剂浓度/%	注入解水锁剂前		注入解水锁剂后		渗透率恢复率/%
	注入压力/MPa	渗透率/$10^{-3} \mu m^2$	注入压力/MPa	渗透率/$10^{-3} \mu m^2$	
0.3	0.1189	5.6845	0.1495	4.4844	78.89
0.5	0.1289	5.1537	0.1427	4.4083	85.54
1	0.0995	6.0122	0.1324	5.1839	86.22

2. 注入方式设计

通过开展不同浓度条件下岩心驱替实验，在表面活性剂总用量不变条件下，评价连续注入和间歇注入效果，为现场工艺提供依据。

将烘干的岩心装入岩心饱和装置，在 10MPa 的压力下用 8% KCl 盐水饱和 70h，秤重计算孔隙度与孔隙体积，用标准盐水将优选出的解水锁剂配出 0.5%、1%、5%、10% 的水溶液，设定工作温度为

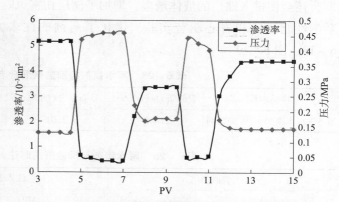

图 6-16　注入 0.5% 浓度连续段塞的解水锁效果

120℃，按照氮气-标准盐水-氮气-解水锁剂-氮气的驱替程序，分别测定不同浓度解水锁在不同注入方式下的注入压力 P 与渗透率 K 的变化情况。

实验结果如表 6-24 和图 6-17 所示。可以看出，以 0.5% 的大段塞连续注入时，渗透率恢复率为 85.74%，当以 1%~10% 的高浓度段塞间歇注入时，解水锁剂的渗透率恢复率平均为 86.8%。因此，建议以高浓度段塞注入，可节约施工成本。

表 6-24　不同注入方式解水锁剂的解水锁性能

表面活性剂浓度/%	注入方式	注入解水锁剂前		注入解水锁剂后		渗透率恢复率/%
		注入压力/MPa	渗透率/$10^{-3} \mu m^2$	注入压力/MPa	渗透率/$10^{-3} \mu m^2$	
0.5	低浓度大段塞	0.1061	5.7246	0.1313	4.9083	85.74
1	高浓度小段塞	0.08796	6.1809	0.1225	5.3822	87.08
5		0.0952	6.2318	0.1387	5.4211	86.99
10		0.1207	5.2438	0.1485	4.5258	86.31

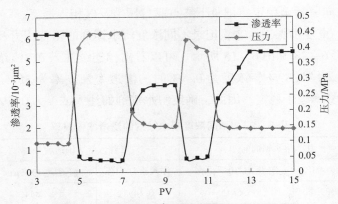

图6-17 间歇注入5%浓度的降压增注效果

由于抑盐剂和解水锁剂均为水配制，如果分开注入，不但增加施工成本，延长施工时间，还会使进入储层的液体增多，增加了储层伤害风险。通过开展解水锁剂与抑盐剂混合后的性能评价和岩心驱替实验，优化了药剂的注入方式。如表6-25、表6-26、图6-18、图6-19所示。

表6-25 解水锁剂与抑盐剂混合老化后的性能

样品名称	表面张力/(mN/m)	界面张力/(mN/m)	接触角/(°)	抑盐率/%	氯离子增容率/%
0.5%解水锁剂+2%抑盐剂	26.5	1.01	78.2	98.6	10.8

表6-26 解水锁剂与抑盐剂同时注入的解水锁性能

注入表活剂前		注入表活剂后		渗透率恢复率/%
注入压力/MPa	渗透率/$10^{-3}\mu m^2$	注入压力/MPa	渗透率/$10^{-3}\mu m^2$	
0.1161	5.6724	0.1387	4.8908	86.22
0.09879	6.018	0.1152	5.2282	86.88

图6-18 解水锁剂与抑盐剂混合后的接触角

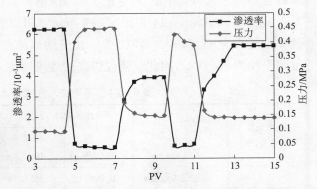

图6-19 解水锁剂与抑盐剂同时注入的解水锁性能

解水锁剂与抑盐剂混合老化后，表面张力和界面张力均较低，接触角78.2°，仍为中性润湿，能够满足解、防水锁要求。岩心驱替实验结果表明，解水锁剂与抑盐剂同时注入，渗透率恢复率平均为86.55%，不但能够降低施工成本，缩短施工时间，还减少了进入储层的液体，最大限度地保护储层不被二次伤害。

3. 加注时机

（1）注气前从油管加注抑盐剂，防治井筒或地层结盐；注采过程发现结盐情况，根据结盐程度从油管注入抑盐剂，关井24h让抑盐剂与盐充分浸泡后开井恢复生产；

（2）注采过程加注工艺流程：

连接正挤流程→罐车→正挤清防盐剂→关井24h→恢复注气（采气）。

加注设备：

①罐车容量：$10 \sim 15 m^3$。

②700型水泥车：注入最大压力70MPa，排量$6 \sim 12 m^3/h$。

第七章　老井利用评价及修封井技术

由于文 23 储气库经过长年开发，地层压力低，老井生产关系复杂，射孔段跨度大，个别复杂井封堵难度较大。为了盘活老井资源，合理降低投资，利用井需要严格筛选，实现老井的安全、经济利用。

本文从老井井筒全面评价出发，确定老井利用原则，筛选利用井和封堵井，分别阐述利用井检测及封堵井工艺技术，全面保证储气库老井密封性，从而确保储气库安全。

第一节　老井处理的基本原则与井筒评价

老井处置过程中，如果老井全部封堵，储气库全部使用新井，虽然保证了气库安全，却极大地浪费了老井资源，大大增加了工程投资；但如果利用井筛选不当，可能导致窜漏；储气库具有注采周期性运行、高气密性、安全性、寿命长等特点，对储气库老井分类筛选及处置提出较高要求。

一、老井处理技术难点及原则

经调研，目前枯竭砂岩油气藏储气库老井处置方式主要有利用、封堵等方式。

具有利用价值并对储气库安全无影响的老井，可进行各种方式利用；老井利用性验证方面，主要是通过资料分析、现场验证等手段，对套管、井筒验证其完整性。曾发生过老井利用过程中出现安全问题，后转为封堵的先例。

存在窜漏隐患或对储气库存在隐患的老井，需要进行有效封堵，保证储气库安全。主要是通过修井恢复井筒，并对层位、环空水泥环、井筒等多方面进行封堵，达到永久性阻断流体流动通道的目的。这部分工作量最大，花费较多，封堵效果对储气库的影响较大。

（一）处置技术难点

枯竭砂岩气藏储气库，利用已枯竭或半枯竭的气层或气藏而建设，是目前最常用、最经济的一种地下储气形式，具有造价低、运行可靠的特点，但老井处置制约了储气库的建设发展，其建设难点及重点在于：

（1）枯竭砂岩气藏的老井一般数量多，井龄偏长，生产关系较复杂，井况及储层跨度、非均质性也千差万别，老井利用筛选难，需要全面进行评价筛选。

（2）老井处置时修井、封井或做其他改造时工作量大，投入资金较多，个别井花费极大。

（3）老区块经常包含有中完井、事故井、侧钻井等，只要有一个井眼无法完成修井及可靠的封堵，将无法在该区块建造储气库。

（4）需要从老井处置整体上进行系统设计，不单单指封堵几口井，更是考虑整体区块的密封性；若处置不当，则将会造成天然气泄漏，不但造成国家资源浪费，还可能造成地面火灾、高压、爆炸等严重的安全生产事故。

（二）处理原则

枯竭砂岩气藏地下储气库的各阶段，包括设计阶段、建设阶段及运行阶段，老井处理均遵守以下原则。

（1）可行性原则。在储气库建设前，应首先确定该区块所有老井能否妥善处置，特别是探井、事故井、中完井等，均能采用现有工艺技术实施有效封堵，若有一口井无法修井至满足封堵要求，或无法进行可靠封堵，此区块都不应改建为地下储气库，否则该井将在储气库建成以后成为窜漏风险点，对储气库安全运行造成威胁。

（2）密封性原则。储气库运行过程中，所有井采取的任何措施及工艺应满足储气库密封性要求，不应影响储气库密封，这是储气库全生命周期始终要遵循的基本宗旨。

（3）经济性原则。由于在建库过程中，老井的工程费用较高，应做好工程、工艺、工序、管理等方面优化，可以有效减少工程投入，在经济的前提下满足建库要求。

在建库过程中，存在部分阶段利用需求，如采气、监测、排液等功能。若这些功能利用井况较好的老井来实现，最大程度利用了老井资源，同时降低了工程投资。故应在满足储气库安全的前提下，依据老井现状及气藏工程需要，优先开展这部分利用井的筛选，充分发挥老井的作用。

二、井况调查

为了保证老井利用与封井工程方案编制的针对性与科学性，结合地层特点和储气库工程要求，从井身结构、固井质量、井筒状况、射孔层位、完钻时间等5方面开展了全面系统的气井井况调查。

（一）完井套管结构

按照标准，老井采气井在投产时需下入封隔器管柱＋井下安全阀，但全井油层套管为$\Phi101.6mm$套管或悬挂$\Phi101.6mm$套管的老井内径小，不能满足管柱下入和强注强采要求，所以不可以进行注采利用。故在老井统计时，按照完井油层套管尺寸为正常$\Phi139.7mm$、悬挂$\Phi101.6mm$套管、全井油层套管为$\Phi101.6mm$套管等特殊结构等类别进行分类。

（二）井筒状况

由于老井利用及封堵工程都需要具备完好的井筒条件，故需要详细统计各区块老井井内储气层位以上是否存在套管损坏（变形、错断、漏失、破损等）、落物、封井等情况及可修性，作为后续是否可利用的重要判断依据。

（三）射孔层位

根据建库要求，对储气库利用层位及非利用层位的射孔情况进行分类，为利用老井的归位挤堵、封堵老井的分类及处理做准备。

（四）固井质量

开展固井质量调查的目的，主要是评价技术套管和油层套管的管外水泥环对储气库目的层封隔的可靠性，分析是否存在管外窜气的可能性。

为了评价水泥环能否对储气库目的层形成有效的封隔，对老井油层套管（尾管）固井质量的调查，主要围绕目的层位以上和以下是否有连续固井优质段25m，盖层段优良率不小于70%。

（五）完井时间

井龄偏大，井况偏差，统计完井时间可以对利用井的筛选与评价起到辅助作用。但标准中未对完井时间作出明确规定，需要根据各待建储气库区块具体情况而定。

三、分类评价原则

为保证储气库气藏的独立性和密封性，必须将所有的老井都进行合理处置，严格挑选利用井，对可能的气体窜漏通道进行有效封堵，才能保证地下储气库注采气的安全运行及储气库建库过程的经济合理。

根据文23储气库射孔层位调查结论，底水层和中生界气层的影响无须考虑。因此，评价时主要考虑了井身结构、固井质量、井筒状况与完钻时间4个方面的情况。根据储气库长期运行的特点，确定了如下评价分类原则。

（1）为防止气库层上下窜漏，保证储气库长期安全运行，对存在下列情况之一的气井，实施废弃封井处理：

①1999年以前完钻的气井。除文23-11井完钻于1997年外，其他14口井均完钻于1990年以前，资料显示这部分老井的井况基本都有问题，难以满足储气库长寿命要求。

②小套管完井的气井。一是全井油层为$\Phi101.6mm$套管的老井；二是悬挂$\Phi101.6mm$套管的老井。此类气井的井筒内径小，无法满足储气库完井封隔器管柱及强注强采设计要求。

③固井质量差的气井。尽管这部分井在历史上均未发生过管外窜气现象，但在储气库注采运行过程的周期性交变应力作用下，固井质量差的气井存在与其他层位，如上部沙三段油层形成管外串通的可能。

④套管状况差的气井。如发现套管腐蚀、套漏、变形或错断、复杂落物的气井。

（2）其余的气井，作为拟利用井，开展进一步的井况检测评价。评价合格的，分别根据地质需求，作为储气库采气井或观察井予以利用。

（3）在筛选顺序上，应先根据单井条件筛选运行阶段利用井，再选择建库阶段利用井，并在建库阶段利用井的挑选上，尽量避免或减少使用已选定的运行阶段利用井，这样可以在一定程度上保护已被选定的运行阶段利用井的井况，避免在试验或其他临时使用时破坏这些老井的井况；剩余的井再作为封堵井处置。

首先，采用资料分析的方式，对照分类原则对所有老井进行初步分类，分为封堵井和拟利用井。根据资料对比分析，将文 23 储气库 57 口老井分为 35 口封堵井和 22 口拟利用井。

其次，对 22 口拟利用井进行对井筒条件进行进一步现场检测，以确定其最终利用性；资料分析及现场检测分析结果不满足分类原则的老井，确定为封堵井。

综上所述，在处置过程中，应先对在档资料全面查询，根据需要进行现场检测，再对得到的资料进行全面、综合地分析；根据分析结果，确定老井类别及处置方案，保证老井完整性。

第二节　拟利用井检测技术

为了盘活老井资源，需要筛选安全可用的利用井，可以在保证安全的同时降低投资，本节叙述了在资料评价筛选拟利用井的基础上，进一步采用现场检测工艺，评价分析老井的可利用性。

一、检测原则与依据

根据《文 23 低渗砂岩枯竭气田储气库工程可行性研究》——《地质与气藏工程方案》和《注采工程方案》的要求，依据现有气井作业和井况检测工艺技术，按照现行技术规范、现场通用做法及相关技术标准，确定了文 23 储气库工程拟利用井检测方案。

二、检测方案

按照拟利用井检测评价合格后，要处理井筒至满足利用井投产条件的要求，考虑井况检测项目基本上都需要在空井筒中实施，而 22 口拟利用井井筒中全部有生产管柱，且多数井井底存在砂面或落物的情况，综合储气库工程建设需要和老井利用检测评价要求，实现一次作业完成井况检测和井筒处理，避免二次作业污染。

（1）上作业起出原井管柱，打捞落物至满足井况检测条件。

（2）复测井眼轨迹。对主块 22 口拟利用井实施井眼轨迹复测，为储气库钻井设计与井眼防碰提供依据。

（3）开展井况检测。按照井况检测评价技术要求，分别对 22 口拟利用井实施试压验套、井径检测、套管腐蚀检测、固井质量复测，分析油层套管的渗漏、腐蚀和变形状况、固井情况，检查套管头是否渗漏，进一步评价确认储气库拟利用井的油层套管管外封闭性，为判定气井可利用性和编制利用井投产设计提供依据。原则上，检测工艺实施顺序为从简至难，前面处理或检测评价不合格的井，则不再进行后续检测。

(4)处理砂面和落物，满足《地质与气藏工程方案》中利用井投产地质要求。

(5)按《注采工程方案》中利用井投产工程设计要求完井。

三、井筒处理及检测工艺

(一)井筒处理

为满足储气库利用井投产要求，做好储层保护，在作业施工过程中，井筒处理要达到以下几点技术要求：

(1)注重防漏和储层保护。作业压井推荐采用低密度泡沫压井液。低密度泡沫压井液漏失性较小，有良好的流变性，密度在 $0.65 \sim 0.95$ g/cm^3 之间可调，抗温 $120 \sim 140$℃，有一定的抗盐抗钙侵蚀能力，适应文23气田高温、低压、井底盐垢较多的特点，具有较好的油气层保护能力。

(2)对影响封井测试施工的落物需进行处理。其中，因地层压力低，井筒难以建立正常液体循环，砂面的处理推荐采用旋转抽砂泵抽砂技术；若抽不动或效率低，则需要堵漏后钻冲砂。

(3)按利用井投产方案要求，经检测确定为利用井的，若井筒砂面位置高于气库层底界20m以上，应处理砂面至人工井底。

(4)对已发现套管头漏失的井，必须更换套管头。

(二)检测工艺

(1)井眼轨迹复测。根据现场经验，采用常规的陀螺测斜仪检测。要求从人工井底或砂面位置检测至井口，为新钻井防碰提供准确的井斜数据。

(2)试压验套。目前的套管试压方式主要有两种，一是采用封隔器卡封管柱实施水试压，二是采用液氮车注入氮气进行气试压。根据《气藏工程方案》，气库上限压力为38.6MPa，计算井口最高套管压力约32.6MPa，即：氮气试压充气压力必须达到32.6MPa以上。综合考虑试压压力要求高、气体的可压缩性、老井油层套管水泥返高较深、套管头腐蚀承压能力降低等因素，氮气试压井控安全风险较大，推荐采用常规封隔器卡封水试压验套工艺。封隔器应下至目前射孔段顶界以上20.0m左右，水试压15MPa，30min压降小于0.5MPa为合格。对存在漏失的井，应实施找漏，确定漏点位置。

(3)套管检测。井径检测采用常规的多臂井径测井技术。要求从目前射孔段顶界检测至井口。套管腐蚀检测采用常规的电磁探伤测井技术。要求从目前射孔段顶界检测至井口。

(4)固井质量复测。目前常用的固井质量测井系列主要有声波变密度测井、扇区水泥胶结测井、超声波成像测井。

①声波变密度测井。利用水泥和泥浆(或水)其声阻抗的较大差异对沿套管轴向传播的声波衰减影响来反映水泥与套管间、套管与地层的胶结质量。缺点是分辨率较低。

②扇区水泥胶结测井。能沿着套管整个圆周纵向、横向测量水泥胶结质量，并以灰度图的形式形象直观地显示套管和水泥环(第一界面)的胶结情况，准确评价第一界面存在的

槽道、孔洞的位置、大小及分布情况。优点是沿圆周分扇区评价水泥胶结情况，缺点是双层管柱固井评价不完善。

③套后成像测井技术。可以提供 360°井周成像，更直观地显示套管周围水泥填充、胶结情况以及套损状况。优点是可以成像评价水泥胶结情况及套损，缺点是分模式测井，双层管柱固井评价不完善。

考虑储气库注采运行周期交变应力的特点，为准确评价老井固井质量，经过对多种固井质量复测技术开展比对分析，推荐采用 IBC 套后成像测井新技术，要求从气库层 ES43 顶界检测至 ES2 油层顶界以上 100m。

根据文 23 储气库拟利用井的注采需求，结合行业标准，形成了文 23 储气库老井利用检测工艺，经检测评价，井况不合格的 11 口井，按废弃封堵井相关技术要求实施封井；筛选出井况合格可利用的 11 口井待投产，为文 23 储气库部分老井安全利用奠定坚实基础。

第三节　老井废弃井修封井技术

文 23 储气库是目前中国东部规模最大的储气库，老井封堵治理保证不漏气是长期运营安全的重要环节，但国内储气库建设起步晚，相关老井封堵方面经验不足，特别是面对情况极其复杂的老井，存在封堵体系、注入工艺和地层、井况不匹配等技术问题。为了保证储气库后期的安全运行，针对复杂老井条件，开展了相关的储气库老井封堵技术和配套工艺研究。

为保证文 23 储气库的安全生产，通过对可能造成储气库漏气的原因进行分析，为有效提高封堵的密封性能，从封堵工艺上由地层挤堵工艺取代原有的井筒封堵工艺，将地层挤堵作为封堵重点。

由于每口井储层物性不同，地层破裂压力不同，结合不超过地层破裂压力 85% 的原则和测吸水剖面时的压力，优化挤堵半径，首次提出"一段塞一调整"动态注入工艺理念，形成差异性老井封堵技术，实现地层、管外及井筒的全面密封。

一、修封井技术难点

与其他油气藏储气库相比，中原油田文 23 地下储气库具有气藏温度高、渗透率低和地层跨度大的特点；主块多压裂作业，裂缝发育且复杂、亏空严重；地下压力处于不断交变状态，压力波动大。文 23 气田经过多年开发，采出程度高、储层亏空，不同老井利用难度大，修井、封堵工艺难度大，需要解决两个方面的关键问题：一是攻关在高温条件下具有强气密性的封堵体系，保证负压多裂缝地层条件的密封安全；二是研究封堵配套和监测技术，保证井筒密封安全。

在研究中对封堵技术存在的问题提出相应的对策，见表 7 – 1。

表7-1 老井封堵存在问题及对策

序号	存在问题	实施对策
1	封堵井段长，330～350m	实施动态调整的分段挤堵方式
2	地层非均质性严重，变异系数大于0.8	
3	地层压力系数低，0.15～0.60	研发网架结构形成剂提高堵剂的驻留性能
4	前期多次酸化压裂造成裂缝发育且复杂	
5	水泥石固化后收缩，影响与地层的胶结强度	研发微膨胀剂改善水泥石性能
6	油藏含水高，影响水泥石与地层的胶结强度	
7	落物、套变、套漏井占比高，28.7%	复杂故障处理打捞、修井
8	部分井管外窜	锻铣或射孔、挤堵
9	破裂压力低，10～15MPa	调整体系注入性，控制施工压力
10	笼统挤堵方式封堵	采用水泥承流器带压候凝

二、修封井原则及依据

为防止气库层上下窜漏，确保以后文23储气库长期安全运行，根据《文23储气库工程可行性研究》的要求，对废弃井实施封井处理。通过封堵，应能永久性地阻止储气目的层内流体通过井筒内外向地面和其他渗透层流动。

(1)原则上处理井筒至气层底界，具备封堵条件。修井过程中，对于在封堵层位及以上井段的套变、落物等井况问题，应处理至满足封堵工艺需要；处理时应采用防磨、扶正或其他必要工艺措施保护套管，避免井况进一步恶化。

(2)为了保证封堵质量，采用气层封堵剂进行挤堵，对射孔层段采取承留器挤堵。按照《地下储气库设计规范》(SY/T 6848—2012)第5章的要求执行。挤堵前利用储气库区块取得的岩心及流体，开展堵剂体系室内实验，对各项性能指标及与地层的配伍性进行评价，应根据实验结果选配堵剂进行应用。确定封堵方案前，应进行现场封堵工艺实验，重点对储气目的层顶底界附近进行分层封堵，确定以下施工参数：一次挤堵井段长度、堵剂及施工工艺参数、固井质量不合格段的处理方式。入井液不影响堵剂与地层、套管的胶结。

(3)为了防止井筒内气体向上窜，要在井筒内注连续灰塞，按照标准，要求气层顶界以上连续灰塞长度不少于300m，盖层(盐层顶界2405m)以上不少于100m，位置及长度按照《地下储气库设计规范》(SY/T 6848—2012)第5章的要求执行，试压按照《常规修井作业规程14部分：注塞、钻塞》(SY/T 5587.14)的相关规定执行。

(4)对于储气目的层顶界以上固井质量胶结良好连续段小于25m的井段，应在储气目的层位盖层段进行套管锻铣，按《地下储气库设计规范》(SY/T 6848—2012)中第5章的要求执行，进行封堵、试压。射孔层、锻铣井段封堵后，应采用清水介质对塞面试压，试压压力不低于储气库运行最高压力，30min压降不大于0.5MPa为合格。

三、封井方案

(一)窜漏通道及风险分析

经过对文 23 储气库老井地层窜漏通道分析,从地层分布来说,储层为 S_4 气层,向下部分井钻遇中生界,向上有盖层文 23 盐层,再向上有 S_3 段油水层,窜漏通道如图 7-1 所示。

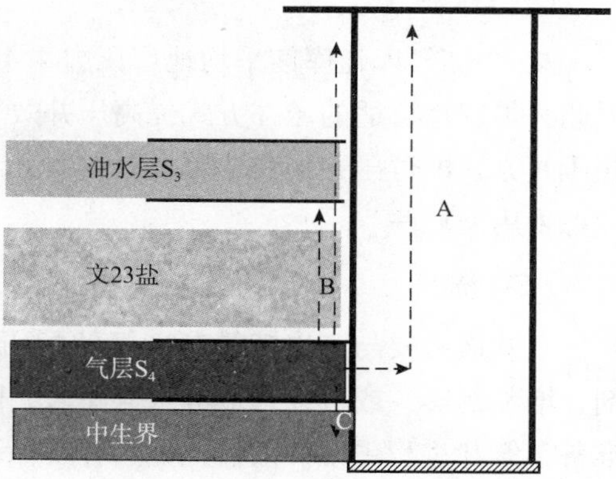

A 通道,沿着井筒内上窜:可能造成气体在井筒、地面聚集。

B 通道,井筒外沿着环空水泥环裂隙上窜,可能窜至上部 S_3 段油水层或者窜至地面。

C 通道,井筒外沿着环空水泥环裂隙下窜至其他层位,窜至中生界。

图 7-1　老井窜漏通道示意图

(二)封堵整体思路及方案

为了确保废弃井封堵效果长期可靠,参考行业标准《地下储气库设计规范》(SY/T 6848—2012)、中国石化企业标准《废弃井封井处置规范》(Q/SH 0653—2015)中的关于三类风险井的封井结构,采取"产层 + 井筒 + 管外"并重的封井思路,即对产层段实施挤堵,对井筒注连续灰塞并上覆防腐重泥浆封堵,对管外可能引发气体窜漏的位置实施二次封固,从而彻底切断流体泄漏通道。

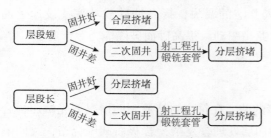

图 7-2　储气库废弃井分类挤堵思路

基于上述思路,结合文 23 储气库废弃井井况特征,确立了"强化地层封堵,兼顾井筒封窜、实时压力监控"的整体封堵思路,制定了相应的挤堵方案,如图 7-2 所示。

(1)井筒处理至气层底界,对全部射孔段进行封堵,确保井筒所有射孔段都进行严格封堵。

(2)为确保封堵质量和安全,采用承留器挤堵,可实现对地层的保压候凝,提高封堵效果。

(3)固井差井段进行锻铣或射孔进行二次固井改善。

(4)长井段分层挤堵,确保高低渗层共同封堵效果。

(5)注连续灰塞、注防腐重泥浆至井口,确保井筒密封。

(6)井口安装远传系统,实时监测井口压力变化。

四、修井工艺

在井况方面,文 23 气田经过较长时间开发,开展过较多增产改造措施、井况偏复杂,结合废弃井井史资料，部分井筒存在砂埋、落鱼、套变等问题，影响挤堵作业，故需处理井筒至射孔段底界以下，打开作业通道。

（一）压井

文23储气库建库前平均地层压力4.44MPa，压力系数仅为0.15，压井液易漏失地层，因此必须选择合适的压井方式提高压井效率。结合废弃井历史施工经验，多数气井采用灌注压井方式即可压井成功，因此，废弃井封井作业压井方式以灌注法为主，对于特殊井可考虑采用循环法。

（二）洗井

洗井液需要与产出液具有良好的配伍性；低压漏失层需要根据漏失情况，加入暂堵剂、增黏剂等，或可以采取混气等手段，降低洗井液密度。洗井液体积按照井筒两倍容积准备。修井过程中洗井液需优先选择反循环洗井，保持不喷不漏，若正循环洗井，应经常活动管柱，防止砂卡。洗井过程中需要加深或上提管柱时，洗井液必须循环两周以上方可动管柱，并迅速连接管柱，尽快恢复洗井。洗井至洗井液进出口水质一致，干净无杂质污物。

（三）钻砂面

通过开展井况调查，落实46口待封堵井中24口存在射孔段砂埋问题，占总井数的37.5%，砂埋井段跨度介于3~164m之间。考虑到部分废弃井砂埋时间久、井段长且受压裂作业高压泵注的影响砂粒压实程度高，对砂面处理造成了一定难度。对于文23老井，优选清水冲砂工艺。为了改善清水冲砂效果，配套应用了屏蔽暂堵技术，先对低压漏失层实施暂堵后再进行钻冲砂，减小冲砂过程中入井液的漏失，提高冲砂成功率；设计了油管+刮刀钻头的组合管柱，同时采用了动力水龙头驱动，提高砂面破除能力。

（四）钻塞

钻塞施工主要包括钻水泥塞和钻铣桥塞。

下部油层已有水泥塞（桥塞+水泥塞）封堵的井，在符合封堵原则的情况下先试压，合格的不再实施钻塞二次封堵工艺。气库以下的油层处理较复杂，若灰面试压合格，且间隔井段固井质量好，不影响气库的安全运行，可以对灰塞以下井段不做处理。

气层上部有灰塞（或桥塞）时，钻除前要加装防顶装置，若漏失严重，需要加入暂堵剂，建立循环后方可钻除水泥塞，环空返速不小于0.8m/s，充分洗井携带出井内钻屑。钻塞或钻铣桥塞后应进行通井、刮削并彻底洗井，确保井内无残留水泥环。在钻除过程中，需要加套管防磨装置，重点保护套管不被损伤。

（五）通井、刮削

为了确认套管内径情况，通常在钻冲后，根据套管内径选择合适的通井规，外径应该小于套管内径6~8mm，壁厚3.5~5mm，有效长度不小于1.5m。下管柱应平稳操作，下钻速度控制在10~20m/min之间，下钻至设计位置或人工井底100m时下放速度不得超过10m/min。

为了使套管内壁干净，便于分层工具坐封和水泥胶结，选择合适的刮削器，刮削套管达设计深度。下管柱平稳操作，控制下放速度在 30m/min 内。管柱下至设计深度以上 50m 左右，下放速度在 10m/min 以下，接近刮削井段开泵循环正常，缓慢旋转下放管柱，然后上提管柱反复多次刮削，直至上下活动管柱时悬重无明显变化。若中途遇阻、循环困难、憋钻严重，应立即停止刮削，分析查明原因，妥善处理后再进行刮削作业。刮削过程中应充分洗井。

（六）起原井管柱

根据井内管柱及工具特点，确定起管柱方式。井下有封隔器的，根据封隔器特点确定解封方式，并按要求解封。提带封隔器管柱时，上提速度不得超过 10m/min，以避免抽吸作用。提管柱遇卡时，应慢慢上下活动管柱，分析原因，不可大力上提下顿，避免管柱断脱落井。

（七）修复套管

老井由于生产时间较长，生产层位上部有盐膏层，有部分套管发生变形，影响后续施工。要求在修套前对遇阻位置打印，根据打印结果，选择合适的整形工具，原则上选择胀管器实施冲击整形技术，以避免套管套铣开窗或磨铣变薄导致抗外挤强度进一步下降带来的套管二次损坏。每级冲击整形工具工作面大于变形直径 1.5 ~ 2mm，逐级增大工具工作面的直径，对套变处进行冲击整形。胀管器下井前，需检查连接紧固，下至变形点以上距离 2m 处，快速下放钻具，钻具产生冲击力，对套管进行整形；反复冲击至胀管器顺利过套变处，无夹持力为止，准备更换下一级外径的整形工具。上提钻具观察悬重，判断遇阻情况。缓慢上提，预防卡阻；当最大整形直径工具顺利通过套损位置后，反复划眼 5 ~ 10 次，直至通行顺畅，循环洗井 2 周；下设计直径及长度的通井规，通过修复点，若不可通过，重复胀管修复工序。施工过程中注意保护套管，防止卡阻及钻具脱扣。

若套管漏失，则存在气窜风险，且明显增加封堵风险及难度，若不先进行处理，易造成管柱固在水泥里不能起出等事故，大大增加修井难度。在挤堵前，要求对上部套管验套合格。若验套发现漏点，应首先对漏点进行挤堵、钻塞、试压合格，以保证挤堵施工的安全。

（八）打捞落物

若井内落物在气层以上，影响老井封堵的落物，需要全部打捞。对于不影响封堵施工的落物，可以不做处理。在打捞前，分析资料，确定落物性质、鱼顶、深度、长度等情况，还应确定环空是否有水泥封固；再对落物鱼顶进行打印，落实以上因素，制定落物打捞方案。打捞时，优先使用可退式打捞工具，否则应配安全接头，以防止井况进一步恶化。必要时，可使用震击器，提高打捞效率。需要套铣或磨铣作业时，应设置扶正装置或钻铤，避免套管偏磨或开窗。若落物环空有砂埋或灰固，首先应处理环空堵塞物，再进行打捞落物。

（九）取换套

针对存在套管严重腐蚀、破裂位置，需落实技套是否是腐蚀漏失的老井，水泥返高低于严重腐蚀或破裂位置，可在封堵产层以后，倒扣或切割取出套管严重漏失位置以上油层套管，继而落实技套是否损坏；如果技套没有损坏，可以直接封堵井筒，水泥塞面注至油套断口位置以上。若技套有损坏，需要封堵技套漏点，再进行封堵井筒。

若在作业过程中，出现需要取出油套后继续作业的情况，为了避免大环空难以循环的问题，则应倒扣取出损坏的油层套管，再下入性能良好的套管，与下部套管对扣，并进行试压合格后继续作业。

五、封堵工艺

通过调研其他储气库，对漏气原因进行分析，主要是由于地层、管外窜及井筒内窜原因造成。由于每口井储层物性不同，地层破裂压力不同，根据修封井工程设计要求，结合不超过地层破裂压力85%的原则和测吸水剖面时的压力，提出"一井一体系、一段一调整"工艺理念，形成差异性老井封堵技术，实现地层、管外及井筒的全面密封。

(一)产层封堵工艺

目前常规挤注方法有正挤挤注法、循环挤注法、平推挤注法；按挤堵工艺有空井筒、钻具(油管)、封隔器等。施工中应根据井况不同、工艺需要具体选择挤堵工艺，保证堵剂安全有效地进入目的层段，达到封堵地层的目的。

(1)正挤注法。就是在井口处于控制的状态下，通过液体的一定挤注压力将水泥浆替挤到目的层的方法。用挤入法封窜时，要求水泥浆具有黏度小、流动性好，失水量低和适当的触变性，以利于水泥浆充满窜槽内岩块间的孔道。要求水泥浆凝固后具有较高的强度和良好的膨胀性能，以保证固井和封窜的质量。

①套管平推挤注法。是把井内油管全部起出，从井口装置通过套管直接泵送一定量的堵剂，然后改用清水将其泵至预定井深位置，立即带压关井候凝。该方法主要应用在堵水层位较多，堵剂用量大或上部套管漏失的井，其优点是施工简单，安全可靠，与填砂、注灰塞相配合，可挤封油气层顶部出水。缺点是不能分层挤注，容易在套管壁上留下水泥环。多用于气井上部套管损坏有漏点，封堵层段以上套管完好，需封堵因地质工程原因报废井的挤堵，封堵深度小于500m，封堵长度不大于5m。

②插管式封隔器(桥塞)挤注法。是将插管式封隔器(桥塞)坐封在封堵层位的上部，然后下带插管的油管，将插管插入封隔器(桥塞)，即可对目的层进行挤注。挤注后从封隔器中提出插管，封隔器的单流阀自动关闭，可立即进行反洗井。在有高压气层或水层的情况下，采用这种分层封堵工艺，可以保护上部生产层，同时防止堵剂返吐，保证封堵效果。用于分层和带压候凝施工。

(2)循环挤注法。是将油管下到封堵层位的底界，将堵剂循环到设计位置，然后上提管柱，洗井后，施加一定液体压力使堵剂进目的层的施工工艺，该施工工艺安全可靠，成本较低。

用循环法封窜时，要求水泥浆具有良好的流动性、适当的触变性。流动性好，便于将水泥浆顺利替入窜槽；适当的黏度和触变性，可防止上提封隔器时因压差而产生的水泥浆倒流和下沉。

由于气库井段跨度大，地层物性差异大，经过多次压裂后，裂缝发育，笼统挤堵时使堵剂进入地层后突进倒吸，且封堵后堵剂返吐影响封堵效果。

针对气层挤堵难点，经过论证后细分层系挤堵，将物性差异大的层分次挤堵，挤堵过程中采用水泥承留器保压候凝，避免堵剂返吐，来保证气库封堵效果。

（二）固井差井段处理工艺

文23储气库废弃井普遍采用三级套管结构，若技术套管下至射孔段顶界，且连续优质胶结段不足25m，或油层套管连续优质胶结段不足25m，需对其采取二次固井（射工程孔或锻铣套管后挤堵），以防气体沿管外发生窜漏。

文23储气库气层S_4段3向上依次为S_4段1~2、盐层，锻铣或射孔位置选择时，不可选择盐层；在盐层位置套管打开后，可能导致强度下降，从而被盐膏层外挤力挤毁的风险；且套管打开后，吸水性差，达不到挤堵条件，导致施工失败。S_4段1~2向上紧挨盐层，基本无隔层，或隔层距离不满足30m，因此原则上选择S_4段1~2及以上井段（未至盐层）射孔或锻铣30m，然后进行锻铣或射孔进行二次固井。需锻铣位置为多层套管的老井，由于工具强度限制，无法进行套管锻铣，只能选择射孔工艺进行二次固井。

文96储气库曾针对储气库利用层位以上井段固井质量评价为胶结差的情况，为防止气体上窜，选择气层上部吸水能力差的泥岩井段内射工程孔，采用水泥承留器配合固井水泥对工程孔挤堵，挤堵完成后钻塞试压，再采用声幅测井、声波变密度测井等手段复测该井段固井质量，评价二次固井效果。该技术在文96储气库成功应用5口井，改善固井质量效果明显。在文23储气库应用3口井，但未进行测固井质量验证效果。

（三）挤堵工艺管柱及配套工具

文23储气库产层封堵主要采用插管式封隔器（桥塞）挤注法。插管式封隔器（桥塞）挤注法是将插管式封隔器（桥塞）坐封在封堵层位的上部，然后下带插管的油管，将插管插入封隔器（桥塞），即可对目的层进行挤注，挤注后从封隔器中提出插管，封隔器的单流阀自动关闭，可立即进行反洗井。在有高压气层或水层的情况下，采用这种分层封堵工艺，可以保护上部生产层，同时防止堵剂返吐，保证封堵效果。用于分层和带压候凝施工。

施工中应根据井况不同、工艺需要具体选择挤堵工艺，保证堵剂安全有效地进入目的层段，达到封堵地层的目的。沿用文96储气库挤堵注入方法，文23储气库使用机械式承留器，特殊井采用光油管笼统挤堵。

（1）主要技术特点。

①可磨铣钻除。

②油管连接下入，无须其他额外设备。

③可以承受较高压差。

（2）主要技术参数。

额定工作压差：10000psi（70MPa）。

额定温度：148℃。

（3）主要技术原理。

施工管柱及工具由机械投送注入器、可钻永久式封隔器、机械密封开关等组成。承留器及送入工具如图7-3所示。挤堵管柱配置如图7-4所示。

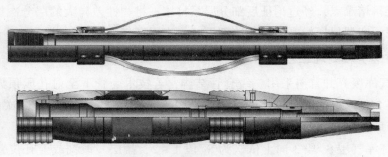

图7-3 承留器及送入工具

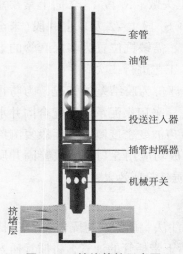

图7-4 挤堵管柱示意图

（图标：套管、油管、投送注入器、插管封隔器、机械开关、挤堵层）

①封隔器坐封开关打开挤注施工状态：管柱下到设计位置，验管、坐封密封油套环空，井下开关密封封隔器中心通道，油管和封隔器以下套管及油层连同形成同一压力系统，封隔器坐封开关打开挤注施工状态，进行验封、挤注、顶替施工。

②完成施工井下机械开关关闭过程：完成顶替后立即旋转上提管柱，插入密封管带动开关完成关闭动作，完成施工井下机械开关关闭过程，投送入住器与封隔器及开关丢手，使整个井筒从封隔器位置堵死。

③开关关闭保压候凝待钻状态：起出管柱继续保压候凝，开关关闭保压候凝待钻状态，在挤注凝固之前，开关是允许反复开关的，所以可以洗井、替入堵剂等。

（4）挤堵封井施工过程。

可钻式永久封隔器接于投送器下端，用油管下到目的层，定位保证位置准确、洗井保证油管畅通、打开通道，地面上提（上提是为了正转后下放）、正转下放、再上提管柱完成封隔器的坐封动作，再次下放油管压重90~100kN达到封隔目的层，坐封后验封挤堵施工一次完成。

完成挤堵施工后通过地面油管的上提完成井下工具中心通道的关闭密封井筒、可钻式永久封隔器丢手，实现保压候凝的工艺要求。完成施工即可起出投送工具，且堵剂不返吐，保证了施工安全。可钻式永久封隔器采用易钻材料，需要处理时可用平底磨鞋即可完成井筒处理。

（四）施工参数优化

挤堵施工中，要根据吸水指数结合储层物性，选择堵剂体系及挤堵参数。

1. 挤堵压力的确定

为保证挤入地层的堵剂不外吐，保持井内稳定，防止地层流体流入井内产生窜槽，必须在一定时间内保持挤注压力，使堵剂带压候凝。挤注压力太低，会降低封堵效果，影响封堵质量；挤注压力太高，会使油、套管破裂，无法准确向目的层挤注堵剂进行封堵，严重时还会压裂地层，无法封层。因此，在设计和施工时综合考虑老井套管的抗内压强度、地层破裂压力和固井质量、井口设备等情况，挤注施工时井口压力最高不超过35MPa，确保挤堵施工安全。

针对每一口井储层物性不同，采用"一井一策"工艺方法，在满足施工要求的基础上，同时启动低渗层，结合井的破裂压力及修封井工程设计要求，来设计最高施工压力。根据同层位的压裂情况，不超过破裂压力的85%，最高不超35MPa。

(1)满足施工要求，保证封堵质量。

文23-2井气层跨度大，进行过一次压裂改造，破裂压力25.3MPa。《文23-2修封井工程设计》要求的最高施工压力10MPa，但测文23-2井吸水情况，压力7MPa下吸水量15.36m³/h，详细数据见表7-2。若按照设计控制挤堵压力不超过10MPa，可能满足不了施工要求，影响施工质量。因此，重新计算施工最高压力，以不超过地层破裂压力85%为原则，得到本次挤堵施工的最高压为21.5MPa。

表7-2　文23-2吸水数据表

井号	井段/m	压力/MPa	排量/(L/min)	吸水量/(m³/h)
文23-2	2989.8~3108.6	7	256	15.36

(2)充分启动低渗层。

文23-29采用气层封堵剂对射孔层段采取承留器挤堵，由于层间物性差异大，为充分启动并封堵低渗层，根据现场施工情况，若施工压力超出《文23-29修封井工程设计》要求的最高施工压力30MPa，报现场领导小组讨论确定挤堵压力，参考文23储气库封堵井相同层位的破裂压力48.3MPa，建议本次施工的最高压力35MPa(不超过地层破裂压力85%)。该井14MPa下吸水量为6.4m³/h，详细数据见表7-3；后续挤堵施工顺利，试压合格。

表7-3　文23-29吸水数据表

井号	井段/m	压力/MPa	排量/(L/min)	吸水量/(m³/h)
文23-29	2836.3~2995.8	14	107	6.4

2. 封堵半径的优化设计

由于文23块储气库地层物性差异大，应力交替变化大、压力波动大，对气层的封堵质量提出了更高的要求，对气层封堵剂性能提出了技术挑战。

为减少对储层深部污染，在保证气库安全的条件下，降低单井封堵用量，基于现场吸水测试结果(最好提供小层吸水剖面)，调整措施。

由于封堵层的孔隙度差异较大，各油田区块的封堵半径没有统一的标准，但对高孔、高渗、负压地层封堵半径多大于2m。根据储气库封堵强度要求，设计有效封堵半径为2.0m，且考虑孔隙度、地层非均质性等因素确定施工用量。

3. 堵剂用量的优化设计

堵剂总量：

$$Q = 1.2(Q_1 + Q_2) \qquad (7-1)$$

式中　Q——堵剂总量，m^3；

　　Q_1——注入封堵层的堵剂用量，m^3；

　　Q_2——注入封堵层段井筒内灰塞堵剂用量，m^3。

注入封堵层的堵剂用量 Q_1，用式(7-2)计算。

$$Q_1 = \pi \times (R^2 - r^2) \times H \times \Phi \qquad (7-2)$$

式中　R——封堵半径，m；

　　r——管内径，m；

　　H——封堵层有效厚度，m；

　　Φ——平均有效孔隙度，$\%$。

注入封堵层段井筒内灰塞堵剂用量 Q_2，用式(7-3)计算。

$$Q_2 = \pi \times r^2 \times h \qquad (7-3)$$

式中　h——井筒内灰塞厚度，m；

　　r——管内径，m。

配水泥浆所用干料的用量，用式(7-4)计算。

$$t = 1.465 \times Q \times (\rho - 1) \qquad (7-4)$$

式中　t——干料用量，t；

　　ρ——设计堵剂密度，g/m^3。

(五)多段塞动态注入工艺

提出"一段一调整"动态封堵工艺理念。创建试注测压段塞、裂缝桥堵段塞、低渗填充段塞、均衡侵入段塞等多级复合注入方式，制定不同段塞施工评判方法，实现差异性老井的高效封堵。

堵剂配方：主剂 +2% 固化剂 +0.4% 触变剂 +2% 调节剂 +5% 复合结网剂 +2% 金属微晶膨胀剂 +0.2% 高温悬浮剂。配方考虑在地层中实现架桥 - 变缝为孔 - 逐级填充 - 浆体滤失稠化 - 控制堵剂大量进入高渗条带，保证储气库长期安全生产运行。

堵剂段塞设计见表7-4。

(1)原堵剂在压裂措施井中易沿裂缝窜流，在设计前置段塞时，在堵剂加入具有封堵裂缝及高渗条带能力的5%复合结网剂，解决裂缝的封堵，体系密度提高至 $1.57g/cm^3$ 以上，让堵剂实现沉降、桥堵和驻留。实验证明，改进后前置段塞在裂缝会有效驻留，形成滤饼。

(2)主体段塞的设计，在堵剂中加入3%复合结网剂 +2% 金属微晶膨胀剂 +0.2% 高温悬浮剂，适当调低堵剂初凝时间为 $4 \sim 5h$，快速起压，实现高压层进入，形成同一压力系统。

(3)后置段塞的设计，提高堵剂密度至 $1.57 \sim 1.60 g/cm^3$，根据现场压力情况及时调整添加剂，强化各层封堵能力。

表 7-4 段塞设计表

段塞名称	作用	段塞更换原则
试注段塞	原堵剂体系，判断堵剂进入地层能量；对地层进行初步封堵	①压力平稳上升，直接进入主体封堵段塞，可降低总体施工量10%左右 ②若压力平稳：当压力过低则进入桥堵填充段塞
桥堵段塞	原堵剂中加入刚性桥接剂，解决裂缝的封堵；让堵剂实现沉降、桥堵和驻留	基于破裂压力和最高施工压力，控制桥塞粒径和用量
填充段塞	原堵剂中加入柔性架桥形成剂；快速起压，实现高压层进入，形成同一压力系统	当压力接近最大施工压力 5~10MPa 则后续主体段塞
主体封堵段塞	原堵剂体系；强化各层封堵能力	接近最大施工压力 5MPa，清水顶替

现场对施工井进行试挤求吸水指数，根据不同的吸水指数情况，确定最终施工堵剂用量及添加剂量：当压力 15MPa 下地层吸水量达 $0.1~0.3m^3/min$，采用原堵剂配方；当压力 15MPa 下地层吸水量小于 $0.1m^3/min$，减少网架结构形成剂 1%~1.5%；当压力 15MPa 下地层吸水量大于 $0.3m^3/min$，增加网架结构形成剂 1%~2%，并添加架桥剂 3%~5%。

（六）井筒封堵工艺

按照《地下储气库设计规范》（SY/T 6848—2012）实施产层挤堵、二次固井后的井筒，应进行注连续灰塞作业，长度不少于 300m；但考虑到文 23 储气库盐层位置为套管薄弱点，以及上部可能存在套损、腐蚀等其他薄弱点，确定注连续水泥塞塞面高于薄弱点以上 100m，以保护套管；一旦发现井筒带压，可以进行作业钻塞重新封堵。

采用光油管注连续水泥塞，出于安全考虑，分多次正替注入水泥，一次注塞长度不宜高于 500m，注塞完毕后上提管柱后继续注下一次，水泥浆全部注完后再进行统一候凝。为了保证水泥浆与套管胶结质量，在施工前，需要对套管进行充分洗井及刮削等处理。候凝后要求录取探灰面数据，并试压合格。

为了避免套管腐蚀问题，封堵后的井筒上部加注防腐重泥浆，其重质组分沉降后填充封堵水泥可能存在的部分微裂缝，封堵密封性能提高 20% 以上；防腐组分可有效保护上部套管，腐蚀速率小于 0.0254mm/a，保证了封堵井筒的长效安全性。井筒内管柱全部起出后完井。

（七）井口设置

安装简易井口，装好压力表。在文 23 储气库封堵井口安装压力无线远传系统，对井口压力进行实时采集，通过 GSM 信号传输至中控室，可随时监测封堵井的压力变化，出现异常及时报警、及时处置，有效地保证了封堵井的安全可控。

井口外部安装带有观察孔的水泥罩，或者安装防盗网，实现观察压力、方便巡视、防盗的功能。

第四节　老井封堵堵剂体系

目前国内常用的封堵剂主要有两类：一类为普通油井水泥堵剂体系，这类堵剂粒径大（40μm 占 30% 左右），不能深入地层和水泥环的微间隙，封堵的致密性较差；另一方面普通油井水泥堵剂主要是对炮眼附近进行封堵，封堵半径小，难以抵抗长期交变压力的冲击，易失效，出现气窜问题，因此普通堵剂不能够满足气库的永久封堵。另一类是超细油井水泥堵剂，超细水泥是在普通油井水泥的基础上进一步加工粉碎而成，平均粒径仅 18μm（800 目），最大颗粒直径下降了约 50μm，是常规 G 级油井水泥的 1/3 左右。由于颗粒小，而且能够进入普通水泥不能进入的孔隙，具有良好的流动性和穿透性，可与地层胶结形成一个致密的固结体，和井筒预留的水泥塞、井下工具共同作用，对气层形成有效封堵。但是由于一般的超细水泥颗粒细，比表面积大，水化速度快，初凝时间比普通水泥更短，而且现场配制由于水泥的密度大，浆体稠度大，因此使用的安全性差，易出现工程事故，造成损失。因此超细水泥浆不能直接用于气层封堵，必须通过添加助剂复配改性后才能应用。

老井井筒封堵的可靠性要求更高，由于常规的封井工艺可靠性差，不能满足储气库老井井筒的封堵需要，常规的固井水泥属于硬性胶凝材料，具有"高体积收缩、高滤失量、高密度和高脆性"的缺陷，在井筒封堵时易形成微间隙或由于水泥石的高脆性产生宏观裂纹和界面破坏，使得井筒封堵失败。同时，文 23 区块属于低孔低渗气田，经过多次重复压裂，形成裂缝，如何对裂缝进行屏蔽封堵是该区块封堵的难点，因此提出气层封堵剂的要求：能够进入不同物性的地层，对各层形成较强的封堵；触变性好，形成网状结构，防止部分高渗带堵剂大量漏失；具有较强的致密性，对气层完全屏蔽；注入性好，能够满足物性较差地层的封堵需要；强造壁性，能够在近井地带快速驻留，形成致密、牢固的固结体。

一、封堵剂优选

（一）封堵机理分析

1. 孔喉结构分析

堵剂颗粒是一个弹性球体，依靠架桥作用在地层孔喉处进行堵塞。目前，在缝口有单颗粒或双颗粒架桥，单颗粒架桥不稳定，且尺寸必须大于地层孔喉直径，虽能架桥，但由于尺寸大，无法起到封堵地层的作用。

目前，国内外最常用的封堵理论，认为三球架桥理论得到悬浮固体颗粒在孔喉处的堵塞规律：颗粒粒径大于 2/3 倍孔喉直径，在地层表面形成外滤饼；颗粒粒径在（1/3～2/3）倍孔喉直径，固相颗粒基本可以进入储层内部。由于孔喉的捕集等作用，在储层内部产生桥堵形成内滤饼；颗粒粒径小于 1/3 倍孔喉直径，可自由到达地层深部，形成固相堵塞。如图 7-5 所示。

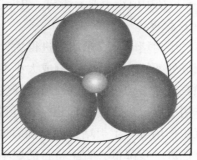

图 7 – 5　孔喉三颗粒架桥示意图

　　颗粒堵剂的封堵机理在于大尺寸材料形成架桥后，较小尺寸的材料在架桥材料形成的小孔道上进行嵌入和堵塞。依靠堵剂活性材料的弹性和塑性，发生强有力的拉筋作用，加强了楔塞的机械强度，形成牢固的移动困难的塞状垫层，达到封堵的目的。

　　文 23 气田储层的孔隙类型多种多样，主要有原生粒间孔、溶蚀粒间孔、溶蚀特大孔、溶蚀伸长孔、粒内溶蚀孔、微孔隙和裂缝，如图 7 – 6 所示。主要的储集空间是次生粒间溶蚀孔(图 7 – 7)，平均孔喉直径 $0.09 \sim 8.40\mu m$，平均为 $4.23\mu m$，压裂后地层孔喉为 $105\mu m$。

图 7 – 6　铸体孔隙图像

图 7 – 7　可见粒间孔隙

　　文 23 块油藏地层孔喉直径在 $4.23 \sim 105\mu m$ 之间。按照颗粒类堵剂"1/3 ~2/3 架桥堵塞"原理，堵剂粒径在 $1.4 \sim 70.0\mu m$ 之间能够进入地层孔隙，可满足油气藏封堵要求。堵剂粒径分析表明，粒径中值分别为 $13.1\mu m$ 和 $13.8\mu m$，可满足文 23 块油气藏封堵要求。而且由于气层封堵剂粒径中值小于普通堵剂，更能进入物性较差地层，适合各种类型地层封堵。

2. 架桥封堵机理

在储气库气层封堵时，要求堵剂进得去，留得住，高致密。在封堵的过程中，首先大颗粒材料在孔喉处架桥，将孔喉分割成大小不一的孔隙，颗粒存在一定的粒径分布，而起封堵作用的颗粒尺寸必须小于渗流通道的开度，并大于渗流通道开度的1/3。这部分颗粒在渗流压差作用下可以进入渗流通道，在孔隙喉道处、裂缝变小或弯曲处通过架桥作用、捕集作用、沉积作用等产生封堵，而且随着时间增加封堵强度增大，颗粒发生弹性形变，封堵层的渗透性进一步降低，直至将目的层堵死。即实现单粒架桥 – 变缝为孔 – 逐级填充（二次、三次架桥）– 最后填"死"，达到油气层永久封堵的目的。

3. 成网滞留机理

堵剂进入地层后，组分中的有机成分带有大量的活性基团，能迅速吸附在漏失层的岩石表面上，并相互吸附、搭桥形成三维网架结构，将其他组分聚凝在一起，经后续堵剂的不断相互叠加作用，网架结构逐步密实，强度增大，从而增大了堵浆在地层中的流动阻力，限制其向地层深部的流动，有效抑制漏失，实现了堵剂在地层的有效驻留。

4. 固化胶结机理

堵剂中的复合胶凝材料在井温下发生水固化反应，并与有机组分发生交联，形成堵塞物化反应，并与有机结构剂发生交联，形成的堵塞物具有较高的本体强度和界面胶结强度，同时添加剂中的改性橡胶、耦联剂可提高固化体同地层、水泥石的胶结强度，改善界面性能，增强固化体结构的致密性和韧性，进一步提高本体与界面的胶结强度。

封堵层的失效往往不是封堵层本身的强度不够，而是与周围界面的胶结强度不够。因此，在保证封堵层本体强度的基础上，强化封堵层与封堵界面的胶结强度和封堵层自身的韧性和致密性，是封堵成功的技术关键。与文96储气库堵剂体系相比，提高耐温性和不同渗透率条件下的气密封性是研究的关键，同时为了满足储气库封堵施工的时限要求，需要优化不同类型的水泥浆助剂，以增加水泥浆的稠化时间、降低黏度、耐温能力、延长可泵送时间、改善流变性能等，研制一种适用于文23储气库的新型复合架桥裂缝封堵体系。

（二）体系的研制

1. 胶凝固化剂用量

按水灰比1∶1.4配制均匀浆体，120℃固化，并在该温度下测定不同胶凝固化剂加量下的稠化时间，在常温下测定试样固化后的抗压强度，实验结果见表7-5。

表7-5 胶凝固化剂用量对稠化时间、抗压强度的影响

固化剂浓度/%	稠化时间/h	抗压强度/MPa
0	3.5	17
1.0	3.9	20
3.0	3.8	21
5.0	3.9	22
7.0	4	22

由表7-5可知，凝结体抗压强度与固化剂加量关系不大，稠化时间随固化剂加量的增加而明显缩短。为了现场施工的安全性，优化胶凝固化剂浓度为1.0%～3.0%。

2. 触变调节剂用量

按水灰质量比1:1.4配制均匀浆体，胶凝固化剂3%，在常温下测定触变性能，120℃固化并在该温度下测定不同触变调节剂加量下堵剂浆液的稠化时间。

表7-6　触变调节剂用量对稠化时间的影响

触变调节剂浓度/%	稠化时间/h	G_{10s}/Pa	G_{10min}/Pa
0.3	3.5	4.6	14.0
0.4	4.0	4.8	14.4
0.5	4.1	5.0	15.0

由表7-6可知，触变调节剂加量对稠化时间影响不大。堵剂的静切力初值（G_{10s}）为4.6～5.0Pa，终值（G_{10min}）为14～15Pa。堵剂浆液触变性良好，在停泵时切力能较快地增大到某个适当的数值，既利于堵剂悬浮不易漏失，又防止静止后开泵时泵压过高。优选触变调节剂的最佳用量为0.3%～0.5%。

3. 高温缓凝剂用量

文23储气库气藏温度高，常规缓凝剂往往失效快，考虑到现场配液及分散性能，采用液体类新型高温缓凝剂Ⅰ型高温缓凝剂优化配方浓度。按水灰质量比1:1.4配制均匀浆体，胶凝固化剂3%，触变调节剂0.4%，改变Ⅰ型高温复合缓凝剂用量，不同温度下，高温复合缓凝剂对稠化时间的影响见表7-7。

表7-7　Ⅰ型复合高温缓凝剂对稠化时间的影响

稠化时间/h ＼ 温度/℃ ＼ 缓凝剂/%	100	110	120
1.0	6	6	4
1.2	8	7	6
1.4	10	8	7
1.6	13	9	9
1.8	14	10	9
2.0	14	10	9

由表7-7可知，不同温度下，随复合缓凝剂加量增大，稠化时间延长，同一复合缓凝剂加量下，温度增加，稠化时间缩短。通过调节复合缓凝剂用量，可以满足气层封堵的现场需要，其最佳用量为1.0%～1.6%。

4. 网架结构剂用量

文23储气库经过多次压裂，人工裂缝多且复杂。通过添加柔性结网纤维等网架结构添加剂，能够迅速在近井亏空地带、大孔道、裂缝中形成致密、不渗透、网状"水泥饼"，（图7-8），可增强堵剂抗冲击性，在交变压力大的情况下，能长期有效封堵。

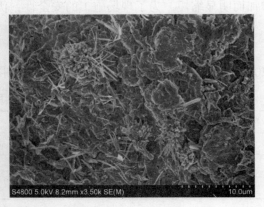

图7-8　网架结构形成剂在裂缝的微观形貌图像

按水灰质量比1:1.4配制均匀浆体，胶凝固化剂3%，触变调节剂0.4%，高温缓凝剂1.5%，不同用量的网架结构形成剂对抗压强度的影响结果见表7-8。

表7-8　网架结构形成剂对抗压强度的影响

温度/℃ 抗压强度/MPa 网架结构剂/%	100	110	120
0	21	21	21
2	22.5	22.5	22
5	24	24	24
8	24.5	24.5	24.5
10	25	25	25
12	25	25	25

由表7-8可知，在不同温度下，不同浓度的网架结构剂都能增加复合体系的抗压强度，通过调节其用量，可以满足不同裂缝发育的老井深层封堵的现场需要，优化现场最佳用量5%~10%。

二、封堵剂的室内评价

(一)体系的基本性能

1. 粒径分析

用激光粒度分析仪Marlven3000对气层封堵剂粒径大小进行评价，实验结果如表7-9~表7-11和图7-9、图7-10所示。通过分析粒径大小可知：高温缓膨气密封堵剂粒径中值分别为11.1μm和8.9μm，高温缓膨气密封堵剂更容易进入地层深部。高温缓膨气密封堵剂 3～30μm 的中间颗粒占 60% 以上，而粒径范围决定堵剂的最终强度；大于 60μm 的粗颗粒因水化程度低，气层封堵剂所占比例不超过 10%，因此，从体系粒径组成上可以说明气层封堵剂具有较高强度。

表 7-9　高温缓膨气密封堵剂粒度检验报告

粒度/μm	体积范围内/%	粒度/μm	体积范围内/%	粒度/μm	体积范围内/%	粒度/μm	体积范围内/%	粒度/μm	体积范围内/%	粒度/μm	体积范围内/%
0.0100	0.00	0.0876	0.00	0.767	0.32	6.72	4.36	58.9	0.55	516	0.00
0.0114	0.00	0.0995	0.00	0.872	0.45	7.64	4.70	66.9	0.25	586	0.00
0.0129	0.00	0.113	0.00	0.991	0.60	8.68	5.00	76.0	0.07	666	0.00
0.0147	0.00	0.128	0.00	1.13	0.76	9.86	5.22	86.4	0.00	756	0.00
0.0167	0.00	0.146	0.00	1.28	0.92	11.2	5.37	98.1	0.00	859	0.00
0.0189	0.00	0.166	0.00	1.45	1.08	12.7	5.42	111	0.00	976	0.00
0.0215	0.00	0.188	0.00	1.65	1.25	14.5	5.38	127	0.00	1110	0.00
0.0244	0.00	0.214	0.00	1.88	1.42	16.4	5.23	144	0.00	1260	0.00
0.0278	0.00	0.243	0.00	2.13	2.61	18.7	4.97	163	0.00	1430	0.00
0.0315	0.00	0.276	0.00	2.42	1.81	21.2	4.61	186	0.00	1630	0.00
0.0358	0.00	0.314	0.00	2.75	2.03	24.1	4.16	211	0.00	1850	0.00
0.0407	0.00	0.357	0.00	3.12	2.28	27.4	3.65	240	0.00	2100	0.00
0.0463	0.00	0.405	0.00	3.55	2.57	31.1	3.09	272	0.00	2390	0.00
0.0526	0.00	0.460	0.00	4.02	2.89	35.3	2.51	310	0.00	2710	0.00
0.0597	0.00	0.522	0.00	4.58	3.24	40.1	1.94	352	0.00	3080	0.00
0.0679	0.00	0.594	0.12	5.21	3.61	45.6	1.41	400	0.00	3500	
0.0771	0.00	0.675	0.21	5.92	3.99	51.8	0.94	454	000		

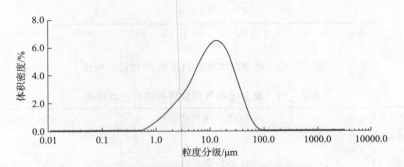

图 7-9　高温缓膨气密封堵剂 1# 粒径分析图

表7-10　高温缓膨气密封堵剂2#粒度检验报告

粒度/μm	体积范围内/%	粒度/μm	体积范围内/%	粒度/μm	体积范围内/%	粒度/μm	体积范围内/%	粒度/μm	体积范围内/%	粒度/μm	体积范围内/%
0.0100	0.00	0.0876	0.00	0.767	0.45	6.72	5.34	58.9	0.00	516	0.00
0.0114	0.00	0.0995	0.00	0.872	0.62	7.64	5.76	66.9	0.00	586	0.00
0.0129	0.00	0.113	0.00	0.991	0.80	8.68	6.07	76.0	0.00	666	0.00
0.0147	0.00	0.128	0.00	1.13	0.98	9.86	6.25	86.4	0.00	756	0.00
0.0167	0.00	0.146	0.00	1.28	1.17	11.2	6.27	98.1	0.00	859	0.00
0.0189	0.00	0.166	0.00	1.45	1.36	12.7	6.10	111	0.00	976	0.00
0.0215	0.00	0.188	0.00	1.65	1.54	14.5	5.74	127	0.00	1110	0.00
0.0244	0.00	0.214	0.00	1.88	1.72	16.4	5.21	144	0.00	1260	0.00
0.0278	0.00	0.243	0.00	2.13	1.91	18.7	4.53	163	0.00	1430	0.00
0.0315	0.00	0.276	0.00	2.42	2.12	21.2	2.74	186	0.00	1630	0.00
0.0358	0.00	0.314	0.00	2.75	2.37	24.1	2.89	211	0.00	1850	0.00
0.0407	0.00	0.357	0.00	3.12	2.66	27.4	2.06	240	0.00	2100	0.00
0.0463	0.00	0.405	0.00	3.55	3.01	31.1	1.30	272	0.00	2390	0.00
0.0526	0.00	0.460	0.00	4.02	3.41	35.3	0.69	310	0.00	2710	0.00
0.0597	0.00	0.523	0.09	4.58	3.86	40.1	0.27	352	0.00	3080	0.00
0.0679	0.00	0.594	0.18	5.21	4.36	45.6	0.00	400	0.00	3500	
0.0771	0.00	0.675	0.30	5.92	4.86	51.8	0.00	454	0.00		

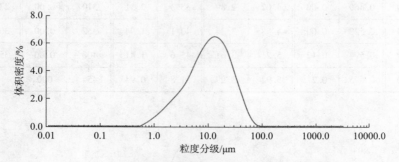

图7-10　高温缓膨气密封堵剂2#粒径分析图

表7-11　高温缓膨气密封堵剂粒径统计结果

粒径指标	高温缓膨气密封堵剂1#	高温缓膨气密封堵剂2#
粒径中值/μm	11.1	8.89
粒度/μm	0.263~265.145	1.8425~138.596
粒度分布3~30μm	65.75%	63.58%
粒度分布>60μm	5%	8%

2. 触变性

在室温条件下将气层封堵剂与水体积比 1：
1.2 配制 1000mL 堵剂浆液，将配制好的堵剂置于
马氏漏斗内，分别测定静置 1min、2min、10min、
15min、20min、25min、35min、40min 后堵剂完全
流出漏斗所需的时间，如图 7 – 11 所示。

由图 7 – 11 可以看出，气层封堵剂显示了良
好的触变性，在堵剂静置一定时间之后其流动能
力明显变差，特别是在 30min 后堵剂流动能力很

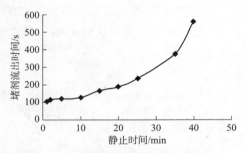

图 7 – 11　不同静置时间后堵剂完全
流出漏斗所需的时间曲线

差，这说明堵剂能在地层缝隙内有效驻留，确保有效封堵。

3. 稠度

用于封层和窜槽的高强度堵剂种类较多，但堵剂的性能及施工工艺仍需完善。针对文
23 块油气藏的地层特点，考虑堵剂的滞留性和封堵强度，通过加入不同的添加剂使堵剂
具备"直角稠化"的性能，复配不同粒径的颗粒来逐级封堵裂缝。需要注入的堵剂浆体初凝
至终凝的时间很短，具有"直角稠化"的特性，减少层间窜流。所以本文在室内采用增压稠
化仪来测定温度 120℃，压力为 50MPa 下的稠度特征。

实验步骤：装好浆杯，把浆杯放入釜体中，用电位计夹把电位计放入釜体，盖上釜
盖，插入热电偶，开泵把压力打到 2 ~ 3MPa 时，关泵保持住釜体内的压力，没有漏压的现
象。打开加热器、计时器、时间报警开关，泵的开关向下打开，打开电脑，启动采集软件
测量。实验结果如图 7 – 12 所示。

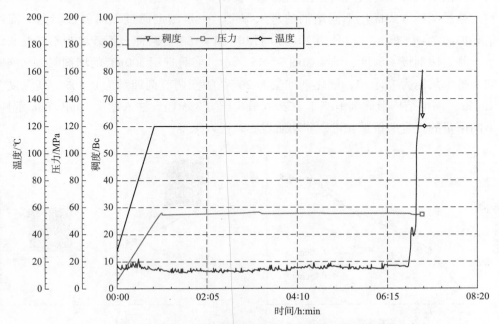

图 7 – 12　高温缓膨气密封堵体系稠化时间图

如图 7-12 实验结果表明，在 120℃ 条件下稠化时间 4~9h，初始稠度小于 35Bc，经过 6h 后稠度迅速增加达到 80Bc，具有"直角稠化"的特性。

4. 悬浮性

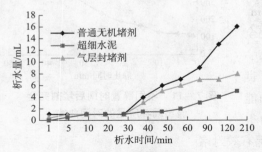

图 7-13　堵剂悬浮性对比

将气层封堵剂、普通无机堵剂、超细水泥堵剂均按与水体积比 1:1 配制 100mL 堵剂浆液，置于 100mL 量筒中，室温下分别测出静置不同时间的析水量并测出最终析水量，同时观察到气层封堵剂与超细水泥堵剂基本无沉淀物，普通无机堵剂中略有少量颗粒沉积在量筒底部。实验数据如图 7-13 所示。

从图 7-13 中可以看出，普通无机堵剂最终析出水 16mL；超细水泥最终析出水 5mL；气层封堵剂最终析出水 8mL。气层封堵剂析水速度较慢，析水量较少，悬浮性能好。

(二)体系的应用性能

1. 评价堵剂侵入深度

堵剂注入能力是产层封堵的关键，控制堵剂侵入深度主要依据体系组成、粒径和触变黏度。对于高压均质低渗油气层，体系采用超细水泥和高温缓凝剂体系，通过调整体系粒径能兼顾处理半径和封固强度，但对于裂缝/高渗段油气层，通过添加新型结网材料控制窜流，地层中形成桥堵，实现架桥-变缝为孔-逐级填充-浆体滤失、稠化-控制堵剂大量进入高渗条带，形成有效封堵，保证储气库长期安全生产运行。

室内通过两种方式优化不同堵剂的进入深度。一是测定通过不同目数筛网的滞留面积，结果如图 7-14 所示。二是用 20~30 目和 120~150 目两种石英砂填制不同的非均质岩心组，测定堵剂侵入深度，结果如图 7-15 所示。实验选用 300mL 的堵剂浆体，实验固定主剂用量水灰比为 1:1.4，固化剂加量为 2%，触变调节剂加量为 0.4%，高温复合缓凝剂 1.4%，网架结构形成剂 10%，在挤入最高压力 35MPa，注入速度 10mL/min 条件下，测定不同用量的复合架桥颗粒进入非均质岩心的侵入深度。

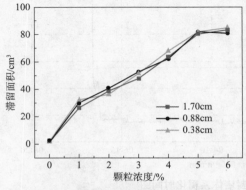

图 7-14　堵剂颗粒浓度与滞留面积的关系

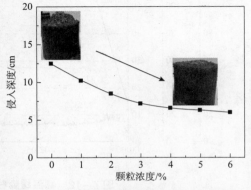

图 7-15　堵剂颗粒浓度与侵入深度的关系

由图 7-14、图 7-15 可知，新型复合纤维架桥模式实现复杂人工压裂裂缝的高效驻留，添加结网剂堵剂体系滞留面积扩大 90.2%，且随着颗粒浓度增加，体系侵入深度下降，这说明复合体系既控制裂缝条带的驻留，又能使后续体系较均匀地侵入各个气层，满足不同渗透率气层的封堵能力。

同时，当复合架桥颗粒的用量在 0~2.0% 时，滞留面积 <36cm²，侵入深度 >8.0cm；复合架桥颗粒的用量在 2.0%~4.0% 时，能形成较大的滞留面积，在 36~80cm² 间快速增加，侵入深度从 8.0cm 快速降到 6.0cm；复合架桥颗粒的用量在大于 4.0% 时，滞留面积增速降低，侵入深度增速减少。由此确定复合架桥颗粒的最佳用量为 2.0%~4.0%。

2. 抗压强度

按照标准用两种堵剂制作出标准试块，在高压养护釜中平稳升温、升压 90min，使压力达到 21.7MPa，温度达 120℃，养护 48h 后应用 YAW-300 抗压实验仪测定新型堵剂的抗压强度为 25MPa，强度大，能满足文 23 储气库的封堵要求。

3. 壁面胶结强度

堵剂体系在井筒内凝固后主要与套管内壁接触，由于套管与堵剂成分不同，胶结壁面是流体突破的最薄弱环节，因此壁面胶结强度的高低直接影响老井封堵效果。室内通过加入钝化金属粉等膨胀剂，使得堵剂体系略微膨胀，具有较好的自愈功能，与套管壁胶结更加致密和紧密，增强胶结面强度。主剂体系、新型体系和加入微膨胀剂体系水封固钢管后的壁面胶结强度见表 7-12。

表 7-12　各体系与套管壁面胶结强度实验结果

体系	气测突破压力/MPa	抗窜性能/(MPa/cm)
主剂	4.3	0.62
新型复合体系	9.5	1.36
加入微膨胀剂体系	12.5	1.78

由表 7-12 可见，新型体系和加入微膨胀剂体系的钢管壁面胶结气测突破压力均高于主剂体系（水泥石），表明膨胀剂和网结剂的加入改变了水泥石的孔隙结构，增加了水泥石与套管壁面的胶结强度。此外，由于膨胀剂的膨胀作用，使受限状态下水泥石的微细孔隙进一步被挤压充填，致使在钢管内凝固后的水泥石渗透率大幅降低，抗流体窜流能力得到增强。

4. 堵剂气密封性

用高压平流泵将气层封堵剂浆体挤入岩心管中，8MPa 下失水养护 48h 后，制成长 5cm，直径 2.5cm 的堵剂棒。将堵剂棒装入岩心夹持器中，以氮气为介质，压力设定为 0.5MPa、3MPa、5MPa、10MPa、15MPa，考察堵剂对气体的密封性。入口压力为 15MPa 时，压力稳定，出口压力为 0。

实验结果表明，以氮气为介质，文 23 储气库的高温缓膨气密封堵剂固结体均可承受 15MPa 压力而不出现漏气现象，说明堵剂本身对气体具有良好的密封性。气层封堵剂固结体可承受 15MPa 压力，而不出现漏气现象，说明堵剂本身对气体的密封性良好。

第五节　老井封堵后监测与质量风险评估

老井封堵作为储气库建设的一个重要环节，关系到储气库投产后注气过程的安全运行。目前国内外还没有形成专门针对储气库封堵评价的标准体系。

一、封堵后的监测

（1）所有井应安装井口，并装压力表，监测生产套管内、生产套管与外层套管环空压力；压力表应定期进行检定，保证压力表工作正常；井口压力等级不应低于储气库运行上限压力。

（2）做好井场维护，严禁井场内堆放杂物，通往井场道路保持通畅，井场应能满足后续二次作业需要。

（3）老井封堵后井口须采取物理防护及圈闭措施，设立警示标志，尤其是针对存在风险井及风险井，更应做好井场防护措施。

（4）定期对井场进行巡检。

（5）如有必要，在井场内可燃气体释放源附近设置检测仪、报警仪；定期检查监测设备和报警仪器，确定其处于正常状态。

二、封堵的质量评估

本文根据文 23 储气库老井封堵的特点与要求，建立了一套针对文 23 储气库老井封堵质量评价方法与技术规范。

（一）评价原则

规范以文 23 储气库老井封堵的主要设计工艺为基础，同时参考相关的石油行业、企业标准而编写，编写过程中遵循了以下原则：

1. 符合性要求

编写过程中查阅了所有老井封堵相关的行业标准和企业标准，确保本标准不与相关的行业和企业标准冲突。

2. 适用性要求

由于本规范针对文 23 储气库的具体情况与设计实施工艺而制定，因此只适用针对文 23 储气库老井封堵的评价，规定了老井封堵质量评价的主要几个方面，包括：封堵井的资料、封堵工艺、封堵堵剂、井下工具、井控设计和作业质量控制等方面。

（二）技术指标的确定依据

主要的技术指标主要是参考行业标准《废弃井及长停井处置指南》（SY/T 6646—2017）与《地下储气库设计规范》（SY/T 6848—2012）的相关要求，结合文 23 储气库老井封堵的相关设计技术指标而确定。参考标准：

常规修井作业规程　第 14 部分：注塞、钻塞　SY/T 5587.14—2013

废弃井及长停井处置指南　SY/T 6646—2017

油气藏型地下储气库安全技术规程　SY/T 6805—2010

地下储气库设计规范　SY/T 6848—2012

废弃井封井处置规范　Q/SH 0653—2015

（三）评价内容

封堵评价主要包括了以下主要内容。

1. 待封堵井井筒状况评价

储气库老井的井筒状况直接影响老井封堵工艺的设计、封堵实施过程的难易与后期的封堵效果，因此需对封堵井的井筒状况进行评价，主要是对封堵井的原始固井质量、井筒套损情况、井筒内落物及环空带压等情况进行评价。

根据文 23 储气库老井封堵质量评价的相关要求，将封堵井筒评定分为三个等级。

2. 封堵工艺评价

封堵工艺评价主要是对封堵井设计基础资料、封堵井筒准备、封堵井段设计、挤堵工艺设计、封堵工艺变更、封堵工艺实施等方面提出要求。参照封堵设计资料的齐全程度、封堵设计及变更设计情况及老井封堵实施情况进行评定。根据文 23 储气库老井封堵质量评价的相关要求，将封堵井工艺评定分为三个等级。

3. 封堵施工材料评价

封堵材料应能满足储气库长期高压和交变应力条件下永久密封的要求，并且能够满足现场施工的要求。根据文 23 储气库的设计要求，其所用材料应满足设计要求。

4. 封堵检验评价

根据相关标准的要求，储气库封堵水泥候凝后，对封堵井段进行探水泥塞面。

5. 水泥塞面的检验

加深油管、钻杆等工作管柱至水泥塞面，加压 5~10kN 探两次。此时井内油管、钻杆等工作管柱的深度就是水泥塞的深度。

6. 压差检验

封堵井灰塞试压，在满足试压条件下，可用油管柱、探塞管柱、钻塞管柱或空井筒进行试压，试压介质为清水或修井液等，进行正向泵注加压 15MPa，稳压 30min 压降不大于 0.5MPa，加压检验合格。

7. 封堵施工交井评价

按评价规范要求，文 23 储气库的老井封堵，施工完成后封堵井安装井口并带压力表，井场外观平整，封堵后采取物理圈围，设立警示标志，井场满足后续二次作业需要。

8. 封堵质量综合评定

根据工艺设计与实施情况，封堵堵剂与井下工具的使用情况，封堵后的试压与检验情况，材料是否完备情况等，将文 23 储气库老井封堵质量进行了等级划分。

三、封堵后风险管控

（1）随时观测库区范围内的观察井，尤其是封堵井的邻井等情况，对储气库进行安全监测和运行动态观察，以便及时检测泄漏到任何层位的气体等。

（2）应定期进行封堵井的液面检测，如可实现，应做好套管受腐蚀程度的检测。

（3）对于带压井，做好井口放压与取样工作，必要时井口放置罐体用于收集放压排出的液体，放压过程中需安排专人值守，确保放压安全，待井口油压降至0后停止放压。

（4）储气库投产注气过程中，应加大井场巡检频次，对于风险井，应有专人负责或采取远程监控措施，实时观察井内压力变化情况。

（5）储气库内封堵井应建立详细的单井井史资料档案，并发放到相关人员，方便查询井况资料，以便及时采取措施。

综上所述，文23储气库由于强注强采工况，安全要求较高，老井封堵以后在井口安装了压力监测及信号远传系统，提高了管理效率，在运行过程中也要加强封堵井的定期井口巡检和压力监测，做到早发现，早采取措施。

第六节　典型井例

文23储气库老井在封堵过程中，发现地层渗透率和孔隙度变大、层间非均质性加强，堵剂难以进入物性差的地层，导致封堵效果不佳，且在开发过程中造成地层亏空严重，导致堵剂驻留困难，增加封堵难度，地层经压裂改造后，地层孔喉半径增大，堵剂与储层孔喉半径的配伍性变差，进一步加大封堵难度。

本文以文23-4和文23-35井为例，阐述了文23储气库老井封堵工艺技术，以钻塞试压的方式，验证了动态注入工艺的封堵效果。

一、文23-4井

文23-4井位于东濮凹陷中央隆起带文留构造。经过资料分析，分类为封堵井，本次作业目的为封堵废弃。

（一）前期生产情况

该井射开层位S_4^{3-6}，井段2870.5～3003.5m，69.9m/26n，共764孔，发射率100%，射后自喷，测得静压为37.13MPa。其基础数据表见表7-13。

1995年8月8日油套合压，投二压二，层位S_4^{3-6}，井段2870.5～3003.5m，油层厚度69.9m，油层层数26层，压入总液量232m^3，平均砂比26.7%，排量3.72m^3/min，破裂压力33.4MPa；第二次压裂投球310个，压入总液量208m^3，平均砂比26.3%，工作压力44.6～29.8MPa，排量3.51m^3/min，破裂压力38.9MPa，停泵压力13.5MPa，8月11～13日放喷进站恢复生产。

表 7 – 13　基础数据表

完钻井深/m	3074.54m	水泥返高/m	1928.5m
完钻层位	沙四下亚段	固井质量	1928.5~2405m 优气库目的层段固井质量差
联入/m	4.68	钻井泥浆密度/(g/cm³)	1.52~1.60
最大井斜/(°)	5.25/2350	生产层位	ES_4^{3-6}
人工井底/m	3050.08	生产井段/m	2870.5~3003.5
砂面/m	2978.54	油层厚度/m/n	69.9/26

2000 年 9 月进行油管检测时发现油管穿孔，于 2001 年 5 月实施检管作业。

2006 年 8 月 7 日测套管腐蚀：40~2040m 井段，套管内壁无明显腐蚀迹象，剩余壁厚 9.17m。

2006 年 8 月 8 日环空注入压裂，投二压二，层位 S_4^{3-6}，井段 2870.5~3003.5m，油层厚度 69.9m，油层层数 26 层，总液量 593.4m³，加 0.45~0.9mm 陶粒砂 41.2/31.2m³，破裂压力 33.9/35.6MPa，排量 6.9/7.0m³/min，捞砂至 2978.54m。

（二）施工设计

该井技术套管水泥返高至 1420.5m，油层套管水泥返高至 1928.5m，油套固井有连续 477m 固井质量为优，在气库目的层段油层套管固井质量差。根据储气库封堵强度要求，设计有效封堵半径为 2.0m，且考虑孔隙度、地层非均质性等因素，施工用量确定为 137m³，现场实施"一段一调整"多段塞实时动态封堵工艺，堵剂段塞设计见表 7 – 14。封堵层位为 S_4^{3-6}，生产层段 2870.5~3003.5m，油层厚度 69.9m/26n，施工参数见表 7 – 15。

表 7 – 14　文 23 – 4 堵剂段塞设计

段塞名称	堵剂设计	堵剂用量/m³	压力范围/MPa
①试注测压段塞	堵剂主体	40	0~5
②裂缝桥堵段塞	主体堵剂体系＋刚性桥接剂/结网剂	55	5~20
③均衡侵入段塞	主体堵剂	42	20~28

表 7 – 15　文 23 – 4 设计数据表

封堵井段/m	承留器位置/m	堵剂用量/m³	顶替清水/m³	排量/(m³/min)	最高压力/MPa
2870.5~3003.5	2850	137	8.3	0.1~0.3	25

（三）文 23 – 4 井现场施工情况

在所有施工井中，文 23 – 4 井是难度最大、漏失量最严重的。通过加大结网材料用量和网架结构形成剂（防止漏失、固化体本体强度），可增强堵剂抗冲击性，在交变压力大的情况下，加强长期驻留能力，调整微晶膨胀剂部分性能，可以保证堵剂固结体在一定的时间产生微膨胀，堵剂固结体具有较好的自愈功能，使堵剂固结体和地层岩石、套管壁胶结更加致密和紧密。通过现场情况分析,优化体系的防止高漏失性能得到大幅提升,实现注入量不变的情况下封堵性能提高。

2017年7月31日对2870.5~3003.5m,跨度133m(厚度69.9m/26n)井段挤堵。配制浆体137m³,堵剂进入地层126m³,施工过程中通过注入排量控制压力,压力缓慢上升,最高达28.0MPa。挤堵施工结束时,压力为28.0MPa,稳压15min,拔出插管。施工后试压15MPa,30min压降≤0.5MPa,试压合格。达到工程对挤堵施工压力要求。施工曲线见图7-16。

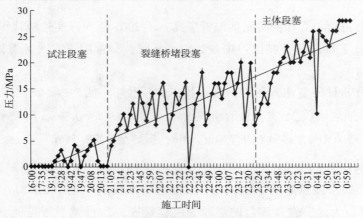

图7-16 文23-4施工曲线

二、文23-35井逐层钻塞试压评价

为确定一次封堵成功率,优选典型井,开展地层挤堵试验,按原油层挤堵工艺施工,对小层依次钻塞试压,根据试验结果进行工艺优化。试验井选择依据:井筒状况良好,无须进行复杂井筒处理,固井质量良好,储气库利用层位均射孔,小层物性原始资料齐全,且物性差异较大。根据以上原则,优选了文23-35井作为现场试验井。

按照封堵施工设计,该井于2017年7月25日和2017年8月4日进行两次封堵施工。封堵漏失段2832.3~2897.76m,用气层封堵体系水泥浆12m³。封堵射孔井段2920.8~3043.0m,跨度123m(厚度49.6m),用气层封堵体系水泥浆99m³,两次共注入堵剂111m³。

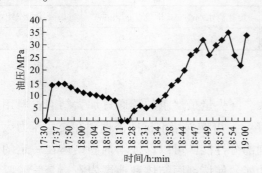

图7-17 文23-35井第一次封堵施工压力曲线

第一次对漏失段2832.3~2897.76m封堵,施工后试压15MPa,30min压降≤0.5MPa,试压合格。施工曲线见图7-17。

第二次对射孔段2920.8~3043.0m封堵,施工后试压15MPa,30min压降≤0.5MPa,试压合格,达到工程对挤堵施工压力要求。施工曲线如图7-18所示。

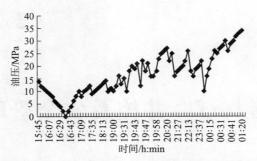

图7－18　文23－35井第二次封堵施工压力曲线

　　综上所述，现场老井封堵需要现场根据堵剂进入及起压历程特点，现场调整堵剂性能，对气层进行严格封堵，保证封堵效果。文23储气库已封堵实施44口井(共69井次)，其中9井次进行逐层钻塞试压，试压全部合格；其余井对塞面试压合格。截至目前封堵井均未起压，说明文23储气库老井封堵均达到了设计要求。

第八章　井控及安全管理

　　储气库注采井为高含气井，一般储气库注采井组内存在数口甚至十数口注采井，相邻井间距很小。井场周边有农田、民宅、工厂、集市等人口密集场所以及易燃易爆场所，属于一级风险井。针对注采井修井作业施工和后期的投产运行环节应提出防喷、防火、防污染等高标准的井控要求。本章内容主要介绍文 23 储气库工程建设过程单元和投产运行单元所设计使用的井控技术和安全环保管理要求。

第一节　概述

　　文 23 储气库工程注采完井施工井控安全主要涉及井口安全控制系统、作业井控装备、压井工艺，以及通井、刮削、气举、射孔、下完井管柱等作业环节。根据 2019 年注气计划安排，已开始对部分平台进行注气生产。考虑到文 23 气藏内部断层并不封闭，主块储层连通性好，部分新井井距较小，高压气体扩散风险可能影响邻井作业等因素，分析了注气扩散对邻井注采完井施工的影响。针对封堵井、注采井、异常井在生产运行过程中可能存在的风险进行识别，并做出相应的控制措施，使风险在可控范围内。

　　文 23 储气库井控主要技术难点在于：单井建设初期的井筒准备工作需完善井口、安装防喷器组、配套地面流程对井筒进行试压时的井控要求；为降低井筒液面，进行氮举排液工艺以及后续的反替射孔压井液工艺时需对作业平台、防喷器组、采气树进行反复拆装期间的井控要求；射孔工艺中射孔后的压井作业及后续的起管作业时的井控要求。

第二节　井控技术

　　本节以文 23 储气库单井投产建设施工作业井控实践为主，秉承"安全第一，预防为主"的井控方针，以"杜绝一切安全事故发生，防止一切伤害事故、尽量减少对环境的影响"为目标；通过前期充分准备，针对注采投产作业环节和生产运行环节两方面进行井控管理技术设计。确保储气库工程建设安全、平稳、高效实施。

一、井控技术总体设计

　　井控也叫井涌控制或压力控制，是指在作业施工过程中采取一定的方法控制地层压力，以保持井内压力平衡和作业施工的顺利进行。根据井涌规模和采取的控制方法的不同，井控作业分为三级，即一级井控、二级井控和三级井控。一级井控是指采用合理的压井液和技术措施使井底压力稍大于地层压力，防止出现溢流。二级井控是指在产生溢流的情况下，使用井口控制设备，按照一定的操作程序来控制溢流，并建立起新的井底压力平衡，恢复正常循环，使之重新达到一级井控状态。三级井控是指井喷失控后，使用适当的技术和设备抢险，重新恢复对井的控制过程，也就是井喷抢险。

井控设计的目的是满足施工过程中对井下压力的控制、防止井涌、井喷以及井喷失控事故的发生。井控设计的主要内容包括合理的井场布置、符合采油采气及井控要求的井口装置、适合油气层特性的压井液类型、合理的压井液密度以及确保井控安全的工艺与施工措施等。

在文 23 储气库单井建设井下作业过程中，受地质、井况、施工工序等各种因素的影响，有可能发生井涌和井喷甚至井喷失控，给公众的生命财产带来重大损失，也会给周边环境造成严重污染。因此，文 23 储气库气井完井作业，不但要有严格的作业井控技术标准和规程，更要有可靠的井控技术措施，做到立足一级井控，避免二级井控，杜绝三级井控，以最大限度地满足高含硫气井作业安全的需要。

文 23 储气库在单井建设过程中，作业起下管柱易引起压力激动，造成地层漏失或气侵等井下复杂情况，甚至导致井涌、井喷等事故。为了保证起下管柱的作业井控安全，储气库在投产作业过程中采取了灌注压井方式、优化组合防喷器组、配套内防喷工具等多项井控措施实现井底、井筒和井口安全。

井控工作是一项系统的安全工程，牵涉到设计、装备配套、生产组织、现场管理等多个环节。我们必须不断提高井控意识、技术素质和管理水平，才能更安全、优质、高效地实施井下作业施工。

二、井控技术准备

(一)压井液及压井工艺

1. 压井液设计依据

压井液性能不稳定或防漏能力不足，可能造成压井液漏失而诱发井喷；压井液黏度过高会造成压井液无法正常循环脱气以至压井液密度下降诱发井喷，压井液降解性能不足可能对储层造成伤害，影响注采气井的注采能力等。文 23 储气库气地层水矿化度（26 ~ 30.2）$\times 10^4$ mg/L，氯离子含量（14.64 ~ 18.39）$\times 10^4$ mg/L，$CaCl_2$ 型水，凝析油含量 10 ~ 20g/m^3。地层温度 114.3℃，地温梯度 3.44℃/100m，入井液各组分应充分考虑储层高温和高矿化度等特征可能对入井液性能的影响，最大程度上实现储层保护的目的。

针对上述情况，储气库压井液以及环空保护液的设计原则如下：

①采用低伤害无固相射孔压井液，添加黏土稳定剂，防止射孔压井液滤液侵入储层引起水敏损害，添加防水锁剂，防止水锁造成的损害。

②根据钻井提供的地层层序、地层压力预测等资料和要求，采用低滤失无固相压井

液，加入黏土稳定剂，防止压井液滤液侵入储层引起水敏伤害；添加稠化剂和降滤失剂，防止压井液大量漏失；添加缓蚀剂，减少压井液含氧量，防止电化学腐蚀，有效防止油、套管的腐蚀。

③储气库设计寿命长，管柱使用周期长，采用低腐蚀长效环空保护液，添加阻垢剂、抑菌剂和除氧剂，保护套管及生产油管，降低套管及生产油管的腐蚀速率。保障储气库长期稳定运行。

2. 压井液技术指标

压井液密度（1.02±0.07）g/cm³，表观黏度≤50.0mPa·s，具体性能指标见表8－1。压井液用量按1.5倍井筒容积计算。

表8－1　射孔压井液性能指标

检测项目	性能指标
防膨率/%	≥80.0
密度/（g/cm³）	1.02±0.07
表观黏度/mPa·s	≤50.0
API滤失量/（mL/30min）	≤25.0
表面张力/（mN/m）	≤28.0（滤液）
配伍性	与其他入井液及地层配伍性好

3. 压井工艺

为了达到地层少进液、少污染的目的，射孔后采用灌注方式压井。灌注量及灌注速度依据射孔后实测液面下降的速度来确定，保持井筒内液柱压力比地层压力高3~5MPa。

灌注速度确定：射孔后观察8h，每30min测一次液面，至液面基本稳定，根据液面下降速度计算漏失指导灌注速度。在观察测液面过程如有套压上升，每次灌注10m³压井液观察、测液面，直至循环压井。

压井作业要求：根据现场施工情况采用灌注或循环压井方式，不喷不漏方可动井口。若地层压力低，无法建立循环而又不能保持井筒常满状态的，应根据所测井筒动液面情况确定灌液量。

（二）井控装置

井控装置是指实施油气井压力控制所需要的一整套装置、仪器、仪表和专用工具，是采油采气生产施工必须配备的设备。为满足储气库作业施工过程中应对地层压力、地层流体、井下主要参数等进行准确监测和预报，当发生溢流、井喷时，能迅速控制井口，控制井筒中流体的排放，并及时用压井液重新建立井底与地层之间的压力平衡。即使是发生井喷失控乃至着火事故，也具备有效的处理条件。合理使用井控装备是井控安全的硬件保障。在起下射孔管柱、射孔过程中和下完井管柱时采用压力级别的防喷器组，配套司控台、液压远控房。入井管柱配备内防喷工具，地面流程配有压井节流管汇、环空监测管汇，从硬件上保证了作业施工中的井控安全。为储气库工程的建设顺利进行提供安全保障。

文23储气库所用的井控装置，主要有套管头、防喷器组及控制系统、节流压井管汇、环空监测管汇等。

1. 防喷器组设计

防喷器是井控装备的核心部件。常用的有手动防喷器和液动防喷器。手动防喷器结构简单、成本低、耐压低；液压防喷器操作简单、安全可靠。一般情况下，较浅的低压油气井可配备简易手动防喷器，较深的高压油气井应配备液压防喷器。防喷器的公称尺寸即防喷器的通径，指能通过防喷器中心孔最大管柱尺寸，其大小取决于作业井的管柱尺寸，必须略大于所下管柱直径。防喷器的压力等级应与最高地层压力相匹配，根据地质设计要求配套设计所需的防喷器组合形式。

作业施工前必须按照《井下作业安全规程》(SY/T 5727—2014)、《井下作业井控技术规程》(SY/T 6690—2016)等标准要求：在井控车间(基地)，对防喷器做 1.4～2.1MPa 的低压试验和额定工作压力试压试验。井控装置试验介质均采用清水进行密封试压，试压稳定时间不少于 10min，密封部位不允许有渗漏，其压降应不大于 0.7MPa。在作业现场安装好后，井控装置应做 1.4～2.1MPa 的低压试验；在不超过套管抗内压强度 80% 的前提下，防喷器应试压到额定工作压力。

井控装备每次安装、更换部件都要重新进行试压检验，井控管汇现场整体试压后还应对各闸门进行反向试压。防喷器现场安装时，全封、半封防喷器顺序不能装反。与井口法兰连接的钢圈槽、钢圈必须清洗干净，仔细检查无损坏，四个对角螺栓平衡上紧后，再上其他螺栓。螺栓长短、直径应配套，上下螺帽丝扣应上满、上紧。具有手动锁紧机构的闸板防喷器，应装齐手动操作杆并支撑牢固。有钻台的，手轮位于钻台以外，便于操作。手动操作杆中心与锁紧轴之间夹角不大于 30°，两翼操作杆应挂牌标明开、关方向及圈数。具有手动锁紧机构的闸板防喷器长时间关井，应手动锁紧闸板。打开闸板前，应先手动解锁，锁紧和解锁都应先到位，然后回转 1/4～1/2 圈。当井内有管柱时，不允许关闭全封闸板防喷器。若需关闭半封闸板防喷器，应先上提管柱 5～10cm。严禁不提管柱情况下强关防喷器。不允许用打开防喷器的方式来泄井内压力。

闸板防喷器在安装后、钻开每层套管水泥塞前、每次拆卸维修后，都需要用清水进行试压，试压值为额定工作压力，稳压时间不少于 10min，压降不大于 0.7MPa，密封部位无渗漏。井控装置须进行低压、高压试压，低压试压完毕后泄压至零，重新升压至高压试压，不许先试高压后泄压至低压的试压方法。所有试压资料需要存档。

根据文 23 储气库单井投产地质设计要求，文 23 块原始地层压力为 38MPa 左右，目前地层压力为 13MPa 左右；下入的油层套管为 7in(内径 157.08mm)的套管。综合考虑以上情形以及现场井控风险情况合理优化井控装置组合。设计起下管柱作业井控装置系统(从下至上)为：7in 套管头(已安装) + 油管头四通 + 2FZ28－35 防喷器组(半封 + 全封)，其中半封闸板用于封闭油套环空，全封闸板用于封闭无管柱井眼；同时要求现场准备与全封闸板配套的剪切闸板。组合井控装置确保了起下管柱和射孔作业工程中的井口安全。文 23 储气库投产完井作业所使用的防喷器组合形式具体如图 8－1 所示。

2. 井控管汇设计

井控管汇包括节流管汇、压井管汇、防喷管线、放喷管线，节流压井管汇是控制井

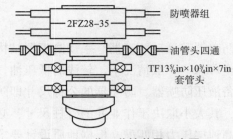

图 8-1　井口井控装置示意图

涌、实施油气井压力控制的必要设备。在防喷器关闭条件下，利用节流阀的启闭，控制一定的套压来维持井底压力始终略大于地层压力，避免地层流体进一步流入井内。此外在实施关井时，可用节流管汇泄压以实现软关井。当井内压力升高到一定极限时，通过它来放喷以保护井口。节流压井管汇的压力等级应与全井防喷器最高压力等级相匹配。管汇公称通径指管线内径。井口四通与节流管汇五通间的连接管线，其公称通径一般不得小于 62mm 且必须接出井架底座以外，节流管汇的主放喷管线通径不得小于 62mm，管线连接不允许焊接。四通至压井管汇间的部件通径不得小于 62mm。

①井控管汇的压力级别及组合形式，符合《井下作业安全规程》(SY/T 5727—2014)、《井下作业井控技术规程》(SY/T 6690—2016)等相关要求，节流管汇和压井管汇的额定工作压力应不低于防喷器组的额定工作压力，各闸门开关状态正确并有状态标识。

②放喷管线、压井管线应采用钢质管线，其通径不小于 50mm。不准使用活动弯头和高压软管，禁止使用焊制弯头。禁止现场焊接井控管汇。

③放喷管线、压井管线每隔 10～15m、转弯处等用地锚或地脚螺栓水泥基墩(长、宽、高分别为 0.8m、0.6m、0.8m)固定；放喷管线转弯处应使用不小于 90°的锻钢制弯头，气井不使用活动弯头连接，放喷管线出口应考虑当地季节风的风向、居民区、道路、油罐区、电力线等情况。

④放喷管线控制阀门、压力表装置距井口 3～5m，控制阀门平时应处于开启状态。

⑤节流、压井管汇试压压力，节流阀前各阀应与闸板防喷器一致，节流阀后各阀应比闸板防喷器低一个压力等级，从外向内逐个试压。放喷管线试压压力不低于 10MPa，试压稳压不少于 10min，压降不超过 0.7MPa。综上设计的作业井控管汇如图 8-2 所示。

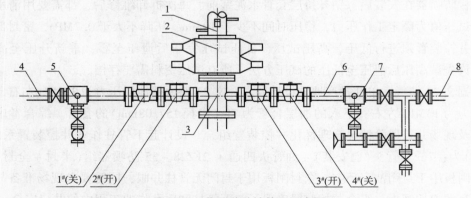

图 8-2　作业井控管汇示意图

1—防溢管；2—双闸板防喷器；3—作业四通；4—辅助放喷管线；5—压井管汇；
6—防喷管线；7—节流管汇；8—放喷管线

注：此图所示闸阀的开关状态：1#闸阀和4#液控闸阀常关；2#闸阀和3#闸阀常开。

3. 内防喷工具设计

在井下作业过程中，当地层压力超过井液柱压力时，为防止地层压力推动井液沿管柱水眼向上喷出，需使用管柱内防喷工具。管柱内防喷工具是装在管柱串上的专用工具，用来封闭管柱的中心通孔，防止管柱内喷，与井口防喷器组配套使用。现场常用的管柱内防喷工具有旋塞阀、井下安全阀、管柱止回阀、背压阀、管柱堵塞器、防顶装置等。

起下钻前准备的35MPa井口内防喷工具2组，备齐不同扣型钻具的变扣短节。现场使用的旋塞阀应保养清洁，灵活好用。旋塞阀专用扳手应放置在井口附近易拿到的地方。禁止使用开关口为五棱及以上的旋塞阀。每次起下管柱前应开、关活动一次，并确保旋塞阀始终处于完全开启状态。

4. 井控装置安装及试压要求

①作业前，按照《井下作业安全规程》(SY/T 5727—2014)、《井下作业井控技术规程》(SY/T 6690—2016)等要求：在井控车间(基地)，对闸板防喷器、四通、压井管汇等做1.4~2.1MPa的低压试验和额定工作压力试压；对节流管汇按照各控制元件的额定工作压力分别试压，并做1.4~2.1MPa的低压试验；对放喷管汇密封试压应不低于10MPa。井控装置均采用清水进行密封试压，试压稳定时间不少于10min，密封部位不允许有渗漏，其压降应不大于0.7MPa。在作业现场安装好后，井口装置应做1.4~2.1MPa的低压试验；在不超过套管抗内压强度80%的前提下，闸板防喷器、四通、压井管汇以及节流管汇的各控制元件应试压到额定工作压力。

②井控装备每次安装、更换部件都要重新进行试压检验，井控管汇现场整体试压后还应对各闸门进行反向试压。

③防喷器现场安装时，全封、半封不能装反。与井口法兰连接，钢圈槽、钢圈清洗干净，无损坏，4个对角螺栓平衡上紧后，再上其他螺栓。螺栓长短、直径应配套，上下螺帽丝扣应上满、上紧。闸板防喷器在安装后、钻开每层套管水泥塞前、每次拆卸维修后，都需要用清水进行试压，试压到额定工作压力，稳压不少于10min，压降不大于0.7MPa，密封部位无渗漏。井控装置须进行低压、高压试压，低压试压完毕后泄压至零，重新升压至高压试压，不许先试高压后泄压至低压的试压方法。所有试压资料需要存档。

④具有手动锁紧机构的闸板防喷器，应装齐手动操作杆并支撑牢固。有钻台的，手轮位于钻台以外，便于操作。手动操作杆中心与锁紧轴之间夹角不大于30°，两翼操作杆应挂牌标明开、关方向及圈数。具有手动锁紧机构的闸板防喷器长时间关井，应手动锁紧闸板。打开闸板前，应先手动解锁，锁紧和解锁都应先到位，然后回转1/4~1/2圈。

⑤当井内有管柱时，不允许关闭全封闸板防喷器。若需关闭半封闸板防喷器，应先上提管柱5~10cm。严禁不提管柱情况下强关防喷器，不允许用打开防喷器的方式来泄井内压力。

三、注采投产作业环节井控管理

(一)射孔作业环节风险因素识别及井控风险防范

1. 枪弹地面爆炸风险

风险分析：在装枪、井口连接过程中，因人员误操作或环境不宜，可能造成枪弹地面爆炸，对周围的人员带来伤害。

风险防范：

①对操作人员进行培训，并制定操作规程。在操作过程中应严格按要求的步骤进行，不得走捷径。

②射孔器组装人员应按照规定穿戴好防静电服，禁止使用手机等通信工具，禁止烟火、组装现场电力设施不应有漏电、电缆破损现象。

③射孔器在井口对接时，不准使用液压钳，应用管钳逐根拧紧，不得使传爆管受到碰撞和挤压。

④射孔枪的装枪、组装以及井场存放必须在指定地点进行，作业区用警示带隔离，严格控制进入作业区的人数，降低枪弹地面爆炸对周围人员的伤害风险。

⑤装炮时应选择离开井口 3m 以外的工作区，圈闭相应的作业区域；距离爆破器材操作现场 15m 以内不允许有明火或产生明火的装置存在。

⑥严格按照《射孔作业安全规程》(Q/SH 1025 0686. 3—2010) 等标准规范要求，避免在大雾、雷雨、七级风以上(含七级)天气及夜间开始射孔和爆炸作业。

2. 射孔枪井下提前引爆风险

风险分析：下射孔枪时，管柱下放速度过快，造成井下压力激动，可能导致射孔枪井下提前引爆，误射非目的层，破坏井筒结构。

风险防范：射孔管柱的下放应连续、平稳，严禁猛提猛放，最大下放速度不大于 5m/min，避免井下压力激动导致射孔枪井下提前引爆。

3. 射孔枪身断裂风险

风险分析：射孔器受到强烈震动和惯性冲击，可能导致传爆中断或炸枪事故，造成枪身断裂，部分枪段掉到井底。

风险防范：优选射孔枪及接头材料，下井前对射孔枪及配套工具进行检查，提高射孔枪连接强度，加强纵向减震能力，降低射孔枪身断裂风险。

4. 射孔管柱遇阻风险

风险分析：射孔管柱变形断裂可能导致射孔管柱起下遇阻。

风险防范：射孔前按设计要求进行井筒处理，保障射孔管柱顺利下井。起下射孔管柱速度平稳、严禁猛提猛放，最大下放速度不大于 5m/min，降低管柱阻卡风险。

5. 射孔枪未起爆或起下枪过程中误爆风险

风险分析：火工器材质量缺陷或现场操作不当，可能导致射孔枪未起爆或起枪过程中误爆。

防范措施：

①对射孔火工器材的选择、验收、装配等严把关，禁止存在质量缺陷的火工器材下井。

②施工过程中严格按照《射孔作业技术规范》（SY/T 5325—2013）等标准规范操作，避免射孔枪误爆。

6. 起射孔管柱过程溢流风险

风险分析：由于地层压力低，射孔沟通储层后会导致压井液液面下降，若压井液补充不及时，可能出现溢流甚至井涌井喷风险。

防范措施：

①射孔后观察 8h，每 30min 测一次液面，至液面基本稳定。根据液面下降速度计算漏失指导灌注压井液量及速度，保持井筒内液柱压力比地层压力高 3～5MPa。

②起下管柱过程中计算漏失量和管柱排代量，边起下管柱边补充压井液，避免压井液漏失导致液柱压力低于地层压力，出现溢流或井涌。

（二）井下作业环节风险因素识别及井控风险防范

1. 动火作业时发生火灾风险

风险分析：井口有泄漏或管线内有残余的油气等可燃物，动火作业时可能着火。

风险防范：

①动火前进行风险评估，申请动火作业许可证并审批通过；无泄压通道的井口在动火前采用带压打孔放压至 0。

②经彻底吹扫、清洗、置换、通风、换气，对作业区域或动火点可燃气体浓度进行检测，合格后由专业人员按照安全措施或安全工作方案要求进行作业。

2. 地层严重漏失风险

风险分析：作业过程可能会沟通到未认识到的异常低压或异常高压层，射孔后可能出现严重漏失等风险。

风险防范：作业时请注意观察井筒压力变化，及时发现溢流并规范处理，避免井喷事故发生。紧急情况下及时关井，根据情况定下步措施。

3. 作业时溢流和井涌风险

风险分析：起下管柱作业过程中，由于抽吸作用影响，可能存在溢流、井涌风险。

风险防范：

①起下射孔、完井管柱作业过程中实施液面监测，根据液面下降速度计算漏失指导灌注压井液量及速度，保持井筒内液柱压力比地层压力高 3～5MPa。

②一旦发现井口外溢，立即在油管上抢装内防喷工具（旋塞阀）并关闭；及时关闭防喷器，测关井压力，根据实际情况采用应急压井液压井。

③大尺寸工具起下过程中，应控制起下钻速度，起下速度不得超过 5m/min，以减少压力波动。边起边灌射孔压井液，不得少灌不灌。

4. 井筒窜漏风险

风险分析：井筒试压时压力达不到试压值或压降超过允许值，井筒窜漏，可能影响后期完井作业及生产。

防范措施：

按设计要求进行井筒试压，若井筒试压不合格，进行测井找漏、落实漏点情况，分析井筒窜漏对完井及生产的影响，制定膨胀管补贴、优化完井管柱结构等措施方案，保障顺利完井及安全生产运行。

5. 打压过程中压力刺漏风险

风险分析：在井口防喷器、采气树等井控装备现场试压、井筒试压等作业过程中，由于管线老化、管线未做地锚锚定、管线未连接好等因素影响，出现压力刺漏、管线崩坏伤人。

防范措施：所有试压操作严格按照设备有关操作规程进行。试压管线连接前检查由壬等是否有密封垫；试压管线从井口至试压泵依次砸紧；高压试压时，分阶梯逐级升压，随时观察，若发生刺漏，立即泄压至0，重新连接管线，若出现人员伤亡事故，立即送医并上报上级部门。

6. 起下管柱阻卡风险

风险分析：前期井筒处理不合格，或者起下管柱速度过快，可能导致起下管柱阻卡。

防范措施：

①按设计要求进行通井、刮削，处理井筒，保障井筒状况满足射孔、完井管柱下入条件。

②起下钻过程中应平稳操作；遇阻时，悬重下降控制不应超过 20～30kN，并上下平稳活动管柱、循环冲洗，严禁猛礅、硬压。提升前，应先检查地锚、钢丝绳等是否牢固，在系统允许的提升力范围内活动解卡，严禁超负荷提升。

③若管柱阻卡，上下活动管柱，若经多次活动管柱无法下入，起出管柱，重新通井和刮管。

7. 井下安全阀无法正常开启风险

风险分析：完井管柱下井过程中，安全阀液控管线挤坏，或安全阀操作压力计算错误、液控管线渗漏等，可能造成安全阀无法正常开启。

防范措施：

①下完井管柱过程中严格执行完井工具操作程序，控制管柱最大下放速度不大于 5m/min，避免因违规操作或管柱下放过快，造成安全阀液控管线挤坏。

②开启井下安全阀操作过程中，关闭采气树主阀，将液控管线压力打压至预计井口关井压力，待安全阀阀板上下压力一致时，提高液控管线压力至安全阀的开启压力。井下安全阀的开启压力 = 关井井口压力 + 安全阀地面最小打开压力 + 500psi（3.5MPa）。

8. 管柱打不起压、封隔器无法正常坐封风险

风险分析：永久封隔器坐封过程中，若完井管柱气密封失效，或者投球不到位，可能造成管柱打不起压、封隔器无法正常坐封。

防范措施：作业前，完井工具准备严格按照供应商产品使用说明书及操作手册等进行施工准备及保养维护。在下井过程对永久封隔器以上油管及短节中逐一进行气密封检测，

合格后才能下井。

9. 封隔器中途意外坐封风险

风险分析：完井管柱下入过程中，完井管柱下入速度过快，造成封隔器碰刮井壁、管内意外压差异常等，可能导致封隔器中途坐封。

防范措施：

①按设计要求进行通井、刮削，处理井筒，保障井筒状况满足射孔、完井管柱下入条件。

②完井管柱下井前，完井工具准备严格按照供应商产品使用说明书及操作手册等进行施工准备及保养维护。

③下完井管柱过程中严格执行完井工具操作程序，操作平稳，严禁猛提猛放，控制好下入速度，在下管柱过程中，最大下放速度不大于 5m/min，避免管柱下放过快造成封隔器意外坐封。

10. 钢丝作业存在的各种风险

风险分析：钢丝作业时因使用设备不当或易损部件准备不足，可能引发作业事故或影响作业时效；工具串通井时下放速度过快，可能造成钢丝打扭等事故；钢丝作业期间放气环节，可能发生爆燃等事故。

防范措施：

①作业前要全面了解作业中的管柱结构、井斜、造斜点位置，使用设备、工具、材料的类型，避免因使用设备不当造成作业事故。

②设备中易损部件要有足够的备件，避免引发作业事故或影响作业时效。

③为避免造成钢丝打扭等事故，工具串通过有变径、造斜点、方位角和曲率半径变化明显点时要缓慢通过，建议钢丝下放速度低于 20m/min。

④为防止发生爆燃等事故，钢丝作业期间，不许有任何动火作业，使用的工具应防爆。

11. 机械伤害、人员触电等安全风险

风险分析：施工过程中，因作业准备不充分、人员操作不规范、用电线路老化和未接地等，存在机械伤害、人员触电等安全风险。

防范措施：

①作业前落实好井筒和井场周围地面情况，要求将施工设计对作业队施工人员进行技术交底，待达到油气井作业安全施工条件后方可进行施工；施工前施工单位根据作业内容，编写好《井控安全预案》。

②作业区用警示带隔离，施工现场用警示绳围挡设立警戒区域并设置安全警示标示，严格控制进入作业区的人数。

③施工操作人员应明确操作程序，仔细做好各项准备工作以及需用的各类设备和工具。

④定期检查用电线路，确保线路完好，做好用电设备的接地连接和漏电保护器的检查。

12. 环境污染风险

风险分析：施工中井口溢流污水、洗井液、环空保护液等可能造成环境污染。

防范措施：

①施工期间应加强环境保护意识，本着"谁施工谁负责，谁污染谁治理"的原则，切实落实环境保护措施。

②施工单位密切观察污水池内污水量，根据放喷口出液量，提前做好污水处理准备，及时将废液装入废液罐进行处理，严禁污水溢出，污染农田及附近河流。

③施工中井口溢流污水、洗井液、环空保护液等不能在井场任意排放，应将返出井筒的废液排至放喷池和污水池（做防渗处理），及时用罐车清运至处理站或对污水进行无害化净化处理。

（三）膜制氮注氮气举作业环节风险因素识别及井控风险防范

1. 气体泄漏、高压管线爆裂风险

风险分析：膜制氮注氮气举作业过程中，循环管线连接部位有泄漏、注气管线有破裂、高压管线老化等，可能造成气体泄漏、高压管线爆裂。

防范措施：注氮气举作业前检查连接处及管线状况，按规定用钢丝绳捆绑固定牢固，并按要求进行试压合格。施工过程中加强巡回检查力度，一旦发现气体泄漏或高压管线刺漏等，及时上报、停止施工，事故问题处理合格后方可再次作业。

2. 放喷管线及出口弯头抛甩、折断风险

风险分析：膜制氮注氮气举作业过程中，高压管线未按规定固定或放喷管线没按照标准安装及固定，可能造成高压管线跳动，放喷管线及出口弯头抛甩、折断。

防范措施：

①作业前按规定用钢丝绳捆绑固定牢固，避免施工过程中管线跳动、抛甩。

②放喷管线应采用钢质管线，其通径不小于50mm，弯头角度应不小于120°。放喷管线应落地固定，每隔8～10m用地锚或者水泥基墩固定，出口及转弯处应用双卡卡牢，水泥基墩质量应不小于400kg。避免放喷管线及出口弯头抛甩、折断。

（四）注气对投产作业的风险识别及控制

1. 周边注气井对投产作业施工的风险识别

一期工程注采完井施工结束前，根据2019年注气安排已开始对部分平台进行注气生产，同时其他井台正常施工作业。考虑到主块储层连通性好，部分新井井距较小，高压气体扩散可能影响邻井作业。为此，在常规投产作业井控风险及控制的基础上，对注气扩散进入投产作业井的风险进行识别，并提出管控措施。

2. 周边注气井对投产作业施工的影响

（1）2019年先导利用井注气情况。

文23储气库2019年1月15日利用文23气田主块11口老井进行投产注气，截至2019年3月15日累计注气1亿立方米，日注气量（130～150）×$10^4 m^3$。11口老井中，除文23-32、文23-44、文23-36、文23-13 4口井周围300m内无新井分布，剩余的7井周围300m内均分布有新井。见表8-2。

表 8 - 2　11 口老井的邻井分布情况

序号	井号	100～300m 新井分布
1	文 23 - 32 井	无
2	文 23 - 44	无
3	文 23 - 36	无
4	文 23 - 13 井	无
5	文 23 - 17 井	文 23 储 4 - 5
		文 23 储 4 - 6
		文 23 储 7 - 8
		文 23 储 7 - 9
6	文 23 - 19 井	文 23 储 7 - 5
7	文 23 - 26 井	文 23 储 6 - 3
		文 23 储 6 - 4
		文 23 储 6 - 5
8	文 23 - 30 井	文 23 储 3 - 2
		文 23 储 3 - 3
		文 23 储 3 - 5
		文 23 储 3 - 7
9	文 23 - 34 井	文 23 储 11 - 6
10	文侧 105 井	文 23 储 11 - 4
		文 23 储 11 - 5
		文 23 储 11 - 6
11	文新 31	文 23 储 5 - 1
		文 23 储 5 - 4
		文 23 储 5 - 5
		文 23 储 5 - 7

（2）新井完井施工进度及 2019 年注气安排。

截至 2019 年 3 月 20 日，5、8 号井场注采完井作业已完工，4 号井场注采完井作业 2019 年 3 月 31 日完成，6 号井场注采完井作业 2019 年 4 月 7 日完成，7 号井场注采完井作业 2019 年 6 月 14 日完成，2 号井场注采完井作业 2019 年 6 月 26 日完成，11 号井场注采完井作业 2019 年 7 月 7 日完成，3 号井场注采完井作业 2019 年 6 月 27 日完成。

根据 2019 年注气安排，5 号井场 6 口新井 3 月 8 日起投产，8 号井场 7 口新井 3 月 26 日起投产，4 号井场 8 口新井、6 号井场 5 口新井 5 月 10 日起投产，7 号井场 9 口新井 7 月 1 日起投产，11 号井场 8 口新井、2 号井场 11 口新井 7 月 16 日起投产，3 号井场 10 口新井 8 月 16 日起投产。作业施工进展及 2019 年投产注气安排见表 8 - 3。

表8-3 新井作业施工进展及投产注气安排计划表

平台	井号	完井施工入场时间	完工时间	交平台日期	投产注气日期
5	储5-4	2018/9/11	2018/10/11	2019/1/28	2019/3/8
	储5-5	2018/10/12	2018/11/7		
	储5-6	2018/11/8	2018/12/5		
	储5-7	2018/12/6	2019/1/20		
	储5-2	2018/10/12	2018/11/16		
	储5-3	2018/11/17	2018/12/8		
	储5-1	2018/12/9	2019/1/27		
8	储8-2	2018/9/10	2018/10/11	2019/2/20	2019/3/26
	储8-3	2018/10/12	2018/11/2		
	储8-1	2018/11/3	2018/12/4		
	储8-4	2018/12/5	2019/1/28		
	储8-6	2018/11/10	2018/12/7		
	储8-7	2018/12/8	2019/1/28		
	储8-5	2019/1/29	2019/2/20		
4	储4-6	2018/11/1	2018/11/30	2019/3/31	2019/5/10
	储4-5	2018/12/1	2018/12/23		
	储4-4	2018/12/24	2019/1/26		
	储4-7	2019/1/27	2019/2/18		
	储4-8	2018/11/7	2018/12/6		
	储4-9	2018/12/7	2019/1/21		
	储4-1	2019/1/22	2019/2/13		
	储4-2	2019/2/14	2019/3/8		
	储4-3	2019/3/9	2019/3/31		
6	储6-3	2018/12/18	2019/2/13	2019/4/7	2019/5/10
	储6-1	2019/2/14	2019/3/8		
	储6-2	2019/3/9	2019/3/31		
	储6-4	2019/2/15	2019/3/15		
	储6-5	2019/3/16	2019/4/7		
7	储7-1	2019/1/29	2019/2/26	2019/6/14	2019/7/1
	储7-2	2019/4/1	2019/4/29		
	储7-3	2019/4/30	2019/5/22		
	储7-4	2019/5/23	2019/6/14		
	储7-5	2019/1/17	2019/2/14		
	储7-6	2019/2/19	2019/3/19		
	储7-7	2019/3/20	2019/4/11		
	储7-8	2019/4/12	2019/5/4		
	储7-9	2019/5/5	2019/5/27		

续表

平台	井号	完井施工入场时间	完工时间	交平台日期	投产注气日期
2	储2－5	2019/1/28	2019/2/25	2019/6/26	2019/7/16
	储2－6	2019/2/26	2019/3/20		
	储2－7	2019/3/21	2019/4/12		
	储2－8	2019/4/13	2019/5/5		
	储2－9	2019/5/6	2019/5/28		
	储2－11	2019/1/22	2019/2/19		
	储2－10	2019/2/20	2019/3/14		
	储2－4	2019/3/15	2019/4/6		
	储2－3	2019/4/7	2019/4/29		
	储2－1	2019/4/30	2019/5/22		
	储2－2	2019/5/23	2019/6/14		
11	储11－1	2019/1/18	2019/2/15	2019/7/7	2019/7/16
	储11－3	2019/2/16	2019/3/10		
	储11－8	2019/3/11	2019/4/2		
	储11－2	2019/4/3	2019/4/25		
	储11－6	2019/4/1	2019/4/29		
	储11－7	2019/4/30	2019/5/22		
	储11－4	2019/5/23	2019/6/14		
	储11－5	2019/6/15	2019/7/7		
3	储3－10	2019/2/27	2019/3/27	2019/6/27	2019/8/16
	储3－2	2019/3/28	2019/4/19		
	储3－3	2019/4/20	2019/5/12		
	储3－4	2019/5/13	2019/6/4		
	储3－5	2019/6/5	2019/6/27		
	储3－9	2019/2/21	2019/3/21		
	储3－8	2019/3/22	2019/4/13		
	储3－7	2019/4/14	2019/5/6		
	储3－6	2019/5/7	2019/5/29		
	储3－1	2019/5/30	2019/6/21		

　　根据先导利用井注气情况、新井作业施工进展及投产注气安排，结合各井场新投井及邻井情况，储4－3等19口新井在完井作业施工结束前，周边邻井已开始注气投产。详见表8－4。

表8-4 完井作业施工可能受到注气影响的井

完井施工受影响气井			周边注气井情况	
序号	井号	完井日期	100~300m 邻井分布	邻井注气时间
1	文23 储4-3	2019/3/31	文23 储5-1	2019/3/8
2	文23 储6-5	2019/4/7	文23 储5-4	2019/3/8
			文23 储5-6	2019/3/8
			文23-26 井	先导利用井注气
3	文23 储7-2	2019/4/29	文23 储5-5	2019/3/8
			文23 储5-6	2019/3/8
4	文23 储7-3	2019/5/22	文23 储5-6	2019/3/8
5	文23 储7-8	2019/5/4	文23-17 井	先导利用井注气
6	文23 储7-9	2019/5/27	文23 储4-4	2019/5/10
			文23 储4-5	2019/5/10
			文23 储5-7	2019/3/8
			文23-17 井	先导利用井注气
7	文23 储2-6	2019/3/20	文23 储5-2	2019/3/8
			文23 储5-3	2019/3/8
8	文23 储2-7	2019/4/12	文23 储5-2	2019/3/8
9	文23 储2-9	2019/5/28	文23 储4-3	2019/5/10
			文23 储5-1	2019/3/8
			文23 储5-2	2019/3/8
10	文23 储11-2	2019/4/25	文23 储8-4	2019/3/26
11	文23 储11-4	2019/6/14	文侧105 井	先导利用井注气
12	文23 储11-5	2019/7/7	文侧105 井	先导利用井注气
13	文23 储11-6	2019/4/29	文侧105 井	先导利用井注气
			文23-34 井	先导利用井注气
14	文23 储11-7	2019/5/22	文23 储8-4	2019/3/26
15	文23 储3-2	2019/4/19	文23 储2-4	2019/7/16
			文23-30 井	先导利用井注气
16	文23 储3-3	2019/5/12	文23-30 井	先导利用井注气
17	文23 储3-5	2019/6/27	文23-30 井	先导利用井注气
18	文23 储3-7	2019/5/6	文23-30 井	先导利用井注气
19	文23 储3-9	2019/3/21	文23 储5-2	2019/3/8
			文23 储5-3	2019/3/8

根据文23区块砂体连通及断层发育情况(图8-3),将文23砂体切割成多个小断块。

前期研究结果表明，文23-31断层与文31断层东北段局部封闭，新文106断层局部封闭，文22、文23等2条断层的西南段及文23-5断层具有一定的封闭性。考虑注入地层的气体受断层、井位、注入气量等因素影响，根据断层发育情况，将文23储气库进一步细化为10个断块单元，各断块范围及内部利用井分布情况如图8-4所示。

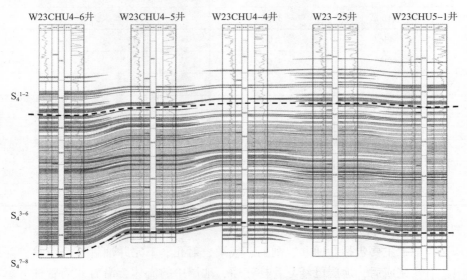

图8-3　过文23储5-2~文23-18~文23储2-6~文23-9~文23储3-2井砂体连通图

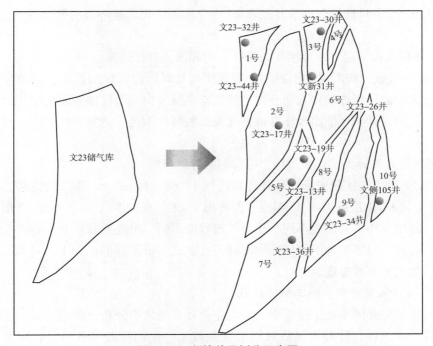

图8-4　断块单元划分示意图

按照2019年注气计划安排(计划注气$19.68 \times 10^8 \mathrm{m}^3$)及注采方案规划将注气量分配至各断块，预测至新井完井施工结束时(2019年7月)，6号、9号断块地层平均压力升高较多，约 4 ~ 6MPa；其余断块地层平均压力升高在 2MPa 以内。见表 8 – 5。

表 8 – 5　2019 年各月末地层压力变化情况统计表

断块编号	预计注气量/$10^4 m^3$	目前平均地层压力/MPa	2019.07 平均地层压力/MPa	地层压力变化/MPa
1	—	13.36	13.36	
2	11502	3.15	4.39	1.24
3	4362	3.96	5.07	1.11
4	4362	7.60	8.55	0.95
5	—	7.64	7.64	—
6	20379.5	2.66	8.53	5.87
7	—	12.23	12.23	—
8	3042	4.11	4.9	0.79
9	12168	2.50	6.42	3.92
10	6084	4.10	5.66	1.56

3. 周边注气井对投产作业施工的风险分析

注采完井施工主要包括：通井、刮削、气举、射孔、下完井油管 5 个步骤。井控风险主要集中在射孔完成后，地层已经与管柱连通，地层中的流体会沿着井筒管柱上窜，射孔保护液性能可能无法平衡地层压力，引起溢流或井涌。对于注气与注采完井同步施工情况，除了上文"注采投产作业环节井控管理"中介绍的常规作业环节的风险以外，还存在以下风险：

（1）气体侵入投产层导致地层压力升高，引起压井井控风险。

由于文 23 气藏内部断层并不封闭，随着注入气向周边区块的扩散，周边作业井的地层压力可能由于高压气体的侵入而升高。施工作业过程中，若仅按照原地层压力进行压井液及压井工艺的设计，可能出现压井液密度及灌液高度不足，诱发井控风险，导致井涌及溢流。

（2）层间压力差异大，作业过程中喷、漏共存的风险。

按照 2019 年注气计划安排，新井计划注气 $19.68 \times 10^8 m^3$，一期工程注采完井施工结束前（预计 7 月末）地层压力约 9.5MPa。但考虑文 23 气藏沙四段 3 ~ 5 和 6 ~ 7 层间差异较大，注气过程中气体扩散速度不同、压力扩散程度不同，可能导致作业井投产层段层间压力差异大。若同一口施工井不同层位同时射开，在高、低压层的影响下，可能发生喷、漏共存风险，加大了井控难度。

4. 注气与注采完井同步施工防范措施

注气与注采完井同步施工过程中，常规作业环节的风险分析及防范，参照注采投产作业环节井控管理执行。针对注气后对注采完井施工产生的压井井控风险、喷漏共存风险等，风险防范及保障措施如下：

（1）完井施工作业前，暂停周边井注气，完成投产作业完井后，恢复周边注气生产。

（2）射孔后观察 8h，开展液面监测、落实地层压力情况，根据监测的地层压力情况及时调整井液性能、完善压井方案。施工时现场要备齐压井液，不少于井筒的 1.5 倍，压井液灌入量在确保井控安全的条件下严格按照设计和技术交底要求执行。压稳井(井口压力为 0、液面稳定)后方可拆采气树、装防喷器。

(3)射孔作业完成后，地层与井筒连通，由于施工时间过长，补液不及时或补液量少，会造成地层流体进入井筒造成溢流或井涌。起射孔管柱及下完井管柱过程中应当计算漏失量和管柱排代量、及时补充压井液，不得少灌不灌，防止因压力激动造成压井液液面下降、引起液柱压力与地层压力失衡。施工过程中要严格按规定频次监测液面，及时补液，注意观察液面变化情况，同时要认真观察好井口，发现异常立即启动井控应急预案。

(4)起下管柱过程中要控制起钻速度，起下速度不得超过 5m/min，降低抽汲、激动压力引起的压力波动，避免产生井控风险。

(5)考虑到侵入的气体与原水基压井液形成泡沫可能降低压井液体系的密度、增加漏失，加剧井控风险，而且压井液密度降低后可能引起更多的气体进入体系，导致性能进一步恶化，因此，建议根据现场压井施工情况，在压井液体系中适量添加消泡剂以预防泡沫生成，减少气侵对压井液性能的影响，实现安全环保压井的目的。

(6)牢固树立"积极井控"的指导思想。完善项目部井控分级管理、井控工作检查、井控工作例会、井控持证上岗、监督管理、井控演习、井控设备管理、开钻(开工)检查验收、干部值班、井控事故管理等井控管理制度。按照"谁主管，谁负责""管生产必须管井控"和"管专业必须管井控"的原则，明确井控管理责任，细分工作内容，全面负责工程建设期间的井控管理。

(7)为保证井控设备安全、稳定、符合生产要求，对文 23 储气库井控设备制定管理要求规范：一是加强物资采购技术审查，对套管头、采气树等井控设备，细化技术规格要求，严格按程序招标；二是所有的井控设备要求有相关的合格证、检测文件，从源头确保设备可靠；三是建立井控设备台账，有设备的规格、压力级别、出厂编号、检测日期等；四是做好井控设备的检查和维护保养，建立井控设备检查维护保养记录本，把好井控装备的"安装关、试压关、使用关"。

四、生产运行环节井控管理

(一)封堵井风险因素识别及控制措施

文 23 储气库共封堵老井 46 口，具备封堵条件 44 口井已经全部完井，共计封堵 62 次，其中 9 口井经过逐层钻塞试压，试压全部合格，工艺成功率 100%，经过工程质量评审，全部通过验收，各项技术指标达到了储气库工程建设要求。

封堵井主要是气层上下封隔为重点，在工艺许可的情况下，处理至气层底界，采用超细水泥体系配合水泥承留器对射孔井段进行挤堵，试压合格。对固井质量差的井段进行处理后封堵，注水泥塞封井。

按照标准，44 口井的井口已更换为安装压力远传系统的简易井口，具有实时监测压力的功能，可以及时发现井筒起压状况；其中有 4 口井(文 4、文 103、文 23 − 14、文

23-8)在封堵作业后更换了标准套管头，所安装的远传系统(图8-5)除了可测井筒压力，还可以测套管环空压力。封堵井井口外均罩有水泥头和防护网。

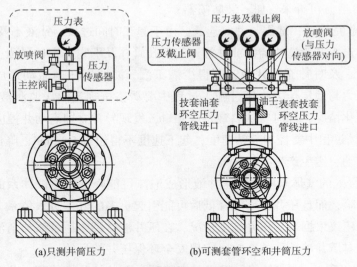

(a)只测井筒压力   (b)可测套管环空和井筒压力

图8-5　封堵井井口及远传系统安装图

因素1：井口破坏风险

周围为居民居住及作物种植区域，长期不动井口的封堵井，存在被人破坏的可能性，如井口水泥帽被破坏，或者井口设施、压力表、远传系统被破坏，若未及时发现，将对封堵井井口处安全性不利。

控制措施：在每日收集压力数据的同时，应每周专人巡井，查看井口及远传系统的状态，避免设施被破坏导致无法及时发现井筒起压。

因素2：井筒起压风险

如果井筒内起压，表明内有气体进入套管，可能由于气库压力交变，封堵的井段与水泥胶结不好或由于地应力固化后的水泥发生裂缝，天然气在压力作用下导致气体窜入井筒，使井筒起压。

控制措施：每日通过远传系统收集压力数据，每周专人巡井记录井口压力表显示值，做好记录及压力分析。

因素3：保护液漏失风险

封堵井完井时，水泥塞以上注满具有缓蚀功能的重泥浆，若该保护液过多漏失，可能导致套管出现空段而发生腐蚀，套管完整性将受到破坏。

控制措施：封堵井内水泥塞以上应注满具有缓蚀功能的保护液，每半年测液面，发现漏失需要分析漏失原因，上报、研究处理措施，做好保护液补注及处理记录。

因素4：管外窜气风险

随着气库注气后地层压力升高，由于下部油藏生产井的完井时间较长，原来胶结水泥环无法封固套管外空间，或者外力(地震或地层运动)导致水泥环胶结程度变差，无法阻止天然气沿着套管外向上窜，窜上地面后沿着地面扩散，形成地面易燃易爆的隐患。

控制措施：每周专人巡井时，检测井口周围可燃气体浓度，或发现套管环空带压，报业主单位及设计单位，分析查找气体来源，确定下一步技术方案。

(二)注采井风险因素识别及控制措施

文23储气库新钻井共66口，按照设计目前注采管柱及井内情况，井下管柱为井下安全阀+循环滑套+坐落接头+永久封隔器+坐落接头+球座，管柱示意图如图8-6所示。油套环空注油套环保护液，井口处安装采气树及地面安全控制系统，采气树示意图如图8-7所示。紧急时可以做到地面、地下关井，同时具备压井功能。

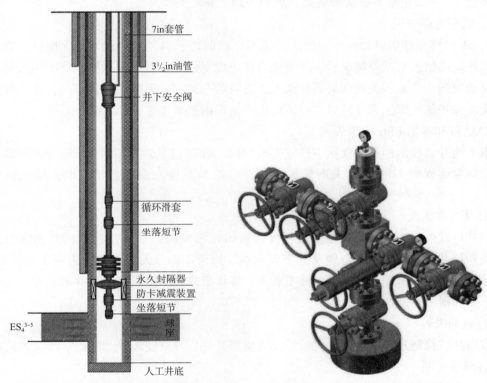

图8-6 注采井管柱结构示意图　　　　图8-7 注采井井口结构示意图

1. 井口及地面安全系统风险识别及控制措施

因素1：阀门泄漏、阀门开关失灵，本体泄漏；套管头、悬挂器、四通等漏气。

采气树闸阀密封失效导致天然气泄漏，影响储气库注采井的生产；采气树闸阀的阀门开关失灵导致无法正常开关井，影响储气库注采井的生产。特别是在紧急情况下，需要关井时，阀门无法关井，可能会引发井喷或井喷失控等重大事故。采气树本体因加工缺陷或长期服役导致天然气从采气树本体泄漏，可能引发火灾、爆炸等重大事故。因套管头、悬挂器、四通本体因加工缺陷或长期服役，导致天然气从采气树本体泄漏，可能引发火灾、爆炸等重大事故。

控制措施：

巡检人员每天检查井口装置、压力表、闸阀等，确保其完好。一旦发现井口装置、闸阀、压力表等漏气、被破坏，立即关井，并上报，做好巡检、报告及处理记录。

气井生产的时候，地面安全阀、生产翼手动阀（1号阀）、主通径双阀（2、3号阀）打开，其他阀都是关闭。阀门漏气时，关闭井下安全阀，并关闭损坏阀门下部的其他阀门，在安全的前提下，缓慢放空所关闭阀门以上的气体，再及时更换损坏漏气的阀门，做好更换处理记录。

气井生产时，要求套管头、悬挂器、四通等完好，一旦发现漏气时，关闭井下安全阀，在安全的前提下，缓慢放空气体，再及时更换损坏的井口设施，做好更换处理记录。

因素2：井口控制系统关断失灵、启动失效、异常关断

A）低压关断失灵

文23储气库进出口管线压力接入低压限压阀的传感口，当出现人工误操作、管线爆裂、堵塞、结蜡、结冰等情况后，管线压力低于设定值时，低压限压阀动作，实现地面安全阀自动关断。当低压关断失灵后，就无法进行紧急关井、无法确保井口设备及管线的安全，无法保护储气库注采井井口在一定的压力范围内正常工作，稳定生产运行。

B）远程和本地ESD关断失灵

当本地井口控制柜和注气站中控室发出"井口关断"信号时，关闭井下安全阀和地面安全阀。如果远程和本地ESD关断失灵，当注气站和井场发现紧急情况时，就无法紧急关井。

C）易熔塞失灵

当井口发生火灾时，井口温度达到易熔塞熔化温度时，易熔塞控制回路实现自动泄压，关断该井场所有地面安全阀及井下安全阀。如果该部分失效，则无法紧急自动关井。将会导致进一步注采井井喷失控、井喷着火、爆炸事故，严重影响注采井的安全、周边人民的生命和财产安全。

D）启动失效

指当井口控制系统实现紧急关断后无法重新开井，导致注采井无法正常注气或采气。

E）异常关断

异常关断主要有两种情况：一是注采井正常注气或采气时，没有给予关断信号，井口控制系统自动关断，严重影响了注采井的正常生产；二是正在对注采井进行作业时，没有给予关断信号，井口控制系统自动关断，将会导致井内作业工具或钢丝绳被井下安全阀切断，掉入井内，造成井下事故的发生。

控制措施：

巡检人员每天按照井口控制系统保养方式进行保养，并定期每个月要在不影响生产的情况下，使用控制板上ESD按钮和泄放易熔塞回路压力模拟紧急关井一次，以保持系统良好的安全、可靠性能。发现关断失灵，启动失效、异常关断后，启动手动关断程序，关闭采气井地面安全阀后，报修。

因素3：井口产生上下位移

随着储气库注采井的生产运行，可能会因为地质因素、工程因素、注气强度等方面的影响，出现部分注采井井口出现上下位移、倾斜等问题，可能造成注采井井口管汇、井口闸门发生漏气，致使注采井无法按正常注气或采气；注采井套管和固井质量出现问题，致使储存的气体向其他层位和地面漏气。

巡检人员应每天观察井口装置是否有位移、倾斜的情况。一旦发现异常现象，及时关井，然后测量位移，寻找原因，进行上报，做好巡检、报告及处理记录。

2. 井筒风险因素识别及控制措施

因素1：油套环空带压

因天然气中含有腐蚀气体，储层中含水，形成腐蚀环境，造成油管及工具腐蚀、穿孔、断裂、损坏，造成注采井无法正常生产。

注采井油管连接螺纹因密封失效，致使天然气进入油套环空，造成环空起压或套管腐蚀，严重影响注采井的生产和储气库密封性。

注采井生产管柱结构的封隔器因人为因素、井况因素、工具因素和管柱结构因素导致封隔器失去密封性，致使天然气进入油套环空，造成环空起压或套管腐蚀，严重影响注采井的生产和储气库密封性。

控制措施：巡检人员每天检查套管压力表和油管压力表，如果显示压力表异常则应及时关井并进行上报，通过放压、测气样等方式研究起压原因，并提出处理措施，并做好井口压力记录及处理措施记录。如漏失严重，应做好循环压井预案。

因素2：套管环空带压

因天然气中含有腐蚀气体，储层中含水，形成腐蚀湿环境，或套管作业时发生损伤，造成套管腐蚀、穿孔、断裂、损坏；水泥环强度、致密性及水泥环与套管、井壁的固结质量不好，造成井壁坍塌，发生气体漏失至地表，可能引发天然气损失，甚至导致火灾、爆炸及人员伤亡事故。

控制措施：每天检查套管压力表，发现套管压力表显示压力值异常，及时上报；通过放压、测气样研究处理措施，做好巡检、报告及处理记录。

套管已经损坏漏气或套管环空持续高压不符合储气库标准的井，应立即进行停产进行封井。

（三）异常井风险因素识别及控制措施

1. 油套漏失井(文23－储5－1、文23－储4－4)

目前文23－储5－1井完井试压时，找漏后发现套漏段2756~2759m，后作业用膨胀管补贴井段2750.77~2765.0m，胀至剩余1.38m处胀头遇卡，打压及上提均无效，倒扣至膨胀头上部，下光油管管柱，安装采气树，暂时完井。该井未射孔，且井内有管柱，可以随时压井，故目前无井控风险。

按照注采需求，下一步对该井修井，套磨铣漏失点时井内压力可能发生变化，需要提前做好压井准备；作业过程中其他井控风险与其他投产作业井相同。

文23－储4－4井完井试压时发现试压不合格，找漏发现在2813.0~2821.0m井段存在漏失，后经过专家讨论确定封隔器下移坐封于漏失段以下；作业下完井管柱，封隔器下移坐封后，油套验封不合格，打压10MPa，稳压30min压力降至9.0MPa，完井。

控制措施：封隔器下移坐封后，由于环空有漏点，在气库运行投产后存在套管环空升压的风险，观察压力，并做技术论证和应急预案，定下步措施。

2. 钻井质量评定不合格的井（文23－储7－6）

文23－储7－6三开井身结构，技术套管下至盐层以下50m，不合格的原因主要是技术套管固井质量差，达不到储气库相关标准要求。在储气库运行过程中，运行压力较高，可能存在固井质量不合格导致的管外窜风险。

控制措施：经过技术论证，下一步完成部分井段射孔下光油管观察；储气库运行以后，巡井时重点关注该井井口压力，每天检查套管压力表，发现套管压力表显示压力值，及时上报；通过放压、测气样研究处理措施，做好巡检、报告及处理记录。

3. 钻井质量评定基本合格的7口井

文23储气库目前固井质量基本合格井7口，该部分井盐层底部及气顶位置的技术套管、油层套管固井质量均未达到连续25m优质的储气库固井质量要求，但其技套、油套重叠段在盐底及气顶位置尚有部分优质段可实现对储气库地层的封隔，实际效果待验证。

当气库运行时，注气压力可能加剧天然气在井筒外集中憋压，可能导致天然气沿着管外向上窜漏。

控制措施：经过论证，下一步进行射孔，只作为采气井；生产时每天检查套管压力表，发现套管压力表显示压力值，及时上报；通过放压、测气样研究处理措施，做好巡检、报告及处理记录。

4. 油套环空压力升高的井

此类井均为文23储气库注采井正常完井，具备压井条件。施工过程无异常，工具验封合格，但在关井待投产过程中发现油套环空之间压力升高，最高的达到15MPa。经分析，作为注采井则可能导致天然气在井筒内聚集，套管接触天然气导致腐蚀，在注气压力高时存在安全风险。

控制措施：对于不严重的轻微渗漏井论证是否可正常生产，如发现渗漏严重，可压井保证井控安全后，磨铣处置封隔器，重新下入完井管柱完井，再进行注采生产。

5. 中途意外坐封井

目前2口井（文23－储4－9、5－7）均在完井管柱下入至井深1100m上下发现遇阻，上下活动管柱后封隔器坐封，经技术论证，调整管柱，暂时就地完井。

控制措施：目前不可作为注采井，下一步尽快打捞管柱、重新下管柱完井；但在修井前，由于周边井注气使井筒压力聚集，需备合适密度及用量的压井液以便随时压井，保证井控安全。

6. 老井封堵异常2口井

文23储气库存在老井封堵异常井2口，由于井况复杂，且井筒不吸水，无法实施挤堵工艺，目前下入油管，具有压井条件。

文4井：

三开井身结构，技套封固文23盐，固井连续优质段超过150m，符合标准要求，三开钻至S_4段1~2小层（非储气库设计层位）遇卡，钻具落井485m，油套下至落鱼顶部

(2381m)固井完井(盐层中部),固井质量未测。S_4 段 1 ~ 2 小层为裸眼,1977 年试气,动液面 1200m,未见油气显示,油管落井,封井。

本次上修处理至油套以下 20m 无进尺,测吸水 15MPa 稳压 30min,压降 0.3MPa,不吸水,无法实施挤堵作业。复测油套固井质量,符合标准要求,下油管、注保护液、装井口,完井观察。

该井井筒压力缓慢升高至 23MPa,压力源不详,但该井井筒完善,具备压井及放喷条件,目前风险可控。

文 103 井:

三开钻井过程中钻至 S_4 段 2 ~ 3 小层时,落入钻杆及取心工具共 2224.64m(鱼顶 600m),井内为二开井身结构,未下油套,将 $3\frac{1}{2}$in 钻杆作为油套封固在技套内生产 5 个月,后因安全整改封井。技套封固盐层,水泥返高 2050m,技套固井质量连续优段超过 80m,符合标准要求。气层以上未射孔。

本次上修打捞钻杆至 695.79m(钻杆内外皆为固化后水泥),测吸水 15MPa 稳压 30min,压降 0,不吸水,无法挤堵。对上部套管进行套管质量检测,对套管质量较差段注水泥,下入油管、注保护液、装井口,完井观察。

该井目前井筒无压力,井筒完善,固井良好,且具备压井及放喷条件,分析无井控风险。

为杜绝一切安全事故发生,防止一切伤害事故、尽量减少对环境影响的目的;储气库建设需通过前期充分准备,针对注采投产作业和生产运行两大环节进行井控管理技术设计;确保储气库工程建设安全、平稳、高效实施。

投产作业过程中应充分考虑储层高温和高矿化度等特征可能对入井液性能产生的影响,优化压井液性能,最大程度上实现储层保护的目的;采取灌注压井方式,优化组合防喷器组(手动双闸板半封 + 全封)配套剪切闸板、内防喷工具等多项措施实现井底、井筒和井口安全。针对射孔、氮举、注采、动火、打压、起下管柱等相关作业环节进行风险识别并制定安全防范措施。

生产运行过程中加强对前期封堵老井的巡查管理,规避井口破坏、井筒漏失、管外窜等风险因素;注采运行后针对井口地面控制系统进行风险识别并制定相应的管控措施。

第三节 安全及环保管理技术

本节主要介绍的内容包括在现场作业过程中,采取大量的安全监控、安全防护措施,对井场的安全设置要求、作业施工安全要求、公共安全要求、环保要求以及其他要求等进行了细致规定,全方位确保施工人员安全和施工顺利。

一、井场设施布置要求

在井场设置风速仪、风斗、红旗、标志牌等警告标志或信号,在潜在危险位置作警戒标识；值班房、井架、钻台、循环罐、消防器材室、井场入口及放喷口等重要位置设置风向标，其他位置可根据需要增设；根据井场实际情况设置两条不同方向的逃生路线，设定不同方向上的安全区（集合点）两处，确保人员可按照最近的逃生线路撤离事故现场；井场应设置救护室，配备有空气呼吸器、氧气呼吸器、急救箱、担架、氧气袋等防护急救设施；要求安装有毒有害气体检测装置、报警装置、大功率电风扇等防护设备；钻台上下、井场、循环罐、节流管汇、分离器、放喷出口等重要部位有防爆探照灯等照明设备，其他位置可增设；重要施工如酸压、放喷试气时，井场须设置隔离带，严禁非施工人员进入作业区。

井场锅炉房、发电房、值班房、储油罐、测试分离器距离井口不小于30m；远程控制台应距井口不小于25m，并在周围保持宽2m以上的人行通道；放喷池、火炬或燃烧筒出口为施工季节常风向的下风向，且距离井口大于100m，与周围设施的距离应大于50m。作业区用警示带隔离，严格控制进入作业区的人数，井场范围内严禁吸烟，杜绝明火，作业区内禁止使用手机。

做好防火防爆预防工作，井场电器设备应符合《井下作业安全规程》（SY 5727—2014）中3.18的规定。同时要求进入施工现场的车辆带防火罩，施工中要使用防爆工具，避免剧烈撞击出现火花等因素，作业队应配备足够数量的灭火器等器材。

二、作业施工安全要求

（一）作业施工安全要求

井场作业设备和安全设施的布置须符合国家及行业相关标准规范，并按照井场布置的相关要求进行安装。进入井场的人员及车辆必须服从井场相关安全负责人的指挥和安排。主要安全注意事项如下：

（1）作业区用警示带隔离，严格控制进入作业区的人数，井场范围内严禁吸烟，杜绝明火，作业区内禁止使用手机。

（2）做好防火防爆预防工作，井场电器设备应符合《井下作业安全规程》（SY 5727—2014）中3.18的规定。同时要求进入施工现场的车辆带防火罩，施工中要使用防爆工具，避免剧烈撞击出现火花等因素，作业队应配备足够数量的灭火器等器材。

（3）作业前测风向，临时作业车应摆放在距井口30m的侧风口。

（4）现场应提供足够的水源和消防车、消防器材。通信系统24h通畅，并在井场醒目位置张贴应急电话号码。

（5）该区块不含硫化氢，二氧化碳平均含量1.3%，作业时注意做好监测及防护。

（6）注氮气设备进入井场前，用可燃气体报警仪检测可燃、有毒气体浓度，安全达标后方可进入施工现场。注氮气施工现场需20m×20m开阔场地，制氮气举车停放的方向应方便在紧急情况下的迅速撤离，且通风良好、道路通畅。

（7）井口操作人员应明确操作程序，仔细做好各项准备工作以及需用的各类设备和工具。钢丝及电缆作业中须严格执行《绳索作业操作规程》及《试井作业操作规程》。

（二）井控安全要求

（1）作业前落实好井筒和井场周围地面情况，要求将施工设计对作业队施工人员进行技术交底，待达到油气井作业安全施工条件后方可进行施工；施工前施工单位根据作业内容，编写好《井控安全预案》。

（2）施工前配备满足施工要求的循环系统，并准备1台应急施工的700型水泥车。

（3）要求井口闸门齐全，保证两边套管闸门完好，检查防喷器是否完好灵活，若不合格及时更换；内、外防喷工具必须专人负责，定期检查保养，确保灵活好用。

（4）起下管柱前必须装好井控装置，井控装置应符合《井下作业井控技术规程》（SY/T 6690—2016）的规定，现场安装并试压合格。

（5）起下钻作业过程中要有专人负责观察井口，发现溢流或溢流增大等井喷预兆时，要立即抢装并关闭油管旋塞，关闭防喷器，经观察后再决定下步措施。

（6）起下钻具或管杆不允许冒喷作业，具体要求按照《井下作业井控技术规程》（SY/T 6690—2016）中6.4有关内容执行。

（7）压井施工执行《油气井压井、替喷、诱喷》（SY/T 5587.11—2013标准）中的规定。

（8）关于井控管理应按中原油田文件中油工技〔2016〕62号文件（制度编号 JZYYT－A01－23－001－2016－2）《中原油田分公司井控管理实施细则》规定执行。

（三）防火防爆安全要求

（1）作业井场划分消防区域，制定防火防爆规章制度和消防方案。定期组织防火防爆安全教育和消防演习，熟练使用消防器材。

（2）电器设施（设备）的选型、安装及维护均应符合《爆炸危险环境电力装置设计规范》（GB 50058—2014）的规定。

（3）加强危险作业的防火管理。电焊、气焊、锻造等明火作业必须严格按照规章制度进行。作业前要提出用火申请书，经批准后，应采取有效的用火安全措施才可以用火。作业时应派有资质的消防人员执勤，并做好急救准备。

（4）地面建设过程中采取良好通风方式防止天然气聚集，按照《石油化工可燃气体和有毒气体检测报警设计规范》（GB 50493—2009）的要求设置可燃气体报警装置。

（四）防雷防静电安全要求

（1）设备和管道均应设置防静电接地设施，减少静电的产生，加速静电的泄漏，防止或减少静电的积累，消除火花放电。

（2）现场人员应穿防静电工作服，且禁止在易燃易爆场所穿脱。

（3）地面建设过程中设置防雷设施良好的电气连接，雷雨天气作业严格遵守相关标准规范要求。

三、公共安全要求

（1）施工场地建立警戒线或围栏，设立警戒标志，禁止无关人员进入施工场地；维护施工现场的治安秩序，检查进入油气企业内部的人员证件，登记出入的车辆和物品；严禁非施工单位及相关单位的私人车辆进入施工现场。

（2）现场指挥人员掌握周边乡政府和村干部的联系方式，以便发生突发情况及时告知。

（3）施工前应与施工现场周边村庄、学校、商场等人流密集型场所负责人结合，做好公共安全防范工作，设立应急管理负责人，确定好紧急情况联系人。

（4）熟知周边地理环境及道路交通和桥梁，确定不少于两处的人员疏散场所。

（5）现场火灾失控、有毒气体泄漏等险情发生时，联合应急管理指挥部及群众疏散队伍逐户紧急疏散周边居民，确保不遗漏1人。

（6）发生紧急状况时，应根据现场风向选择疏散场所，并通知到每个人。

（7）对于不可控的威胁到生命的重大事故，现场指挥应安排人员紧急逃生，并及时通知地方政府及应急救援队。

四、环保要求

施工期间应加强环境保护意识，本着"谁施工谁负责，谁污染谁治理"的原则，切实落实环境保护措施。

（一）液体处理要求

（1）施工单位密切观察污水池内污水量，根据放喷口出液量，提前做好污水处理准备，及时将废液装入废液罐进行处理，严禁污水溢出，污染农田及附近河流。

（2）施工中井口溢流污水、洗井液、环空保护液等不能在井场任意排放，应将返出井筒的废液排至放喷池和污水池（做防渗处理），及时用罐车清运至处理站或对污水进行无害化净化处理。

（二）环境保护要求

（1）车辆进出、施工操作时等工序不得污染农作物或损坏庄稼。

（2）施工现场及值班房、材料房清洁卫生，工具材料摆放整齐，垃圾按环保要求统一处理。

（3）工作场地应当保持整洁、美观。施工结束后对井场（作业区域）进行全面清理，将药品包装袋、废旧胶皮、桶、塑料袋等进行分类收集、登记，并按要求统一堆放处理；做到现场整洁、无杂物，地表土无污染。

（4）发电房、机房、油罐区域内做挡污处理并及时清理集油池回收废油。施工车辆废机油要用容器回收，不得随意排放。

（5）配制液体时，严禁液体外溢、滴漏对井场造成污染；在倒换液体管线时，用容器盛接，避免管线内液体洒、滴至井场地面；添加药剂后，不能将盛装药剂的桶倒放，以免残余药剂外流。

（6）为减缓管道附近地表或地基由于洪水、重力作用、风蚀、地震及人为改变地貌的活动给管道、站场造成的破坏，在必要地段设置护坡、挡土墙等保护措施。

（7）施工产生的噪声主要为施工机械（运输车辆、切割机、柴油发电机等）发出的噪音，其强度在 88～120dB。由于施工地点距离周围居民较远（或附近居民较少），不会对周围居民造成太大影响。要求在施工过程中，合理安排施工时间，提高操作水平，尽量减少对敏感时段的影响。

（8）施工过程中的废渣主要来源于施工废料及生活垃圾。要求施工单位在现场设立定点废弃料处，能够回收的进行回收利用，不能回收利用的进行清运，施工完毕时保证场地清洁，没有废弃垃圾。

五、其他要求

（1）所有参加文 23 储气库投产作业的施工人员、技术服务人员、现场指挥必须经过安全生产教育、井控培训，并取得合格证书。

（2）投产作业前所有施工单位应制定现场作业技术书和施工中风险应急预案，建立危害识别卡等资料，并规范填写。

（3）投产作业前必须针对文 23 储气库井至少进行一次井下作业井控演习、紧急逃生演练、交叉作业，并做好记录。要进行防井喷演习。一旦发生井喷事故，施工单位应立即向有关部门和领导汇报，制定控制井喷方案，并组织制服井喷工作。

（4）井控设备在投产作业前必须进行测试、检测、并合格。井控设备的测试、检测、安装、运行等应进行记录并保存。

（5）对于射孔、起下管柱作业等作业在施工设计和施工中必须明确负责人和关键岗位人，制定明确的岗位工作职责，各岗位操作人员必须明白自己的岗位职责。

（6）施工期间领导小组或甲方监督负责组织每日施工及安全例会，明确当日施工内容，通报安全工作落实情况，并填写作业日报和"七想七不干"卡并妥善保存。

（7）交叉作业期间，由领导小组副指挥和甲方监督负责组织各施工单位协调工作，必须明确交叉作业期间有关安全要求和施工组织要求。

安全环保管理技术主要是在现场作业过程中，采取多种、高效的安全监控、安全防护等措施，全方面、立体地针对井场设施布置要求、作业施工安全要求、公共安全要求、环保要求以及其他要求等进行了严密部署，确保施工人员安全和施工顺利。

第九章　储气库智能注采技术探索

国内储气库建设较晚，其信息化、自动化程度较高，基本实现了自动化远程监测、控制和管理。但也存在核心网络、数据库、数据分析不完善，数据利用率低等问题，与数字化、智能化储气库还有很大差距。结合文 23 储气库智能化注采设计方案实例，就国内外储气库智能化注采技术的现状进行分析，并对储气库如何实现智能化注采进行探讨。重点阐述构建智能储气库注采系统的基础信息架构平台，实现智能储气库数字孪生架构的商业化信息基础平台。研究分析储气库一体化模拟优化技术、智能注采流动安全保障技术、智能注采动态分析技术等储气库智能注采系统核心技术。同时展望储气库智能化发展方向与趋势，促进一流智能化储气库建设。

第一节　国内外储气库智能化注采技术现状

目前数字化转型逐步渗透到油气田开发的各个环节，尤其是随着现代信息技术的发展进步，大数据、云计算、智能硬件、数字孪生等新技术也逐步开始应用于油气行业的生产管理，使得油气开采更加智能，储气库技术整体与油气田开采技术密不可分，同时又有自己的专业特殊性，储气库强注强采，上游下游需求变化快，传统的管理方式很难高效应对复杂生产需求，客观上也需要有一套智能化的管理决策系统来辅助储气库高效运行，跟踪调研国际先进的储气库发展趋势，让国内储气库能在更新的智能技术上开展建设，少走弯路。

一、国外储气库智能化注采技术现状

国外从 1915 年开始进行地下储气库工程技术的研究和实践，经过 100 多年的发展，在地下储气库建设方面形成了系列特色工程技术和装备。在储气库智能运行管理方面，国外开展相关研究较早。以欧洲和美国的天然气运营商为首，2000 年以后对储气库进行信息化、数字化转型，美国 Falcon 公司于 2010 年开始在储气库注采全过程中应用智能井技术，并结合地面数据采集与监视控制系统（SCADA），应用神经网络等智能技术对储气库交变周期的运行进行优化和智能管理，更好地适应注采峰谷调控需求，节省了大量成本。

以信息化、数字化为基础的智能注采技术能够更科学地指导储气库注采生产作业，其智能程度划分为 3 个级别：

● 级别Ⅰ为自动数据流：包括自动化数据采集、简单分析以及系统反馈；

● 级别Ⅱ为监测和优化：包括对数据进行深度分析、预测建模、优化决策，指导生产；

● 级别Ⅲ被称为数字化储气库：实现主动式数据分析、环境自适应、远程优化和作业自动化（图9-1）。

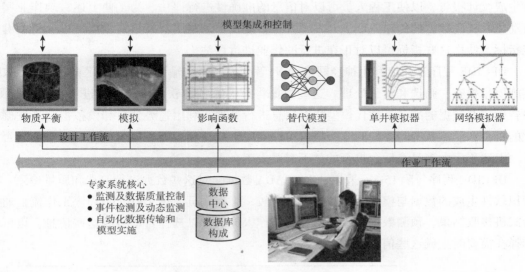

图9-1　储气库第Ⅲ级智能技术

第Ⅲ级智能技术集合了智能井作业的全部内容。通过集成趋势分析、建模和模拟等流程，该技术能够帮助地下储气库设施实现高度自动化优化管理。国外储气库总体处在级别Ⅱ，部分先进的储气库目前已经发展到了级别Ⅲ。

RWE Transgas Net 公司与斯伦贝谢公司合作共同实施了 DECIDE 程序（图9-2），首先

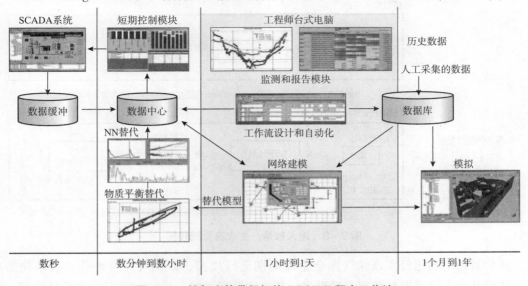

图9-2　储气库第Ⅲ级智能 DECIDE 程序工作流

开发出了一体化平台。建立起一个 SCADA 系统用于获取连续的高频测量数据(以秒计),高频测量数据以 15min 为间隔实时地从各井、采集系统及设施中输出。在此流程的第 I 级步骤中,软件系统将对数据流的连接情况进行确认,并在连接失败时通知作业人员。确认连接有效后,软件系统将以更长的时间间隔对高频数据进行输入、过滤、质量检查和汇总操作,以降低数据集的规模。在数据汇总前,软件就会自动去除传感器误差和传输错误,并生成统计报告,以使工程人员可以对信息的准确性进行评估。为了使上述常规作业实现自动化并提高数据的传输速度,开发了人工智能技术。利用新采集的数据可以获得关键性能指标,使用这些指标可以对正在进行的作业进行评估。

DECIDE 程序工作流利用神经网络(NN)替代模型对传输到数据缓冲区的 SCADA 数据实施质量检查、筛选和简化处理。这些数据将被输入各种软件模块中以进行自动化监测、报告生成及数据的准备。替代模型将对信息进行处理并利用趋势分析和模拟拟合来发掘优化的机会和监测系统隐含的问题。报告可以实时生成,利用历史拟合可以确定作业是否正常。上述程序大多是在后台执行的,不需要人工介入。

DECIDE 程序每隔 15min 采集一次 SCADA 数据,对这些数据进行筛选和质量检测。将模拟软件生成的数据与模型预测数据进行比较。工程人员通过 DECIDE 程序工作流,通过台式机接收结果、预测数据和生产信息。工作人员既可以选择自动接收这些信息,也可以选择在需要时生成这些信息(图 9-3)。

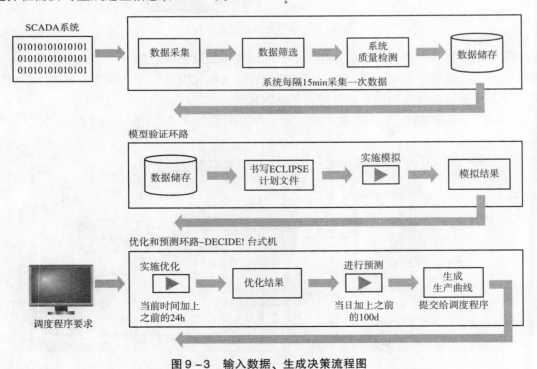

图 9-3　输入数据、生成决策流程图

斯伦贝谢公司已经实现储气库全生命周期运行模拟,以储气库智能化、数字化为中心,实现从地面气井井口数据自动采集、传输到数据过滤、校验与储存;实现从气藏、井筒研究到地面管网流动保障在线实时监测；实现生产运行、生产分析到油藏研究一体化协同决策。以储气库仿真运行动态监测为中心，实现在同一平台下，地震、地质、岩石、油藏与生产一体化研究；实现生产数据库、完井数据库与一体化平台无缝衔接操作，实时更新气藏动态模型；实现地下储气库与井筒、地面管网全方位立体综合模拟；实现各个不同专业领域专家之间基于同一模型、同一数据、同一工作流进行及时决策。

储气库智能化运行管理发展的另外一个方向是借助数字孪生技术，实现智能优化运行，Digital Twin 数字孪生技术是充分利用物理模型、传感器更新、运行历史等数据，集成多学科、多物理量、多尺度、多概率的仿真过程，在虚拟空间中完成映射，从而反映相对应的实体装备的全生命周期过程。数字孪生最初使用于航空航天器发射、仿真、跟踪、控制。BP 公司先进的模拟与监控系统 APEX 背后的理念就数字孪生技术，该系统创建了 BP 公司在全球所有生产系统的虚拟副本，以 BP 公司庞大的北海油田为例，每天都有超过 20 万桶的原油从海底岩石中流过井筒与立管，然后流入复杂的输油管道网络与原油加工基础设施。与 APEX 相似的技术，同样也适用于储气库的运行管理。斯伦贝谢的全生命周期仿真运行智能平台也是一个数字孪生的实例。

二、国内储气库智能化技术现状

我国地下储气库起步晚，基本上按照油气田的模式进行建设，经过几十年的发展已形成了一整套配套完善、工艺成熟、先进可靠的自动化、数字化技术。目前在地下储气库动态监测、跟踪评价、优化预测等方面积累了一定的经验，但仍然面临很多问题和挑战，如建库理念转变、库容参数优化技术等。当前投运的地下储气库(群)未实现投产、循环过渡到周期注采运行全过程一体化管理，基于地质、井筒和地面三位一体的完整性管理处于初级阶段，地质与气藏工程、注采气工程、地面工程基本上处于各自为政、各自背靠背建模分析计算的状态，还未彻底应用一体化的数值模拟技术。

由于国内储气库建设较新，其信息化程度高，按照数字油气田、物联网高标准、高要求建设。储气库自动化设备设施完善，设备设施先进，基础设施良好，井站采用光缆传输通信，基本实现了自动化监测、控制和管理及视频监控和周界防范。采用系统对储气库集输站及井场注采进行数据采集和集中管理、远程生产调度与远程监视控制等，实现了智能化的集中管理。自动化系统一般包括：注采井站 SCADA 系统、集注站 DCS/ESD 系统、注采井无人值守 RTU 系统、火气系统、压缩机 PLC 系统、周界防范系统。

国内储气库共同特点是现场自动化硬件建设相对先进，但系统运行管理软件建设滞后，没有智能化系统支撑，智能化注采系统处于概念阶段，有很大的发展潜力。

国内在储气库运行管理方面，已经有大量信息化技术应用。采用了 SCADA 系统对储气库集输站及井场注采的数据采集和集中管理、远程生产调度与远程监视控制等，实现了智能化的集中管理。我国储气库设计、建设与注采技术等方面已经有大量信息化技术应用。文 96 储气库采用了 SCADA 系统对储气库集注站及井场注采全过程的数据采集和集中管理、远程生产调度与远程监视控制等，在网络通信方面实现了智能化的集中管理，可完成远程紧急关停等操作。

SCADA 系统由 PLC、ESD、通信服务器、数据服务器、Web 服务器、操作员工作站、报表打印机、交换机、路由器等设备组成，主要完成储气库工艺数据采集、监视、控制等功能，并向调度中心传送实时数据，接受调度中心下达的任务。该系统实现了对文 96 地下储气库集注站及井场注采全过程的数据采集和集中管理、远程监视和控制等，在网络通信方面实现了智能化的集中管理。

国内文 23 储气库是新建的大型储气库，数字化信息化程度较高，其自控与信息系统如图 9-4 所示。

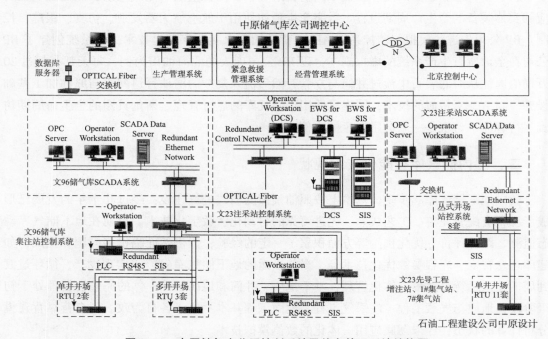

图 9-4　中原储气库公司控制系统及信息管理系统结构图

文 23 储气库自控系统包括 SCADA 系统、DCS 系统、SIS 系统、井场站控系统（SIS）、井场 RTU 系统、压力控制系统、计量系统及现场仪表设备。SCADA 系统由 1 个调度控制中心（注采站）、8 个站控系统（丛式井场）、11 个远程终端装置 RTU 构成，全线采用三级控制方式。

调度中心控制级：对整个储气库系统进行远程监控，实行统一调度管理。通常情况下，由调度控制中心对储气库进行监视和控制。

站场控制级：设置在注采站、井场，由注采站 DCS、丛式井场站控系统（SIS）、单井井场 RTU 系统对站内工艺变量及设备运行状态进行数据采集、监视控制，通过 SIS 系统对站内设备进行联锁保护。

就地控制级：就地控制系统对工艺单体或设备进行手/自动就地控制。当进行设备检修或紧急切断时，可采用就地控制方式。

目前文 23 储气库处于刚刚建成投产，注垫底气阶段，如前所述，只有生产监控系统和自动化执行系统，没有任何生产管理软件，所有注气作业均依据储气库设计参数进行，因为在刚投产注气，目前暂时没有出现生产方面的突出问题，注气比较顺利，已经完成30亿立方米左右的注气量。随着注气逐步达到垫底气量，进入工作气量注气阶段，地层的压力也会逐步提高，预计未来肯定会出现一些系统优化运行的问题。

国内储气库智能化程度仍和发达国家存在一定差距。井下信息采集技术尤其是高温高压的实时参数采集技术目前应用较少，同时缺乏储气库注采动态智能预测与自适应调整等能力，因此在峰谷运行调控、安全生产管控作业等方面仍缺乏更科学有效地指导。另外在储气库在生产运行过程中，尤其是涉及紧急工况下的配产配注，现场技术人员普通反馈计算工作量大，缺乏整体调度协调，在这种情况下容易产出隐患。

国内储气库管理整体智能化程度主要处在第Ⅰ级，尚未见到级别Ⅲ的研究应用成果。以中国石油大张坨储气库为例，目前依托廊坊分院储气库研究中心和石油大学（北京），在一级管控 SCADA 系统基础上，研发了一系列储气库生产运行优化系统，实现了监测和优化：包括对数据进行深度分析、预测建模、优化决策，指导生产；系统整体接近二级管控。国内目前没有智能储气库相关项目实施，但未来也向智能化、信息化、数字化方向发展。

第二节　储气库智能化注采系统技术架构与平台

储气库智能化注采是储气库智能化运行管理系统最核心的问题，智能储气库系统的基础业务逻辑就是围绕智能注采系统展开，储气库智能化注采系统建设应该先从系统构架开始，系统架构是对已确定需求的技术实现构架做好规划，运用成套、完整的工具，按照规划的步骤完成任务。系统架构是系统实现的基础研究工作，需要经过反复论证和系统验证，方可最终确认实施。

一、储气库智能化注采系统技术架构

储气库智能注采系统技术架构从地面工艺流程中的仪器仪表、传感器数据采集远程监控、一体化模型层、决策层一直到信息集成与展示层，功能分布如图 9 – 5 所示。

为了实现上述技术架构，需要系统提供连接服务、设备管理服务、数字孪生服务、分析决策服务、可视化服务、信息安全服务等基础服务，通过系统架构分析，智能储气库架构关键技术如下：基于物联网平台的全面数据采集与数据感知技术、基于数字孪生技术的地下气藏、井筒、管网、储气库地面工艺流程一体化数值模拟集成技术、流动安全保障、井筒完整性研究等。

系统架构力求做到层次逻辑清晰，业务上尽可能独立，系统相互之间接口标准，能实现数据流和业务流清晰完整，为此，储气库智能注采系统在架构上设计为四层，第一层为连接服务层，主要实现现场数据采集与数据连接，并且将实时生产数据进行存储。

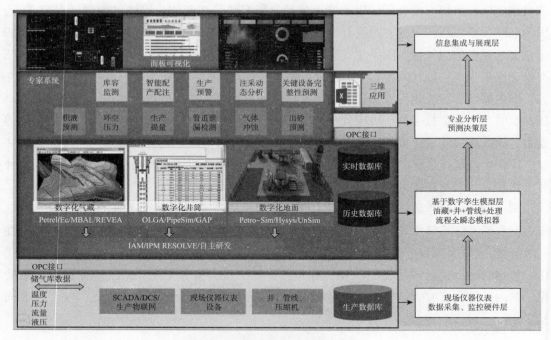

图9-5　智能储气库技术架构图

第二层为数字孪生模型层，这一层将第一层采集到的数据从生产历史数据库中推送到模型层进行实时模拟，模拟的边界条件以实时采集的数据为主，同时模型进行实时预测，将实时预测数据也保存起来，为下一层服务。

第三层为业务决策层，这一层主要是使用模型模拟预测数据和实时采集的现场数据，进行分析、对比，如果发现现场数据触发预警技术指标，及时进行预警。如果发现预测数据出现偏差，需要及时调整作业计划，如果现场数据未在预先设定的流动安全保障作业范围内，将进行预警。同时这一层作为商业决策层向外界提供数据服务，向第三方商业软件推送数据。

第四层为集成信息展示层，主要是做信息展示与发布，对于不同的操作岗位，将看到不同的信息页面，根据业务情况，将主要为三类用户提供信息交互界面，第一类是储气库业主单位的科研人员，他们将使用可视化的界面进行模型配置，模型管理，模型调整。第二类是储气库单位的运行操作人员，他们根据信息提示内容进行准确操作，比如与压缩机组相关的压缩机运行与控制面板。第三类为储气库公司的管理人员，比如总经理，调度员等等，他们更关心储气库当天的运行情况或者一段时间内的生产动态，决策者将根据运行信息和需求信息，为上游和下游协调生产做好准备。

二、储气库智能化注采系统基础信息平台

(一)基于工业4.0的"数字双胞胎"技术的信息平台

工业4.0提出的"数字双胞胎"技术，用动态模拟仿真技术建立与真实油气生产工艺对

应的虚拟数字工艺。动态模拟仿真技术能够模拟油藏动态、实际生产工艺、设备状态、运行工况等与时间有关的动态变化，充分掌握其变化过程。考虑变量随时间变化的关系，能够分析变量变化的峰值以及变化趋势。动态模拟能够复制真实的场景，能够验证设计，校验计划操作可能出现的意外工况。高精度的动态模拟器与工艺流程实时同步运行。通过标准协议采集测量数据，保持模型与工艺同步，接受和对比测量数据与模型计算数据，自动或者定期手动校正模型，保持模型与实际工艺一致。

（二）基础信息平台的技术要求与技术标准

该平台应该是一个基于组件的实时工业软件平台，支持各种通信协议，如 OPC、OPC UA、Modbus 和 WITS 等，具有实时内核和高性能瞬态数据库，大容量高精度历史数据可以存储数据、质量和时间戳，并且可以存储向量，进行数据验证，即插即用的 OPC（UA）接口能够很容易地与第三方系统如控制系统或实时数据库集成。

该平台提供 OPC 数据访问和 OPC 历史数据访问服务器功能，这意味着通过该平台能够将机理系统的动态模拟数据与实时生产监控自动化 SCADA 系统进行集成，将二者的关键业务数据进行整合存储，为未来的智能储气库系统，打通数据流。

（三）基础信息平台应具备基础数据管理功能

基于模型控制的基础平台，负责采集和收集数字双胞胎模型系统需要的各种数据，并进行生产数据管理、利用行业标准算法对数据进行数据加工、数据清理、数据管理和数据分析，把各种看似杂乱无章的数据变为有效的信息资源提供给作业者帮助他们及时正确地推送给数字双胞胎模拟器，通常可以方便采集如下数据源：

- DCS/PLC/SCADA 等系统的实时数据和历史数据、数据文件。
- 第三方系统数据如 Lab 实验室数据。
- 文本文件。
- 手工数据输入包括在线输入和离线输入等。

信息集成平台把采集到的各种看似杂乱无章的数据进行整理分析，变为有效的信息资源提供给作业者帮助他们及时正确地进行生产决策和风险预测：

- 实时监测设备如压缩机运行状态和性能。
- 实时报警管理和电子邮件通知。
- 油气井生产 KPI：如停工期、生产寿命等检测。
- 流程优化。
- 产量计算和产量累计。

（四）基础信息平台应具备基开放性和集成性功能

基础信息平台应该提供与第三方系统的接口，具有以下功能：

- 具有信息展示自组态和定制开发功能。
- 具有较好的可视化功能，支持图表、曲线、动态图形显示。
- OPC 通信协议，支持 OPC UA，与 SCADA 等系统集成。
- 支持 ModBus 通信协议。

三、储气库智能化注采数字孪生架构的商业化信息基础平台

(一)方案一、石化盈科化工流程行业智能制造平台(V1.0)

面向石油化工行业智能工厂建设的石化盈科智能制造平台(V1.0),以工厂卓越运营为目标,在建立技术支撑体系和标准化体系的基础上,聚焦生产管控、供应链管理、设备管理、能源管理、HSE 管理和战略管理六大业务域,贯通石化全产业供应链协同一体化、炼油和化工生产管控一体化和工厂设备资产全生命周期管理三条业务主线,全面提升石油化工企业生产"全面感知""预测预警""协同优化"和"科学决策"四项能力,凸显石油化工工厂在云计算、大数据、物联网等新技术条件下的数字化、集成化、模型化、自动化和可视化的典型特征。该平台在中国石化下属燕山石化、镇海炼化、茂名石化和九江石化 4 家企业试点应用,建立了数字化、自动化、智能化的生产运营管理新模式,生产优化从局部优化、离线优化逐步提升为一体化优化、在线优化,劳动生产率提高 10% 以上,提质增效作用明显,促进了集约型内涵式发展,总体效果明显

(二)方案二、PI System 系统

PI(Plant Information System)是由美国 OSIsoft 公司开发的一套 Client/Server 结构的商品化软件应用平台,是过程工业全厂信息集成的必然选择。作为工厂底层控制网络与上层管理信息系统网络连接的桥梁,PI 在工厂信息集成中扮演着特殊和重要的角色。

一方面,PI 用于工厂数据的自动采集、存贮和监视。作为大型实时数据库和历史数据库,PI 可在线存贮每个工艺过程点的多年历史数据。它提供了清晰、精确的操作情况画面,用户既可浏览工厂当前的生产情况,也可回顾过去的生产情况。可以说,PI 对于流程工厂来说就如同飞机上的"黑匣子"一样。

另一方面,PI 为最终用户和应用软件开发人员提供了快捷高效的工厂信息。由于工厂数据存放在统一的数据仓库中,公司中的所有人,无论在什么地方都可看到和分析相同的信息。PI 客户端的应用程序可使用户很容易对工厂级和公司级实施管理,诸如改进工艺,TQC,故障预防维护等。通过 PI 可集成产品计划、维护管理、专家系统、LIMS 和优化/建模等应用程序。PI 在业务管理和实时生产之间起到桥梁作用。

服务器端功能模块有:PI 系统服务器端 PI Data Archive 历史数据归档,PISnapshot 实时数据快照,PI Universal Data Server 通用数据服务器核心模块,PI PE 性能公式模块,PI SQLServer 数据查询模块,PI Totalizer 总加器模块。

PI Steam Tables 蒸汽表模块,PIRecalc 重算器模块,PI Alarm 报警服务模块,PI ModuleDB 模型数据库,PI APS 自动点同步,PI System Management Tools 系统配置与管理模块,PI MCN 性能管理监控模块,PIACE 高级计算引擎。

接口功能模块有:PI Interface(接口)、PI-IN-OPC PI 标准 OPC 接口软件、PI 与控制系统接口 按用户需要(400 多种)、CNI 过物理隔离网闸软件。

客户端功能模块有:PI Client、(PI 客户端)、PI-Combo、PI-ProcessBook(图形用户界面) + DataLink(数据表连接)、PI-ActiveView (WEB 浏览器客户端)、PI-Webparts

（RtPortal 瘦客户端）。

PI 系统最大优势是世界范围内装机数量最多，在世界 500 强企业中要用的实时系统均有 PI 系统部署，在体系结构上强大的 PI AF 资产管理框架，方便用户基于此构建各种复杂系统，比如数字孪生系统。

（三）方案三、横河 Exaquantum 系统

Exaquantum/PIMS 作为横河电机的 PIMS 和历史数据解决方案的基础，Exaquantum 与 Centum VP DCS 的紧密集成，业务内容明确，以业务为导向的重点，将整个企业的生产数据进行整合，为本地和全球整体业务提供运营信息。Exaquantum 将为您的企业提供强大的工厂信息，管理业务和过程控制域，通过集成信息来满足复杂且不断变化的业务需求，从而消除业务系统和过程控制之间的差距。横河 Exaquantum 系统主要特征：

- 简单的全方位业务信息分配。
- 工厂数据在整个业务中得到增强和使用。
- 可以从多个过程控制系统访问数据。
- 提供长期的工厂历史。
- 将事件触发的过程数据转换为业务信息。
- 时间分辨的事件历史记录。
- 一个集成平台 – Exaquantum 使用行业标准技术在 Microsoft Windows 平台上运行。

Exaquantum 最大优势是生产信息系统功能强大，兼容性最好。也可以容易部署为数字孪生架构。

（四）方案四、APIS 自动化生产信息系统

普迪（PREDIKTOR）是一家工业 IT 实时公司，是全球最为专业的工业 IT 解决方案公司之一，为制造工业提供独具创新的 IT 实时解决方案。实时 APIS 系列软件为普迪的主要产品，其所服务的行业横跨光伏/太阳能行业、海运业、石油和天然气工业以及食品加工业和饲养行业。

普迪工业 IT 解决方案为工业制造提供降低成本、优化生产和快速增长所需要的工艺信息，并且了解工业制造的生产工艺，熟悉工业制造的设备供应。更具体些来讲，普迪的工业 IT 解决方案有着以下的主要功能：

- 准确跟踪工艺和生产的数据。
- 实时工艺流程数据监控。
- 提供工艺分析工具优化工艺流程。
- 改善与控制工艺质量和能力。
- 不单是软件的供应商：工艺流程优化顾问，系统实施顾问，设备集成顾问，PV 产业研究人员和专家。
- 降低成本。

APIS 自动化生产信息系统在架构上分为三层：分别为实时数据连接、数据采集和实时数据存储层、工艺过程处理层、生产信息可视化层。产品如下：

- APIS Hive：灵活的实时数据通信 HUB，负责数据采集。
- APIS Honeystore：高性能实时数据库，负责数据存储。
- APIS ModFrame：基于数学模型和机理模型的工艺过程处理器。
- APIS Dancer：基于 WEB 浏览器的工艺过程可视化工具。
- APIS Process Explorer：工艺参数 WEB 浏览器。

使用 APIS 系统最大的优势是使用 APIS ModFrame 可以方便地将动态模拟挂接进去，实现数字孪生架构，在挪威大型油气项目上已经交付数十套。

第三节　储气库智能注采系统核心技术

储气库智能注采离不开注采的一些数字化技术，包括以智能储气库地下油藏、井筒、地面一体化数字孪生模型为基础，集成单井产能分析模拟、井筒、管网水力学、热力学动态模拟、流程模拟、一体化注采生产方案模拟与优化。通过地下地上一体化模型动态模拟及储气库智能注采动态分析技术，找到系统瓶颈，优化配注配产，达到系统运行平稳，能效最优。

一、一体化模拟优化技术

模拟优化将分阶段进行，在夏季注气阶段，以压缩机组最低功耗为优化目标，在冬季采气阶段，以最低地层压降采气最大化为优化目标，进行方案模拟，在一体化模型模拟基础上，提出合理配注配采方案。

气藏模型使用自动历史拟合技术，将生产数据及时更新到模型中，实时反映气藏动态。

储气库作为调峰和应急采气的储备设施，其注采运行受市场用气需求、管网安全和应急事故等多种不确定因素影响，注采作业转换频繁，运行工况非常复杂。井筒流动能力、井口压力干扰、单井与地面管网连接和压缩机工况等均对储气库注采气能力和潜在能力的发挥有重要影响。如注气过程中井口压力的限制导致有限时间内注气量减少，注采气能力差异导致注采气过程中连接至同一地面管道的多口井井口压力干扰严重，降低单井实际注采气量。因此，储气库运行指标数值模拟预测中需要开展地下、井筒、地面工程一体化仿真模拟，充分考虑地面约束对储气库注采调峰和储备能力的影响。

(一) 储气库数值模拟难点

与气藏单向低速开发相比，储气库多周期注采过程具有注采井短期大流量强注、强采，储层内部气、水(油)交互驱替、地层压力周期快速变化、注入气与储层原位流体存在温差等特点，引起的注采机理复杂化主要包括 4 点：①井筒、近井地带乃至整口井控制范围内注采气高速非达西渗流；②气、水(油)多轮交互驱替一渗吸引起过渡带相对渗透率曲线滞后效应；③地层压力周期快速变化引起地应力和有效应力改变，导致孔隙度、渗透率等储层物性周期应力敏感和滞后效应；④注入气与储层原位流体温差引起的热效应。上述

4 种主要复杂注采机理改变了经典的达西渗流定律，使常规油气藏开发数值模拟的相关前提和假设难以满足，如认为储层孔隙度、渗透率等参数恒定不变或地层为等温渗流将导致储气库多周期注采动态误差较大，无法实现运行优化。

为准确模拟储气库多周期注采过程中储层压力、流量等宏观动态特征和精细刻画储层内部气、水（油）等流体分布状态，数值模拟必须充分考虑上述 4 项主要复杂注采机理，在渗流控制方程、输入参数准确性、复杂注采机理数值模拟功能开发和方法建立等方面进行全面修正，打破常规气藏开发数值模拟理念和思维方式，解决相关技术难题逐步建立气藏型储气库数值模拟方法。

（二）数值模拟技术流程

储气库数值模拟整体技术流程、输入参数要求、历史拟合与模拟预测等与气藏开发数值模拟基本一致，仅在部分渗流机理、井筒和地面管网流动模拟等方面具有特殊要求。此处对储气库数值模拟的特殊性进行重点论述。

1. 精细地质模型粗化

根据储层地质特征、气藏开发动态特别是水侵特征，以及改建储气库新钻井、注采运行方式等因素，开展精细地质模型粗化，兼顾地质构造、属性和数值模拟网格数量，尤其是过渡带区域网格需要合理粗化，为后期储气库高速注采数值模拟、反映气、水、油交互驱替奠定基础。

2. 储气库注采动态数值模拟模型建立

在模型粗化基础上，通过导入岩石系数、毛细管力曲线、相对渗透率曲线等岩石物理和流体压缩系数，密度、黏度（或其与压力的关系）等流体资料和气藏开发过程产气、水、油等动态资料，以及储气库建设过程各种工程作业如压裂、层段封堵等资料，初步建立储气库注采数值模拟动态模型，该模型预测结果可能与实际储气库注采存在一定差异。

3. 储气库注采数值模拟历史拟合

按照"先压力，后气量"原则，通过调整局部净毛比、渗透率、水体能量等不确定性参数，依次拟合储气量、注采量（气藏拟合注采气量）、地层压力、单井静压、流压、井口压力和产水等。有生产测试资料或气藏开发改建储气库前测试的产气（液）剖面时，需要对这些特殊测试资料进行拟合，准确刻画建库前地层流体三维分布特征，特别是地层非均质性对流体微观和宏观分布的影响。气藏开发末期数值模拟历史拟合地层流体分布需要与精细地质建模刻画的建库前地层流体分布对比核实，为后续储气库数值模拟奠定基础。

4. 储气库注采渗流机理及模拟方法建立

在开展储气库注采数值模拟历史拟合与预测之前，需要根据模拟研究气藏地质和开发特征，针对前述 2 项主要复杂注采机理，结合室内物理模拟实验，研究建立数值模拟方法，为储气库数值模拟历史拟合与预测奠定基础。

5. 储气库多周期注采数值模拟历史拟合

D A Mvay 等基于多年实践和研究指出，即使建立的数值模拟动态模型很好地拟合了气藏十几年至几十年衰竭开发动态，直接预测储气库高速注采动态仍可能产生很大误差。

国外有学者对储气库实际注采动态的研究也证实上述观点。究其原因，气藏低速开发在很大程度上掩盖了储层平面、纵向非均质性和动用难易程度的差异，以及微观双重介质动态特征，这些特征对短期强注强采和气体高速渗流具有显著的影响。气体高速渗流时局部低渗带或低渗层含气孔隙空间很难有效动用，导致宏观表现的储层动态拟压力曲线和单井压力变化特征与气藏低速开发显著不同。因此，只有通过更加精细的地质研究、室内高速注采物理模拟实验和单井高速注采动态综合分析，不断修正气藏开发历史拟合所建立的动态模型，拟合实际发生的储气库高速注采动态，才能保证后期储气库运行指标数值模拟预测的可靠性。

6. 储气库主要运行指标数值模拟预测

储气库主要运行指标包括运行压力区间、有效库容、工作气量、注采井数、日注采气能力等。通过数值模拟技术也可优化注采层系、注采井型、井网等，优化原则与气藏开发基本相同。

目前国内气藏型储气库运行上限压力一般选定为气藏原始地层压力，下限压力确定需要综合考虑工作气量、井调峰采气进站压力、地层水侵及注采井数等因素。通过反映地层非均质性和各向异性特征的三维可视化数值模拟技术，模拟分析不同下限压力下工作气量、地层水侵流体分布、储层平面和纵向有效动用等多因素，获得运行下限压力。

在运行压力区间确定的基础上，与室内物理模拟相结合，分区分带计算含气孔隙空间和动用效率，最终确定储气库高速注采条件下有效库容。然后结合井注采气能力、注采井型和井数，数值模拟优化确定工作气量。

（三）井筒、地面管网模拟

井筒与地面管网模拟软件分两大类软件：一类是稳态计算软件，另一类是瞬态计算软件，稳态软件计算快捷，建模相对比较简单，界面与石油工程师专业贴近，典型软件如PipeSim、GAP 等软件，瞬态软件可以全面考虑传热、相态、流动安全保障，典型软件如OLGA、Ledaflow 软件，上述两款软件均为挪威 IFE 国家能源机构联合研发，在计算精度和行业认可度方面比较公认，储气库气井在生产运行过程中主要涉及的核心问题是注采能力分析，以及水合物、冲蚀、结垢流动安全保障分析，通常建议使用稳态设计、动态校核的思想进行全方位分析，尤其是动态校核方面，可以使用实际生成数据，对井口压力和流量计量比较准确的基础上，结合井底测量温度和压力，可以更好地校核设计数据是否准则合理，如果存在生产瓶颈，可以进行系统调整或者升级改造。在建模过程中，流体的属性研究至关重要，应该使用组分数据进行流体建模，确保计算准确。

（四）储气库气藏、井筒、管网一体化模拟平台的搭建与集成

储气库气藏、井筒、管网一体化模拟平台的搭建与集成主要有以下 4 种策略，4 种策略难度由易到难，也是系统必经的三个阶段。

1. 采购商业化软件

商业化软件如斯伦贝谢 IAM 系统、PE 公司的 IPM DOF 系统。下面以斯伦贝谢产品为主线，使用 IAM 一体化模型平台集成的资产模型 – Avocet IAM（Integrated Asset Model）来举例说明：

Avocet IAM 将油气藏、井筒、管网以及处理设备、和后面的油气处理工艺过程各个部分的模型集成到统一的生产工作环境之中，并结合经济分析，建立起从油气藏到油气处理装置的一体化模型，结束了油藏、井筒、管网和工艺装置各自独立工作的历史，把涉及生产的不同区域有机地结合起来作为一个整体进行研究，解决不同区域的相互耦合问题，Avocet IAM 提供多种耦合手段如下：

- 基于产量耦合－油藏提供压力限制，管网系统指定产量。
- 快速 PI 指数耦合－油藏提供压力限制，管网系统指定 PI 值。
- 斜截法耦合－油藏提供压力限制，管网系统指定产量或 PI 值。
- 九点法－油藏提供压力限制，只用九点法计算 PI 值等。

中原油田文 23 储气库目前已经建立了 Eclipse 油藏数值模拟模型和 PipeSim 管网和气井模型，使用 IAM 可以将上述模型非常方便集成，未来在软件实施过程中只需要将上述模型收集到，配置到相应的模拟软件，再将各个模拟软件集成到 IAM 平台即可实现一体化集成模拟，IAM 平台使用 OPC 接口，可以实现数据的传输和访问，可以与前面提到软件系统进行集成。

上述软件的集成需要考虑数值模拟软件和井筒管网软件的版本，以及模型的边界条件，模型的边界设置方式，未来模型集成时需要将各个模型耦合，耦合的基准是模型的基础设置方式。

2. 半自主一体化系统研发

通过建立数据流转模型，分别对各软件输入文件进行前处理，对输出文件进行后处理，使得软件之间数据可以相互兼容；此外采用私有云平台储存数据，方便有权限人员及时处理数据并共享，极大提升员工工作效率。

3. 全自主一体化系统研发

现有地下模拟器对于储气库来说太过重量级，并且都是单系统，微服务架构是下一步工业软件系统演化的必然趋势，有利于行业知识的沉淀积累，因此可以考虑委托高校研发团队完全重新研发所有模拟器。

4. 一体化模拟系统总体数据流转路线

在前面我们讨论系统架构时谈到模型层架构在生产信息管理平台层之上，需要实现数据的双向通信，首先需要将生产信息数据如井口的流量、压力、温度数据作为模型模拟计算的初始条件和边界条件，同时模型模拟完的数据，将丰富整个井筒和油藏，现场无法测量的井筒内、井底、气藏数据将使用模拟数据进行代替，同时能模拟数据传输到专业技术决策层，在决策层完成预警系统和展示系统。提供搭建一体化模拟系统的统一兼容平台，该平台能够兼容识别各个分系统主流模拟器并将其有效连接起来。

二、储气库智能注采动态分析技术

储气库运行方式与气藏开发存在显著差异，气藏开发过程中地层压力缓慢递减，气藏开采速度控制合理可以比较好地克服储层非均质性和气水混相区的紊乱，常规气藏动态分析使用经典理论已经取得了很好的现场应用效果，但储气库多周期快速注采，会导致气藏的应力周期性变化，不能简单套用经典的气藏理论，目前国内的几座储气库运行中都发现类似的问题，比如相国寺储气库，随着注采周期的推进，高速气流不断作用近井地层，导致近井的渗透率变大，但周期性应力作用储层使得储层的孔隙结构发生变化，导致孔隙度变小，所以储气库的动态分析和动态监测是储气库安全、高效、科学运行的基础，必须进行科学合理的资料录取并且进行长期动态分析，制定合理的生产制度。使得储气库在达产、扩容阶段能够平稳运行。储气库动态分析涉及以下关键步骤和技术，分析如下：

（1）储气库多周期生产数据采集与综合管理。

（2）吸气剖面、产出剖面测试数据管理与解释。

（3）单井注气能力、采气能力分析。

（4）年度注采方案验证与方案调整，单井最佳工作制度确定。

（5）库容动态分析、单井控制储量动态分析。

（6）地层连通性、气体扩散速度、气水边界分析。

（7）井口压力、井底流压动态分析。

（8）观测井永久压力计实时数据处理与解释。

（一）储气库动态分析技术路线

以文23储气库为例，科学合理的动态分析技术路线如图9–6所示。

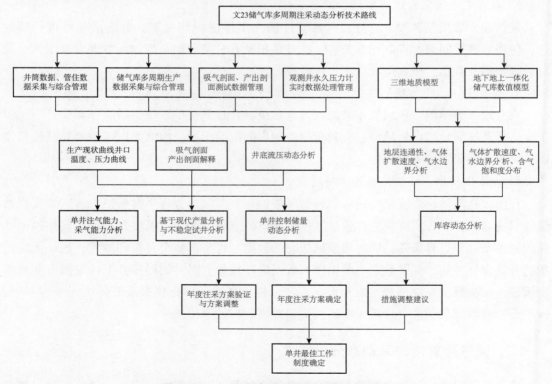

图9–6 文23储气库动态分析技术路线图

（二）储气库注采能力分析

储气库单井注采气能力主要受地层渗流能力和井筒流动能力两方面因素作用，主要包括地层压力和油管尺寸。随着油管尺寸的增大，采气和注气能力也随之增加；随着地层压力的增大，采气能力增大，注气能力减小。

以文 96 储气库为例说明注采能力随管径的变化，如表 9-1。在注气期 4～10 月，在井口压力为 24MPa 条件下，若选用 Φ62mm 管柱，文 96 主块单井最大稳定注气能力为 $(20.5～60)\times10^4 m^3$；Φ76mm 管柱时为 $(26～75)\times10^4 m^3$；Φ90.2mm 管柱时为 $(28～82.5)\times10^4 m^3$。在采气期 11～3 月，9MPa 井口压力下，若选用 Φ62mm 管柱，文 92-47 块单井最大稳定产能为 $(8.0～28.0)\times10^4 m^3$；Φ76mm 时为 $(6.9～29.5)\times10^4 m^3$；Φ90.2mm 时为 $(7.0～29.8)\times10^4 m^3$。

表 9-1　文 96 储气库油管管径对注采能力的影响

管径	注气能力（井口压力 24MPa）/$10^4 m^3$	采气能力（井口压力 9MPa）/$10^4 m^3$
Φ62mm	20.5～60	8.0～28.0
Φ76mm	26～75	6.9～29.5
Φ90.2mm	28～82.5	7.0～29.8

通过表 9-1，可以看出管径对注采能力影响较大。故在新井设计时，可以通过对产能、冲蚀影响、临界携液、井筒条件等综合分析，确定最优油管尺寸。

注采能力分析方法是分析气井最大注采能力，并进行相应抗冲蚀能力和携液能力评价，确保管柱不出现冲蚀现象，气井能够稳定携液生产。通过统计并总结储气库注采运行参数，包括各时段的调峰注采气量（小时、日、月、年）、地层压力变化、应急注采相关参数等，对气库最大调峰能力和应急能力进行模拟计算，在安全稳定运行的基础上，确定合理的工作制度并满足下游调峰需求。

（三）储气库储气能力分析

（1）最大库容量。当储气库的地层压力达到上限压力时储气库的库容量称为最大库容量，它反映了储气库的储气规模。文 23 气田储气库上限压力确定为原始压力 38.6MPa。根据压降方程计算的压降储量为 $104.21\times10^8 m^3$，即库容体积为 $104.21\times10^8 m^3$。

（2）有效工作气量。有效工作气量是气库压力从上限压力下降到下限压力时的总采出气量，它反映了储气库的实际调峰能力。文 23 储气库的上限压力为 38.6MPa，下限压力为 19MPa，有效工作气量 $45.13\times10^8 m^3$，占库容的 43.3%。

（3）垫气量。①基础垫气量：文 23 气田主块废弃压力为 2.5MPa，计算采收率为 92.98%，按动态储量即库容体积计算，可采储量为 $96.89\times10^8 m^3$，计算主块基础垫气量为 $5.86\times10^8 m^3$。②附加垫气量：在基础垫气量的基础上，为提高气库的压力水平，进而保证采气井能够达到设计产量所需要增加的垫气量为附加垫气量。根据设计的气库压力下限 19MPa，从废弃压力算起附加垫气量为 $59.08\times10^8 m^3$。③补充垫气量：在目前地层压力 4.44MPa 垫气量的基础上，为提高气库的压力水平，保证采气井能够达到设计产量所需要增加的垫气量为补充垫气量。根据设计的气库压力下限 19MPa，从目前地层压力算起补充垫气量为 $53.22 \times 10^8 \mathrm{m}^3$。

（四）监测预警功能

1. 库容监测预警

依据建设期方案和第一个注气周期的矿场试注数据分析，求取地层的物性参数，计算静态库容，并且结合三维地质建模和数值模拟结果，确定垫底气库容、工作气库容、最大储气库容，制定库容预警指标，对比实际库容并在超注或者超采时生成库容预警信息。从第二个注采周期开始，结合实际注采累计数据，计算实际库容，对比扩容、漏失识别曲线，确定预警参数。

2. 储气库密闭性监测与预警

在储气库运行曲线定性分析的基础上，根据地层压力与库存量关系数据，进一步利用单位压力库存量及单位压力差库存量增量等参数，定量分析储气库扩容或漏失情况，产生密闭预警信息，并进行报警。

3. 单井超注、超采预警

设定合理的注气速度与采气速度，如果注气、采气速度超过设计指标，产生预警信息。超注可能导致近井储层伤害，超采可能导致出砂。

4. 井筒水合物监测与预警

根据气体组分数据，计算水合物生成曲线，确定井筒的温度和压力操作安全边界，如果生产过程中温度低于报警温度、压力高于报警压力产生预警信息。

5. 环空压力监测与预警

实际检测套压变化，如果发现套压异常升高，产生报警信息。

6. 气体冲蚀监测与预警

根据采气生产数据，计算气井井筒流速，气体冲蚀临界速度，由此设定气体冲蚀速度，如果气体超过临界速度，产生预警信息。

三、储气库智能控制技术方案

（一）储气库虚拟测量技术方案研究

井筒、管道等生产系统中某个特殊位置的流动状态和运行参数往往对生产系统的运行十分重要，但往往有些位置难以安装或无法安装测量仪表，或是安装费用太大，这时 VFM（Virtual Flow Metering）显然成为一个好的选择，VFM 通过动态模型的自动实时计算，提供生产系统中测量仪器无法触及位置的信息，从而使生产作业人员能够在油田生产运营知识库的基础上进一步提出更加先进的生产作业建议，模型中（虚拟仪器）的数值可以与实际仪器/仪表测试结果相互校验，用于实际仪器/仪表工况检测；VFM 系统架构。

VFM 从 SCADA/DCS/PLC/RTDB 等系统采集数据，然后通过流动实时模型进行实时计算，可以让用户实时监控生产系统中从井筒到管道上任何一个位置的生产运行参数，帮助用户构建透明生产系统。

虚拟测量是储气库智能注采系统中重要的自动感知组成部分，自动感知是决策判断的基础，虚拟测量原型主要是针对井管理工程师设计，在每个实际仪表节点处，均有虚拟计算值作为参考，在井筒、管线沿程有各种剖面数据，如果测量值严重偏离预测值，将产生报警，如果测量值不能在短期恢复正常数据采集，可以辅助判断仪器仪表是否失效，给工程师提示检测仪表。储气库智能注采系统虚拟测量看板见图9-7。

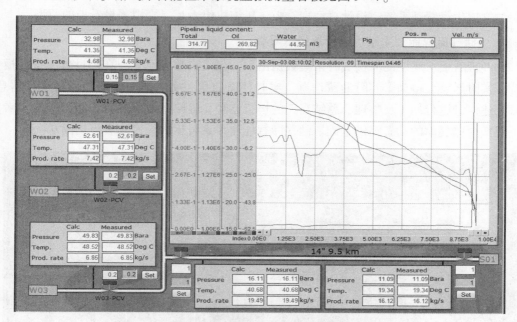

图9-7 储气库智能注采系统虚拟测量看板

（二）储气库压缩机工况优化控制与安全运行管理方案

以虚拟测量技术方案为基础，比对实时生产数据与模型模拟数据，对生产方案进行在线模拟与情景分析，实时监控压缩机等核心设备。将根据设备额定参数和运行工图，设计压缩机的防喘振优化控制方案与PID控制回路。

使用瞬态工艺流程模型，将设备的物理属性、控制器、测量传感仪表、生产的实际流体物性均建立到模型中，形成对工艺设备的动态仿真，基于模型进行关键设计的智能控制。

四、储气库智能注采系统电子看板原型

看板管理，常作"Kanban管理"，是丰田生产模式中的重要管理概念，指为了达到精益生产（JIT）方式衍生而来的控制现场生产流程的工具。看板最初是丰田汽车公司于20世纪50年代从超级市场的运行机制中得到启示，作为一种生产、运送指令的传递工具而被创造出来的。经过近50年的发展和完善，目前已经在很多方面都发挥着重要的机能：

（1）准确发布生产及运送工作指令，使浪费最小化。

（2）防止过量注采，快速应变生产紧急状况。

（3）在正确的时间和地点，用正确的方法做正确事情。

（4）使用"目视管理"工具，实面数字流中相互关系。

（5）改善生产及管理工具，以达到全过程的高质量。

基于信息化、数字化储气库智能注采系统的电子看板主要是为了实现智能化运行管理的宏观信息能第一时间传递到关键岗位或者关键决策者手中，为此收集、调研、借鉴各种智能油气田生产管理系统，设计总经理看板、压缩机组看板、虚拟测量看板的原型。

（一）储气库智能注采系统运行总经理看板

总经理看板从底层的海量实时采集数据出发，先经过数据汇总，在经过数字孪生模拟系统，实时运算，得到了实时油藏信息，实时井筒信息，实时地面管网和设备运行信息，再对上述信息进行加工，整理，总结当天的运行态势，最终生成总经理看板，为决策者实时了解整个储气库的动态提供基础。储气库智能注采系统运行总经理看板见图9-8。

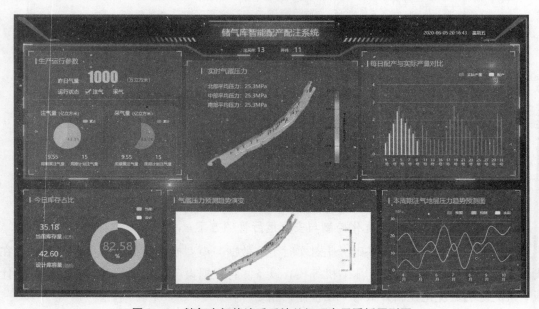

图9-8　储气库智能注采系统总经理电子看板原型图

总经理看板中主要展示储气库运行的当日实时指标：当日生产运行参数包括当日实际注采井数量、当日注采气量目标、当日库存与库容占比、油藏实时压力变化、当日、当月计划注采量与实际注采量对比、未来注采压力预测指标等宏观指标，让总经理能一目了然，了解储气库的实时运行状态。

（二）储气库智能注采系统压缩机组看板

压缩机控制以工图控制为主要策略，实际运行过程中，时刻保持工作点在工图中合理位置，不能跑出红线和蓝线围成的区域，该控制策略也叫蚯蚓盒控制法。是目前国际上最先进的压缩机稳定控制技术之一。储气库智能注采系统压缩机组看板见图9-9。

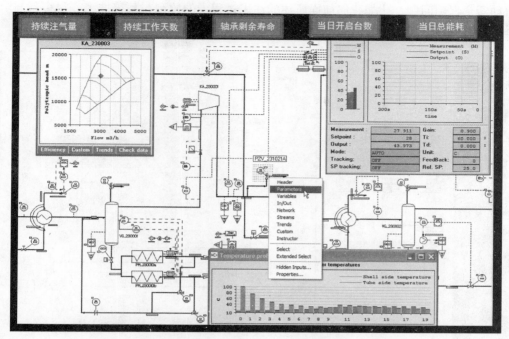

图9-9　储气库智能注采系统压缩机组智能控制电子看板原型图

目前文23储气库压缩机组管理委托第三方管理，运行中主要存在的问题主要以机械问题居多。各台压缩机厂家和功率如下（表9-2）。

表9-2　文23储气库压缩机组参数

生产厂家	数量	功率/kW	进气压力/MPa	排气压力/MPa	排量/$10^4 m^3$
机械公司三机分公司	2台	3550	5～7	18～34.5	100
美国艾斯德伦公司	6台	4500	5～8	18～34.5	150
机械公司三机分公司	5台	4500	5～8	18～34.5	150
沈阳远大	1台	4500	5～8	18～34.5	150

压缩机组生产厂家不同，监控终端也不同，很难用统一控制界面来管理，通常监控一些公共数据和宏观汇总数据较为合理。如每天的注气量、每天的综合能耗等数据。

具体压缩机组看板重点监测如下内容：进口出口温度、流量、每台压缩机组轴承问题、轴承润滑油量、压缩机运行工图等基础参数，保障压缩机安全平稳运行，不发生喘振。

（三）储气库智能注采系统流动安全保障电子看板

流动安全保障技术最初来源于海洋深水油气田开发，深水油田开发过程多相流动研究贯穿整个油田开发生命周期，里面涉及的主要研究问题是如何保障油田开采过程安全、平稳、高效。主要研究水合物、段塞、结蜡、结垢、热传导、油田启动、油田调产等各种复杂问题，储气库的运行过程中周期性大流量注采，也会发生很多上述关键节点、关键设备的流动安全保障问题，比如我们前面所述的注采过程中的监测与预警技术，很多都与流动安全保障有关系。典型的流动安全保障监控界面如图9-10所示。

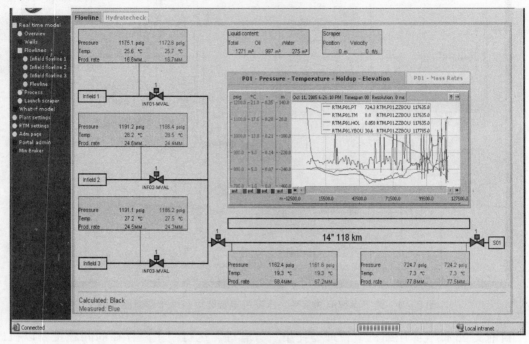

图9-10　典型的流动安全保障监控界面

针对流动安全保障，SCADA系统操作员面前有四块屏幕，其中一块屏幕运行的实时流动安全保障系统，在操作指令执行前，需要先在流动安全保障系统中进行认证模拟，认证通过才能进行操作。

基于数字孪生一体化模拟智能化储气库平台设备智能控制支持4种运行模式：

第一、预测模式（通常将预测未来15min～1h的生产状态，对未来的关键运行参数进行预判）。

第二、情景分析模式（对于工况切换，先进行情景分析，判断操作计划和参数是否准确）。

第三、实时监控模式（实时监控各个生产节点模型数据和实际运行数据，发现偏离及时预警）。

第四、回顾与评价模式（对历史数据进行全面记录分析，形成KPI绩效考核指标，进行历史操作评估，由数据形成知识）。

基于数字孪生的智能储气库云平台将在不同的大屏幕上，同时启动上述四种运行模式，达到全生命周期智能决策运行。流动安全保障系统嵌入实时操作控制系统如图9-11所示。

图 9 – 11　流动安全保障系统嵌入实时操作控制系统场景图

五、储气库智能注采流动安全保障技术

流动安全保障主要研究对象是流体，从油藏开始，一直到处理设备以及地面管网，每一个时间和空间都涉及流体流动，流动安全保障研究的基础是相态模拟，无论是基于黑油还是基于组分，相态模拟的精度将决定整个流动安全模拟的精度。在储气库生产运行中，设计到的流动安全保障主要是水合物、冲蚀、结垢研究，此外还有出砂，脱水净化系统失效以及关键设备非正常停车造成的系统波动，如压缩机非正常停机等等。

(一)水合物

水合物根据天然气水合物形成的主要条件，天然气中饱和水蒸气是形成水合物的内因，温度和压力是形成水合物的外因。所以，防止水合物形成可以从两方面考虑，一是提高天然气的温度，二是减少天然气中水汽的含量。在储气库由注气向采气切换过程中，刚开井的时候由于井口压力高，温度低，极易形成水合物，因此需要在井口由注抑制剂的装置，在天然气行业更普遍的方法是利用甲醇来抑制水合物的形成。或者是使用上述方法的组合，尽量破坏水合物形成条件，使用专用软件进行水合物生成预测，降低水合物生成风险。

(二)冲蚀

冲蚀早已被公认是油气生产系统问题的一个潜在来源。冲蚀可能发生在无固体流体中，但它经常是由夹带的固体颗粒(如砂)引起的。可能由于固体颗粒、液滴或气蚀导致机械力的反复作用而从固体表面去处材料，即为冲蚀在高气液比和高产量气井中较为显著，储气库无论是注汽还是采气，其流速是正常气井管线的 3 ~ 5 倍，所以，非常容易发生冲蚀。以商业软件 PIPESIM 为例，中共有两种可用的冲蚀预测模型，分别为：API RP 14E 与 Salama 模型，《API RP 14E》标准基于行业经验表明对经验常数 C 值进行了以下推荐：

对于无固体流动，连续工作的 $C=100$，间歇工作的 $C=125$，且该 C 值相对保守。对于无固体流动，若没预料到腐蚀或腐蚀已被控制（使用腐蚀抑制剂或耐蚀合金），连续工作的 $C=150\sim200$；间歇工作的 $C=250$ 也已成功使用过。

若已预料到会产出固体，流体流速应被显著降低。特定应用研究已表明可以使用不同的 C 值也是适当的。API 14E 冲蚀模型的方程形式非常简单，现已被广泛使用。然而，一些研究表明 C 值对于携砂的直管道而言非常保守。更具有代表性 C 值通常是从气田历史数据中选择出的，而不是依赖于标准中给出的推荐值。

（三）结垢

随着地层水的产出，由于水的热力学不稳定性和化学不相容性，地层流体中水相离子不配伍或无机盐过饱和超过了物质的溶解度，在井底附近很容易产生盐垢，水中成垢离子含量越高，形成垢的可能性就越大。对某一特定的垢，当超过了它在一定温度和 pH 值下的可溶性界限时，垢就沉积下来。不同水源混合或所处系统的条件改变，成垢离子发生变化并趋于达到一种新的平衡，于是就产生结垢，文 23 储气库在气田生产阶段，尤其是低压生产阶段，一半以上的气井都产生严重结垢，井底温度在 115℃ 左右，压力小于 10MPa 时，非常容易产生结垢现象，所以在储气库采气阶段，要注意控制产气速度，避免在井底形成结垢，引起生产波动。

第四节 储气库智能化发展与展望

储气库是集注气、采气于一体的高度复杂的生产和储集一体的重要场所，其科学管理需要智能化系统。将来我国储气库在建设运行过程中，将配套建成先进的自动化控制系统和全覆盖的工业物联网系统。充分依托已建系统识别、采集、传递、输出的数据，建立"无人值守＋中心控制"生产管理新模式，实现人力资源的高度优化整合，建立"感知层、网络层、应用层"为核心的物联网系统。

一、储气库智能注采系统建设目标

智能储气库关注人与系统的协调合作，减少人工干预，集初步智能手段和智能系统等新兴技术于一体，实现气库的自我感知、自动预测、自主管控、自行决策，构建高效、节能、绿色、环保、和谐的人性化储气库智能注采系统。

信息自我感知：实时数据自动收集、存储、同步分发，并且使用虚拟测量技术，得到仪表、设备、气井、管线的数据切片，全程模拟，数据自动补齐。

自动预测：使用数字孪生技术，对气藏、气井、管网、设备进行精细建模，实现地上、地下一体化实时动态模拟，模拟初始条件与边界条件均来自实时数据，使得模拟结果不断修正，最终达到高精度拟合，完全和实时现场数据一致，达到自动预测功能。

自主管控：所有操作指令均经过模拟验证，经过专家系统评估，同时操作参数在各个系统安全边界之内，指令经过审批后，由现有 SCADA 系统自主执行，到达指令准确，执行准确。

智能决策：智能决策将包含如下三个部分的内涵：

● 根据调度指令，自动产生操作计划，并对操作计划进行分析、验证，给出操作边界，确保安全、高效合理完成调度指令。

● 可以基于给定条件进行操作情景分析。

● 对工作流程进行自主管理，形成合理的操作计划指令。

安全、环保、绿色、系统和谐：使用实时数据采集与智能注采系统提高对气井和管线内流体流动的认识，实现更加主动的低成本高效率的生产管理，与储气库生产实时吻合的实时模型有助于提高对于气藏，井筒，管线和设备的认识，能够在不损坏生产设备的前提下进行各种生产策略的多次筛选，解决各种流动保障问题，如水合物生成预警、结垢、冲蚀监测预测、清管方案、抑制剂加入方案、动态试井、井产量配置、管道完整性(腐蚀位置和速率计算、积沙计算、冲蚀计算、泄漏计算、仪表失效等)等。

二、储气库智能注采系统发展方向

从工业经济迈向智能经济，人类的生产方式正在经历两种自动化。一种是看得见的自动化，如机器人，无人机巡检等各样先进的生产装备，不需要人为干预就可以完成人们预想的动作。还有一种是看不见的自动化，以数字孪生为代表的数据流动的自动化，即能够把正确的数据在正确的时间以正确的方式传递给正确的人和机器，把数据转化为信息，把信息转化为知识，把知识转化为决策，以应对解决生产过程中的复杂性和不确定性等问题，提高制造资源配置效率。如果把机器人巡检等生产设备的自动化替代比作体力劳动者，那么数据流动的自动化将替代脑力劳动者；如果生产设备的自动化是工业3.0，那么数据流动的自动化就是工业4.0的核心和本质。

实现数据的自动流动具体来说需要经过四个环节，分别是：状态感知、实时分析、科学决策、精准执行。大量蕴含在物理空间中的隐性数据经过状态感知被转化为显性数据，进而能够在信息空间进行计算分析，将显性数据转化为有价值的信息。不同系统的信息经过集中处理形成对外部变化的科学决策，将信息进一步转化为知识。最后以更为优化的数据作用到物理空间，构成一次数据的闭环流动。

智能化储气库数字孪生建设的基本逻辑是"数据＋模型＝服务"，就是如何利用有效利用海量数据，把来自边缘端数据、机械设备、业务系统、生产运行环境中的大量数据汇聚到智能化储气库平台，实现物理世界隐性数据的显性化，实现数据的及时性、完整性、准确性，并将储气库相关技术、知识经验和方法以数字化模型的形式沉淀到平台上，形成软件化模型(机理模型、数据分析模型等)。基于数字化模型对各种实时数据进行分析、预测，从而达到事故预警、辅助企业运营决策的作用。

在未来，数据和模型将变成企业的宝贵资产，对于智能储气库的发展也是一样，应该足够重视数据和模型，长远的角度看问题，持续投入研究，让数据和模型更大发挥服务的作用。

三、储气库智能注采技术攻关方向

储气库系统从周期性的注采作业开始，从井筒注气到气藏贮存，经过井筒开采至地面，并通过地面管网系统输送到最终目的地的整个过程中，涉及气藏工程、采气工程、集输工程乃至气水处理工程等众多学科领域。由于整个过程中流体流动具有连续性，任何专业领域内生产条件的变化都会对整个储气库生产运行产生连锁反应。

在整个生产过程中存在如下一些亟待解决的技术难题：
- 如何解决应急工况调度调峰与配产配注相适应。
- 库容核准与库容动态监测。
- 储气库密闭性检测。
- 井筒完整性安全风险识别、预警。
- 气藏动态分析、边底水有效控制。
- 流动安全保障。
- 储气库注采交替运行重复数据管理分析。
- 储气库总资产不变前提下，通过智能化技术降低成本，提高运行效率。

上述难题不是单一存在，有时候是交织在一起的，要解决这些生产问题，必须进行系统规划。研究国外成果案例可知，系统而全面的工作流程不仅能够对各专业进行相对独立的精细研究，同时又能够综合考虑从油藏到井筒到管网各专业领域间相互作用关系的一体化工作流程。将气藏、井筒、地面管网结构和地面处理设备(同时兼顾系统操作参数、财务度量和经济状况)集成到统一的生产管理环境之中，并充分考虑储气库生产系统各个环节自身变化对整个生产系统的影响，以及生产系统对各个环节的影响。

针对上述难题，储气库智能注采系统需攻关的关键技术有：

第一个突破是打通地下气藏模型、井筒模型、管网模型、地面流程处理模型，实现模型耦合，能直接交换数据，形成地下地上一体化模型。第一个突破、实现需要一体化数字资产集成软件。

第二个突破是打通生产监控 SCADA 系统与一体化模型数据交换通道，使得一体化模型能自动接收 SCADA 数据作为模型的输入数据，同时能将模型优化模拟结果反馈到生产监控与执行系统中。实现数字孪生。第二个突破、实现需要支持工业 4.0 数字孪生标准物联网平台。

参考文献

[1] 李洲，马宏伟，张朋，等．井下智能注采工艺技术在河南油田的应用[J]．石油地质与工程，2017，31(01)：121－123．

[2] 刘国良，廖伟，徐长峰，等．多平台大数据一体化智能储气库运行管理系统——以 H 储气库为例[J]．科技创新导报，2020，17(08)：70－71．

[3] 孙迪．文 96 地下储气库 SCADA 系统应用探究[J]．中国石油和化工标准与质量，2013，33(07)：101．

[4] 孙海芳．相国寺地下储气库钻井难点及技术对策[J]．钻采工艺，2011，34(5)：1－5．

[5] 张哲．国外地下储气库地面工程建设启示[J]．石油规划设计，2017，28(2)：1－3，7．

[6] 吕建，李眉扬，汤敬，等．陕 224 储气库注采井注采能力影响因素分析[J]．石油化工应用，2015，34(11)：43－46．

[7] 谢军．"互联网＋"时代智慧油气田建设的思考与实践[J]．天然气工业，2016，36(1)：137－145．

[8] 叶康林．地下天然气储气库信息化建设现状与探讨[J]．信息化建设，2019．124－126．

[9] 李晶晶．地下储气库自动控制系统设计与实现[D]．东北石油大学，2015．

[10] 王霞．储气库井生产动态分析方法及应用[D]．西南石油大学，2015．

[11] 宋文广，李振智，陈汉林，等．储气库动态监测关键参数大数据预测模型研究[J]．新疆大学学报（自然科学版），2017，34(4)：473－477．

[12] 高旺来，刘旭，杨小平．陕京输气管线地下储气库生产管理信息系统[J]．天然气工业．2008，28(5)．123－124，128．

[13] 黄兴．文 96 储气库地面注采系统运行优化研究[D]．西南石油大学．2016．

[14] 何祖清，何同，伊伟锴，等．中国石化枯竭气藏型储气库注采技术及发展建议[J]．地质与勘探，2020，56(03)：605－613．

[15] 胡娣．天然气储气调峰方式的思考[J]．现代国企研究，2018，142(16)：196－197．

[16] 天然气管网、LNG 接收站和储气库行业研究报告 https：//www.sohu.com/a/320342514_650250，2019.6.13.

[17] 冉莉娜．世界地下储气库发展现状及趋势[C]．2016 年全国天然气学术年会．

[18] 潘楠．美欧俄乌地下储气库现状及前景[J]．国际石油经济，2016，34(7)：80－92．

[19] 李新刚．文 23 储气库工程设计理论与可行性分析[D]．2018，山东大学．

[20] 储气库投资效益薄弱，或难完成国家 2020 年储气目标．http：//finance.sina.com.cn/roll/2019－06－01/doc－ihvhiqay2890966.shtml，2019.6.1.

[21] 走进文 23 大型地下储气库怎么建？http：//finance.sina.com.cn/roll/2019－10－19/doc－iicezzrr3306621.shtml，2019.10.19.

[22] 张阳，郑玉朝，佟志远，等．X 射线元素录井在文 23 储气库膏盐岩盖层中完卡层的现场应用[J]．录井工程，2019，29(4)．

[23] 强彦龙，严霞霞，郑勇，等．文96储气库投产工艺技术综述[J]．油气田地面工程，2013（10）：134－135．

[24] 中国石化首座地下储气库注气逾10亿立方米 http：//www. sasac. gov. cn/n2588025/n2588124/c9728564/content. html，2018. 10. 24.

[25] 走进文23大型地下储气库怎么建？http：//finance. sina. com. cn/roll/2019－10－19/doc－iicezzrr3306621. shtml，2019. 10. 19.

[26] 郭平，杜玉洪，等．高含水油藏及含水构造改建储气库渗流机理研究，石油工业出版社，2012

[27] 杨建华．复杂区块井筒结盐综合治理技术[J]．特种油气藏，2002，（05）：73－76＋109－110.

[28] 顾岱鸿，文守成，汪海．气田地层结盐机理实验研究[J]．大庆石油地质与开发，大庆石油地质与开发．2008，（02）：94－96.

[29] 文守成，何顺利、赖必智，等．气田地层结盐机理试验研究及影响因素分析[J]．石油天然气学报，2009，31（05）：145－147＋434.

[30] 刘长松，赵化廷，金文刚，等．文23气田储层结盐机理研究[J]．钻采工艺，2009，32（05）：94－97＋129.

[31] 文守成，何顺利，陈正凯，等．气田地层结盐机理实验研究与防治措施探讨[J]．钻采工艺，2010，33（01）：86－89＋127－128.

[32] 栾艳春，汪海，汪召华，等．文23气田清防盐工艺技术[J]．断块油气田，2010，17（04）：506－508.

[33] 王荣军，陈孝端，王俊芳，等．气井清防盐垢工艺技术探讨[J]．重庆科技学院学报（自然科学版），2011，13（05）：82－83＋86.

[34] 林伟民．文23气田结盐机理及预测方法研究[J]．钻采工艺，2011，34（06）：79－82＋10.

[35] 曾晶，文守成，周茉，等．气田地层结盐机理研究及结盐半径预测[J]．长江大学学报（自科版），2013，10（01）：17－19＋1.

[36] 王彬，唐弘程，曹臻，等．高温高压气藏高矿化度地层水结盐实验研究[J]．重庆科技学院学报（自然科学版），2016，18（06）：13－16.

[37] 金彪，夏焱，袁光杰，等．盐穴地下储气库排卤管柱盐结晶影响因素实验研究[J]．天然气工业，2017，37（04）：130－134.

[38] 于铁峰，阮井泉，庞占东，等．高矿化度储层油井结盐机理研究[J]．油气井测试，2017，26（01）：13－15＋75.

[39] 刘荆山．油井清防盐技术研究及应用[D]．中国石油大学（华东），2014.

[40] 靳海鹏．高含盐油田结盐机理及开发技术研究[D]．中国地质大学（北京），2011.

[41] 周长军，赵伟，王卫国，等．油井清防盐技术的研究与应用[J]．中外能源，2008（02）：61－64.

[42] 赵芳．缓释型抑盐剂的制备研究[D]．山东大学，2006.

[43] 王彬．气田近井地带高矿化度地层水蒸发和结盐规律研究[D]．西南石油大学，2016.

[44] Hassan Golghanddashti, Mohammad Saadat, Saeed Abbasi, and et al. Experimental Investigation of Salt Precipitation during Gas Injection into a Depleted Gas Reservoir. Paper presented at the International Petroleum Technology Conference, Bangkok, Thailand, November 2011.

[45] Karen Bybee. Salt precipitation in Gas Reservoirs. J Pet Technol 61 (2009)：77－79.

[46] M C Place, Jr, J T Smith. An Unusual Case of Salt Plugging in a High－Pressure Sour Gas Well. Paper presented at the SPE Annual Technical Conference and Exhibition, Houston, Texas, September 1984.

［47］W Kleinitz, M Koehler, G Dietzsch. The Precipitation of Salt in Gas Producing Wells. Paper presented at the SPE European Formation Damage Conference, The Hague, Netherlands, May 2001.

［48］Duc Le, Jagannathan Mahadevan. Productivity Loss in Gas Wells Caused by Salt Deposition. SPE J. 16 (2011): 908 – 920.

［49］Yuping Zhang, Elisabeta Isaj. Halite Envelope for Downhole Salt Deposition Prediction and Management. Paper presented at the SPE European Formation Damage Conference and Exhibition, Budapest, Hungary, June 2015.

［50］Goodwin, Neil, Graham, Gordon M., Frigo, and et al. Halite Deposition – Prediction and Laboratory Evaluation. Paper presented at the SPE International Oilfield Scale Conference and Exhibition, Aberdeen, Scotland, UK, May 2016.

［51］Egberts P J, Nair R, A Twerda. Salt Deposition in the Near Well Bore Region of Gas Wells. Paper presented at the SPE International Conference and Exhibition on Formation Damage Control, Lafayette, Louisiana, USA, February 2018.

［52］Qing Xiang Xiong, Fekri Meftah. Determination on pore size distribution by a probabilistic porous network subjected to salt precipitation and dissolution. Computational Materials Science, Volume 195, 110491, 2021.

［53］Yizhong Zhang, Maolin Zhang, Haiyan Mei, et al, Study on salt precipitation induced by formation brine flow and its effect on a high – salinity tight gas reservoir. Journal of Petroleum Science and Engineering. Volume 183, 106384, 2019.

［54］周丽梅. 蒸发作用解除致密气井水锁伤害数值模型研究[J]. 天然气勘探与开发, 2006, (04): 40 – 42 + 53 + 74.

［55］李震, 成志刚, 郑小敏, 等. 利用生产测井资料评价气井水锁[J]. 测井技术, 2016, 40(01): 108 – 112.

［56］周小平, 孙雷, 周丽梅, 等. 压裂气井水锁伤害解除的数值模型研究[J]. 天然气工业, 2007, (02): 101 – 103 + 158 – 159.

［57］阎荣辉, 唐洪明, 李皋, 等. 地层水锁损害的热处理研究[J]. 西南石油学院学报, 2003, (06): 16 – 18 + 104.

［58］范文永, 舒勇, 李礼, 等. 低渗透油气层水锁损害机理及低损害钻井液技术研究[J]. 钻井液与完井液, 2008(04): 16 – 19 + 84.

［59］孟小海, 伦增珉, 李四川. 气层水锁效应与含水饱和度关系[J]. 大庆石油地质与开发, 2003(06): 48 – 49 + 73.

［60］张琰, 崔迎春. 砂砾性低渗气层水锁效应及减轻方法的试验研究[J]. 地质与勘探, 2000(01): 91 – 94.

［61］薛芸, 袁萍, 姚峰, 等. YC气层水锁损害及预防[J]. 石油钻采工艺, 2002(04): 20 – 22 + 82 – 83.

［62］唐洪明, 朱柏宇, 王茜, 等. 致密砂岩气层水锁机理及控制因素研究[J]. 中国科学: 技术科学, 2018, 48(05): 537 – 547.

［63］李宁, 王有伟, 张绍俊, 等. 致密砂岩气藏水锁损害及解水锁实验研究[J]. 钻井液与完井液, 2016, 33(4): 14 – 19.

［64］魏茂伟, 薛玉志, 李公让, 等. 水锁解除技术研究进展[J]. 钻井液与完井液, 2009, 26(06): 65 – 68 + 96 – 97.

[65]李颖颖，蒋官澄，宣扬，等．低孔低渗储层钻井液防水锁剂的研制与性能评价[J]．钻井液与完井液，2014，31(02)：9－12＋95－96．

[66]王茜，王双威，唐胜蓝，等．基于致密砂岩气藏初始含水饱和度的水锁伤害评价[J]．钻井液与完井液，2017，34(06)：41－45．

[67]江健．川西致密气藏生产后期解除水锁工艺技术[J]．钻井液与完井液，2012，29(03)：64－66＋96．

[68]范文永，舒勇，李礼，等．低渗透油气层水锁损害机理及低损害钻井液技术研究[J]．钻井液与完井液，2008(04)：16－19＋84．

[69]贺承祖，华明琪．水锁效应研究[J]．钻井液与完井液，1996，(6)：14－16．

[70]贺承祖，华明琪．水锁机理的定量研究[J]．钻井液与完井液，2000，(3)：4－7．

[71]李淑白，樊世忠，李茂成．水锁损害定量预测研究[J]．钻井液与完井液，2002，(5)：11－12，15，55．

[72]张振华，鄢捷年．用灰关联分析法预测低渗砂岩储层的水锁损害[J]．钻井液与完井液，2002，(2)：4－8，54．

[73]欧彪，梁大川，孙勇，等．低渗透气藏防水锁剂 FS 研究及效果评价[J]．钻采工艺，2014，37(3)：11，98－100．

[74]张振华，鄢捷年，吴艳梅．低渗砂岩储层水锁损害的灰色神经网络预测模型[J]．钻采工艺，2001，(1)：38－40．

[75]王良，李皋，赵峰．致密砂岩气藏水锁损害评价实验研究[J]．重庆科技学院学报(自然科学版)，2015，17(4)：13－16．

[76]李建兵，张星，张君，等．双子表活剂解除低渗透油藏水锁伤害实验研究[J]．重庆科技学院学报(自然科学版)，2014，16(3)：29－31．

[77]任冠龙，吕开河，徐涛，等．低渗透储层水锁损害研究新进展[J]．中外能源，2013，18(12)：55－61．

[78]高建波．防水锁剂评价方法研究[D]．中国石油大学(华东)，2016．

[79]唐洪明，朱柏宇，王茜，等．致密砂岩气层水锁机理及控制因素研究[J]．中国科学：技术科学，2018，48(5)：537－547．

[80]杨永利．低渗透油藏水锁伤害机理及解水锁实验研究[J]．西南石油大学学报(自然科学版)，2013，35(3)：137－141．

[81]唐海，吕渐江，吕栋梁，等．致密低渗气藏水锁影响因素研究[J]．西南石油大学学报(自然科学版)，2009，31(4)：91－94，204．

[82]联翾．低渗透气藏水锁伤害的预防技术研究[D]．西南石油大学，2012．

[83]杨建军，叶仲斌，赖南君，等．水锁效应的研究状况及预防和解除方法[J]．西部探矿工程，2005，(3)：54－56．

[84]吕渐江，唐海，吕栋梁，等．利用相渗曲线研究低渗气藏水锁效应的新方法[J]．天然气勘探与开发，2008，(3)：49－52，86．

[85]朱国华，徐建军，李琴．砂岩气藏水锁效应实验研究[J]．天然气勘探与开发，2003，(1)：29－36．

[86]周丽梅．蒸发作用解除致密气井水锁伤害数值模型研究[J]．天然气勘探与开发，2006，(4)：40－42，53，74．

[87]廖锐全，徐永高，胡雪滨．水锁效应对低渗透储层的损害及抑制和解除方法[J]．天然气工业，

2002，(6)：2 - 3，87 - 89.

[88]韩宇，谢建军. 致密砂岩储层水锁损害机理综述[J]. 石化技术，2018，25(6)：222.

[89]李菊花，李相方，卜范慧，等. 灰色关联度分析法在气藏开采中定性判别水锁的应用[J]. 江汉石油学院学报，2004，(3)：7，92 - 93.

[90]赵春鹏，李文华，张益，等. 低渗气藏水锁伤害机理与防治措施分析[J]. 断块油气田，2004，(3)：45 - 46，91 - 92.

[91]梁大鹏. 防水锁处理剂的配方研究及性能评价[D]. 东北石油大学，2017.

[92]Holditch, Stephen A. Factors Affecting Water Blocking and Gas Flow From Hydraulically Fractured Gas Wells. J Pet Technol 31 (1979)：1515 - 1524.

[93]Bang, Vishal , Pope, Gary A, Sharma, and et al. A New Solution to Restore Productivity of Gas Wells with Condensate and Water Blocks. SPE Res Eval & Eng 13 (2010)：323 - 331.

[94]Li, Gao, Meng, Yingfeng, Hongming Tang. Clean Up Water Blocking in Gas Reservoirs by Microwave Heating：Laboratory Studies. Paper presented at the International Oil & Gas Conference and Exhibition in China, Beijing, China, December 2006.

[95]Kamath, Jairam, Catherine Laroche. Laboratory - based evaluation of gas well deliverability loss caused by water blocking. SPE J. 8 (2003)：71 - 80.

[96]Bang, Vishal Shyam Sundar, Pope, et al. Development of a Successful Chemical Treatment for Gas Wells With Liquid Blocking. Paper presented at the SPE Annual Technical Conference and Exhibition, New Orleans, Louisiana, October 2009.

[97]Mahadevan, Jagannathan, Mukul M Sharma. Clean up of Water Blocks in Low Permeability Formations. Paper presented at the SPE Annual Technical Conference and Exhibition, Denver, Colorado, October 2003.

[98]Noh, Myeong H, Abbas Firoozabadi. Wettability alteration in gas - condensate reservoirs to multigate well deliverability loss by water blocking. SPE Res Eval & Eng 11 (2008)：676 - 685.

[99]廖锐全，曾庆恒，杨玲. 采气工程[M]. 北京：石油工业出版社，2012.

[100]李闽，郭平，刘武，等. 气井连续携液模型比较研究[J]. 断块油气田，2002，9(6)：39 - 41.

[101]王远闯，张志全，等. 不同气井连续携液流量模型比较研究[J]. 能源与环保，2017，39(10)：135 - 138.

[102]Hagedorn A R, Brown K E Experimental Study of Pressure Gradients Occurring During Continuous Two Phase Flow in Smanll - Diameter Vertical Conduits[J]. J Pet Tech, 1965, (4)：475 - 484.

[103]Orkiszewski J. Prediction Two - Phase Pressure Drops in Vertical Pipe[J]. J Pet Tech, 1967, (6)：829 - 838.

[104]Gray H E. Vertical flow correlation in gas wells[S]. User's Manual for API 14B, SSCSV Sizing Computer Program, 1978, Appendix B：38 - 41.

[105]Mukherjee H, Brill J P. Pressure drop correlations for inclined two - phase flow[J]. Journal of Energy Resource Technology, 1985, 107(4)：549 - 554.

[106]API RP 14E Recommended Practice for Design and Installation of Offshore Production Platform Piping Systems.

[107]Turner, R G. Analysis and prediction of mini - mum flow rate for the continuous removal of liquids from gas well[J]. SPE2198, 1969：1475 - 1482.

[108]Coleman S B. A new look at predicting gas well load up[J]. J. Pet. Tech, r 1991：329 - 333.

[109]Coleman S B, clay H B, Mccurdy D G. Understading gas – well load – up behavior [J]. JPT, 1991(3): 334 – 338.

[110]Li Min, Sun Lei, Li Shilun, et al. New view on continuous removal liquids from gas wells[J]. SPE 70016, 2001: 1 – 6.

[111]王毅忠, 刘庆文. 计算气井最小携液临界流量的新方法[J]. 大庆石油地质与开发, 2007(12), 26 (6): 82 – 84.